中文版 SQL Server 项目教程

主　编　　胡　钢　邬俊阳
副主编　　向文欣　俞天均

北京希望电子出版社
Beijing Hope Electronic Press
www.bhp.com.cn

内 容 简 介

本书采用图文结合的方式，通过大量案例由浅入深、循序渐进地介绍了数据库原理、SQL Server 数据库的基础知识、核心技术、应用方法等，能够帮助初学者快速上手、迅速提高并掌握数据库技术。全书共分 12 个项目，包括数据库基础、SQL Server 的安装、数据库与数据表、数据查询、视图、索引、SQL 语言编程基础、存储过程、触发器、SQL 数据库维护、数据库的安全机制、企业进销存管理系统综合案例等。

本书适合作为 SQL Server 数据库原理与应用课程的教材，也可作为数据库管理人员、数据处理与分析人员、程序开发人员、数据库开发人员以及对数据库知识感兴趣的读者的学习参考书。

图书在版编目（CIP）数据

中文版 SQL Server 项目教程 / 胡钢，郳俊阳主编. -- 北京 ：北京希望电子出版社，2024.5（2024.12 重印）

ISBN 978-7-83002-866-4

Ⅰ. ①中… Ⅱ. ①胡… ②郳… Ⅲ. ①SQL 语言—关系数据库系统—教材 Ⅳ. ①TP311.132.3

中国国家版本馆 CIP 数据核字(2024)第 110298 号

出版：北京希望电子出版社
地址：北京市海淀区中关村大街 22 号
　　　中科大厦 A 座 10 层
邮编：100190
网址：www.bhp.com.cn
电话：010-82620818（总机）转发行部
　　　010-82626237（邮购）
传真：010-62543892
经销：各地新华书店

封面：袁　野
编辑：付寒冰
校对：石文涛
开本：787 mm × 1 092 mm　1/16
印张：18
字数：427 千字
印刷：北京昌联印刷有限公司
版次：2024 年 12 月 1 版 3 次印刷

定价：58.00 元

前言 PREFACE

数据库的应用已经涉及我们生活的方方面面，如云计算、人工智能等。数据库的管理和使用，需要专业的人员和管理系统软件，因此，对数据库专业人才的需求也越来越大。Microsoft SQL Server是微软推出的一种关系型数据库管理系统，它具有良好的数据库设计、管理与网络功能，又与Windows、Linux、Docker及Azure云紧密集成，因而成为数据库开发的首选软件。对于新手来说，从SQL Server入手，快速掌握一门数据库的使用技巧非常重要，这也是编程人员、数据库开发人员和数据库管理人员所必需具备的技能。

本书从“统筹职业教育、高等教育、继续教育协同创新，推进职普融通、产教融合、科教融汇”的思路出发，围绕计算机相关专业的人才培养目标，按照注重基础、突出实用的原则进行内容设计，由浅入深、循序渐进地对SQL Server数据库原理、基础知识、核心技术及应用方法进行了详细介绍，能够帮助初学者快速上手，迅速掌握并提高数据库技术。本书根据不同的理论和知识点，配备了大量的案例，让读者能在实验环境中快速掌握知识点，达到融会贯通，举一反三的目的。文中的案例、操作均附有相对应的图片及代码展示，版面清晰，阅读方便。本书内容与实际应用紧密连接，读者可以快速将学到的知识应用到工作中。

全书共设12个项目，建议总课时为72课时，具体安排如下。

序　号	内　　容	理论教学	上机实训
项目 1	数据库基础	2 课时	2 课时
项目 2	SQL Server 的安装	2 课时	2 课时
项目 3	数据库与数据表	4 课时	4 课时
项目 4	数据查询	4 课时	4 课时
项目 5	视图	3 课时	3 课时
项目 6	索引	4 课时	4 课时
项目 7	SQL 语言编程基础	4 课时	4 课时
项目 8	存储过程	2 课时	2 课时
项目 9	触发器	2 课时	2 课时
项目 10	SQL 数据库维护	4 课时	4 课时
项目 11	数据库的安全机制	2 课时	2 课时
项目 12	企业进销存管理系统综合案例	—	6 课时

本书由四川信息职业技术学院胡钢和四川工业科技学院郄俊阳担任主编，四川信息职业技术学院向文欣和俞天均担任副主编。编写分工如下：项目1至项目3由胡钢编写，项目4至项目6由郄俊阳编写，项目7至项目9由向文欣编写，项目10至项目12由俞天均编写。他们在长期工作中积累了大量经验，在写作过程中始终坚持严谨、细致的态度，力求精益求精。

由于编者水平有限，书中疏漏之处在所难免，恳请读者朋友批评指正。

编　者

2024年5月

扫码解锁

◎ 配套资源
◎ 入门精讲
◎ 高阶开发
◎ 理论体系

目录 CONTENTS

项目1 数据库基础

项目2 SQL Server的安装

项目3 数据库与数据表

项目4 数据查询

项目5 视图

项目6 索引

项目7 SQL语言编程基础

项目8 存储过程

项目9 触发器

项目10 SQL数据库维护

项目11 数据库的安全机制

项目12 企业进销存管理系统综合案例

附录 课后作业参考答案

参考文献

项目 1 数据库基础

内容概要

随着计算机技术、网络技术和数据存储技术的发展，数据库的应用已经涉及生活的方方面面。本项目将介绍数据库的基本概念、体系结构、数据模型等数据库方面的基础知识，为后续学习打下坚实的基础。

知识要点

数据管理技术的起源与发展。

数据库系统的组成。

数据库的体系结构。

数据模型。

关系数据库的设计。

常见的关系型数据库管理系统。

1.1 数据库系统概述

在数据库中，数据按照标准进行存储和使用。要保持数据库的功能性和稳定性，需要有一套完备的数据库系统。为此需要先了解数据库系统的一些基本概念。

■1.1.1 数据管理技术的起源与发展

数据是现实世界中实体（或客体）在计算机中的符号表示，数据不仅可以是数字，还可以是文字、图形、图像、音频和视频等。现实生活中需要管理大量的数据，例如，在学校有学生、教工、课程和成绩等方面的数据，在医院有病历、药品、医生、处方等方面的数据，在银行有存款、贷款、信用卡和投资理财业务等方面的数据。因此，对各种数据实现有效的管理具有重要意义。

随着计算机技术和网络技术的发展，尤其是云计算的广泛应用，数据处理在速度和规模上的需求已远远超出过去人工或机械方式的能力范畴，计算机以其快速准确的计算能力和海量的数据存储能力在数据处理领域得到了广泛应用。实际上，在数据库技术出现前，人们就已经开始研究数据管理技术。总的来说，数据管理的发展经历了人工管理、文件系统和数据库系统三个发展阶段。

1. 人工管理阶段

20世纪50年代中期以前，计算机主要用于科学计算。当时作为外存使用的只有纸带、卡片、磁带等设备，并没有磁盘等直接存取的存储设备；而计算机系统软件的状况是没有操作系统，没有管理数据的软件，在这样的情况下，数据管理方式为人工管理。

人工管理数据具有如下特点。

（1）数据不被保存。

当时计算机主要用于科学计算，一般不需要将数据长期保存，只是在计算某一课题时将数据输入，用完就撤走。

（2）应用程序管理数据。

数据需要由应用程序自己管理，没有相应的软件系统负责数据的管理工作。应用程序中不仅要规定数据的逻辑结构，而且要设计物理结构，包括存储结构、存取方法、输入方式等，因此程序员负担很重。

（3）数据不能共享。

数据是面向应用的，一组数据只能对应一个程序。当多个应用程序涉及某些相同的数据时，由于必须各自定义，无法互相利用、互相参照，因此程序与程序之间有大量的数据冗余。

> **知识点拨**
>
> **数据冗余**
>
> 数据冗余是指数据之间的重复，也可以说是同一数据存储在不同数据文件中的现象。

（4）数据不具有独立性。

数据的逻辑结构或物理结构改变后，必须对应用程序做相应的修改，这就进一步加重了程序员的负担。

在人工管理阶段，程序与数据之间的一一对应关系，如图1-1所示。

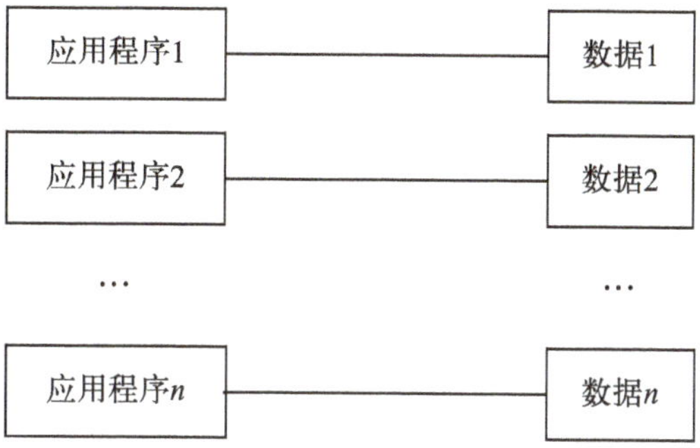

图 1-1 人工管理阶段程序与数据的对应关系

2. 文件系统阶段

20世纪50年代后期到60年代中期已有了磁盘、磁鼓等直接存储设备；而在计算机系统方面，不同类型的操作系统的出现极大地增强了计算机系统的功能。操作系统中用来进行数据管理的部分是文件系统。这时可以把相关的数据组织成一个文件存放在计算机中，在需要的时候只要提供文件名，计算机就能从文件系统中找出所要的文件，把文件中存储的数据提供给用户进行处理。但是，由于这时数据的组织仍然是面向程序的，所以仍然存在大量的数据冗余，也无法有效地进行数据共享。文件系统管理数据具有如下优点。

（1）数据可以长期保存。

数据可以组织成文件长期保存在计算机中反复使用。

（2）由文件系统管理数据。

文件系统把数据组织成内部有结构的记录，实现“按文件名访问，按记录进行存取”的管理技术。文件系统使应用程序与数据之间有了初步的独立性，程序员不必过多地考虑数据存储的物理细节。例如，文件系统中可以有顺序结构文件、索引结构文件、Hash文件等。数据在存储上的不同不会影响程序的处理逻辑。如果数据的存储结构发生改变，那么应用程序的改变很小，节省了程序的维护工作量。但是，文件系统仍存在以下缺点。

（1）数据共享性差，冗余度大。

在文件系统中，一个（或一组）文件基本上对应于一个应用（程序），即文件是面向应用的。当不同的应用（程序）使用部分相同的数据时，也必须建立各自的文件，而不能共享相同的数据。因此数据的冗余度大，浪费存储空间。同时由于相同数据的重复存储、各自管理，容易造成数据的不一致，给数据的修改和维护带来了困难。

（2）数据独立性差。

文件系统中的文件是为某一特定应用服务的，文件的逻辑结构对该应用来说是优化的，而要想对现有的数据再增加一些新的应用会很困难，系统不容易扩充。一旦数据的逻辑结构发生改变，就必须修改应用程序，还要修改文件结构，所以，数据与程序之间是缺乏独立性的。文件系统阶段程序与数据之间的关系，如图1-2所示。

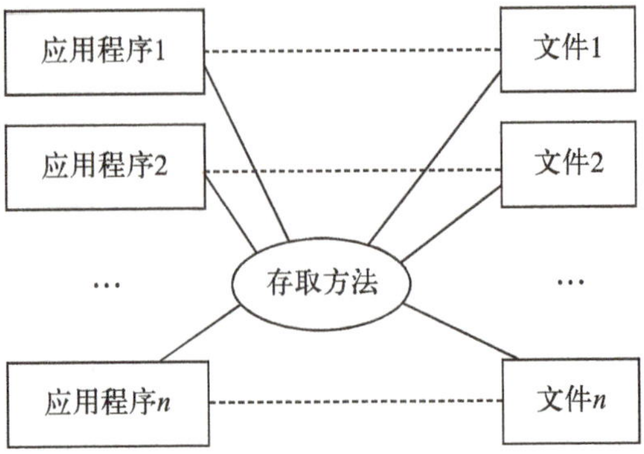

图 1-2　文件系统中程序与数据的关系

知识点拨

突发事故的应对不足

在文件系统阶段还有一项重要的缺点就是对于各种突发事故，如文件误删除、磁盘故障等情况，无法有效地应对，这对数据安全来说是非常大的弊端。

3. 数据库系统阶段

20世纪60年代后期，计算机用于管理的规模越来越大，应用越来越广泛，数据量急剧增长，同时多种应用、多种语言互相覆盖的共享数据集合的要求也越来越强烈。这时已有大容量磁盘，硬件价格下降，软件价格则上升，为编制和维护系统软件及应用程序所需的成本相对增加。在这种背景下，以文件系统作为数据管理手段已经不能满足应用的需求，于是为满足多用户、多应用共享数据的需求，使数据为尽可能多的应用服务，数据库技术便应运而生了，出现了统一管理数据的专用软件系统——数据库管理系统。

用数据库系统来管理数据比文件系统具有明显的优点，从文件系统到数据库系统，标志着数据管理技术的飞跃。数据库系统具有如下特点。

（1）数据结构化。

数据库系统实现了整体数据的结构化，这是数据库最主要的特征之一。“整体”结构化是指在数据库中的数据不再仅针对某个应用，而是面向全组织；不仅数据内部结构化，而且整体结构化，数据之间有联系。

（2）数据的共享性高，冗余度小，易扩充。

因为数据是面向整体的，所以数据可以被多个用户、多个应用程序共享使用，可以大大减少数据冗余，节约存储空间，避免数据之间的不相容性与不一致性。

（3）数据独立性高。

数据独立性包括数据的物理独立性和逻辑独立性。物理独立性是指数据在磁盘上的数据库中如何存储是由数据库管理系统（Database Management System, DBMS）管理的，用户程序不需要了解，应用程序要处理的只是数据的逻辑结构，这样一来当数据的物理存储结构改变时，用户的程序不用改变。逻辑独立性是指用户的应用程序与数据库的逻辑结构是相互独立的，也就是说，数据的逻辑结构改变了，用户程序可以不改变。

数据与程序的独立，把数据的定义从程序中分离出去，加上存取数据是由DBMS负责的，从而简化了应用程序的编制，大大减少了应用程序的维护和修改。

（4）数据由DBMS统一管理和控制。

数据库系统中的数据由DBMS来进行统一管理和控制，所有应用程序对数据的访问都要交给DBMS来完成。

知识点拨

DBMS 提供的控制功能

DBMS 主要提供以下控制功能：数据的安全性保护（security）；数据的完整性检查（integrity）；数据库的并发访问控制（concurrency）；数据库的故障恢复（recovery）。

在数据库系统阶段，程序与数据之间的对应关系，如图1-3所示。

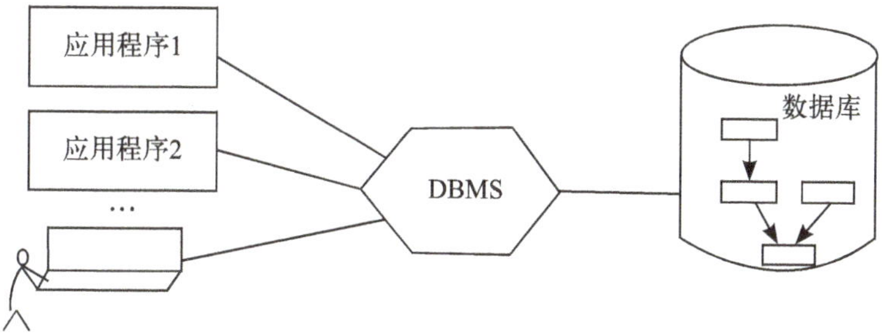

图 1-3　数据库系统中程序与数据的关系

上述数据管理技术发展的三个阶段的比较，如表1-1所示。

表 1-1　数据管理阶段对比

		人工管理阶段	文件系统阶段	数据库系统阶段
背景	应用背景	科学计算	科学计算、管理	大规模管理
	硬件背景	无直接存取设备	磁盘、磁鼓	大容量磁盘
	软件背景	没有操作系统	有文件系统	有数据库管理系统
	处理方式	批处理	联机实时处理、批处理	联机实时处理、分布处理、批处理
特点	数据库的管理者	用户（程序员）	文件系统	数据库管理系统
	数据的共享程度	某一应用程序	某一应用	现实世界
	数据面向的对象	无共享，冗余度极大	共享性差，冗余度大	共享性高，冗余度小
	数据的独立性	不独立，完全依赖于程序	独立性差	具有高度的物理独立性和一定的逻辑独立性
	数据的结构化	无结构	记录内有结构、整体无结构	整体结构化，用数据模型描述
	数据控制能力	应用程序自己控制	应用程序自己控制	由数据库管理系统提供数据安全性、完整性、并发控制和恢复能力

■1.1.2 数据库系统的组成

数据库系统（Database System，DBS），指在计算机系统中引入数据库后的系统，一般由数据库、数据库管理系统（及其开发工具）、应用系统和数据库管理员构成。应当指出的是，数据库的建立、使用和维护等工作只靠一个DBMS是远远不够的，还要有专门的人员来完成，这些人被称为数据库管理员（Date Base Administrator，DBA）。

通常，在不引起混淆的情况下，一般把数据库系统简称为数据库。数据库系统组成如图1-4所示。

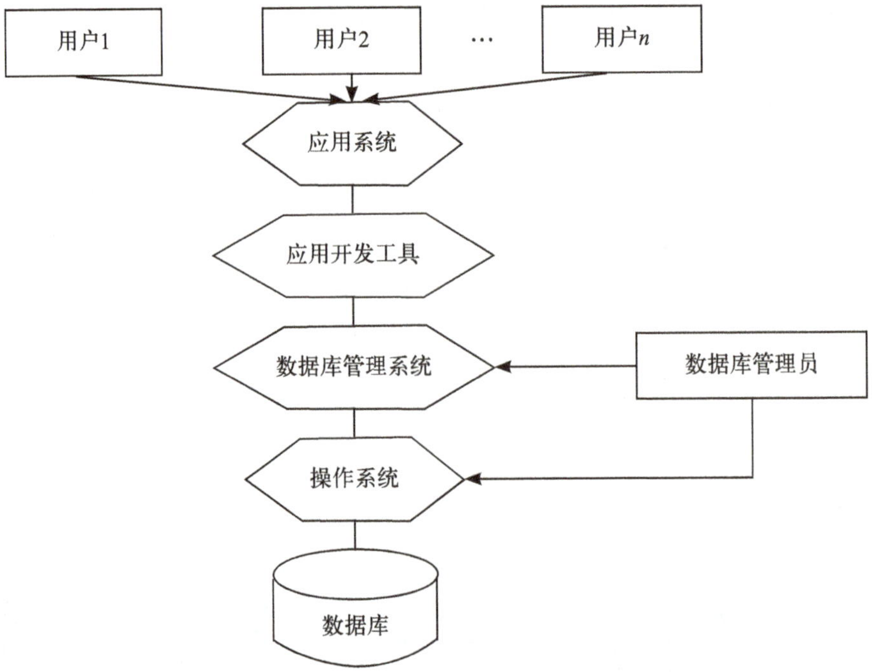

图 1-4 数据库系统组成

数据库系统在计算机系统中的地位，如图1-5所示。

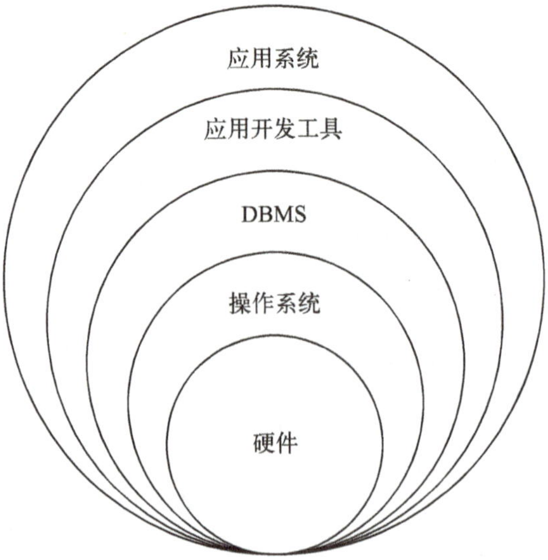

图 1-5 计算机系统

数据库系统的主要组成部分如下所述。

1. 硬件平台

硬件系统主要指计算机各个硬件组成部分。鉴于数据库应用系统的需求，往往特别要求数据库主机或数据库服务器的外存要足够大，I/O存取效率要高；要求主机的吞吐量大、作业处理能力强。对于分布式数据库，计算机网络也是基础环境。硬件平台的具体要求如下。

（1）要有足够大的内存，能存放操作系统和DBMS的核心模块、数据库缓冲区和应用程序。

（2）有足够大的硬盘直接存取设备存放数据库，有足够的存储空间作为数据备份介质。

（3）要求连接系统的网络有较高的数据传输速度。

（4）要有较强处理能力的中央处理器（CPU）以保证数据处理的速度。

2. 数据库

数据库（Database），就是存放数据的仓库。只不过这个仓库是在计算机的存储设备上，而且数据是按照一定的数据模型组织并存放在外存上的一组相关数据的集合，通常这些数据是面向一个组织、企业或部门的。例如，学生成绩管理系统中，学生的基本信息、课程信息、成绩信息等都是来自学生成绩管理数据库。

严格地讲，数据库是长期存储在计算机内、有组织的、大量的、可共享的数据集合。数据库中的数据按一定的数据模型组织、描述和存储，具有较小的冗余度、较高的数据独立性和易扩展性，并可为各种用户共享。简单来说，数据库数据具有永久存储、有组织及可共享三个基本特点。

3. 软件

数据库搭建完毕后，需要对数据库进行维护、信息录入、读取、删除等操作，这些都需要各种管理软件的支持。数据库的软件系统主要包括以下几个部分。

（1）DBMS。

在建立了数据库之后，下一个问题就是如何科学地组织和存储数据，如何高效地获取和维护数据，完成这个任务的是一个系统软件——DBMS。DBMS是指数据库系统中对数据进行管理的软件系统，它是数据库系统的核心组成部分，数据库系统的一切操作，包括查询、更新及各种控制，都是通过DBMS进行的。

如果用户要对数据库进行操作，需要由DBMS把操作从应用程序带到外部级、概念级，再导向内部级，进而操纵存储器中的数据。DBMS的主要目标是使数据作为一种可管理的资源来处理。DBMS应使数据易于为各种不同的用户所共享，并增进数据的安全性、完整性及可用性，提供高度的数据独立性。

知识点拨

DBMS 的主要功能

DBMS 的主要功能有：数据的定义功能，数据的操纵功能，数据的控制功能等。

（2）支持DBMS运行的操作系统。

（3）与数据库通信的高级程序语言及编译系统。

（4）为特定应用环境开发的数据库应用系统。

4. 数据库管理员及其他相关人员

所有的软硬件及数据库都需要有人工负责的部分，有些还必须由人工完成。所以在数据库系统的人员方面需要有：数据库管理员（DBA）、系统分析员、应用程序员和普通用户。

（1）数据库管理员。

数据库管理员负责管理和监控数据库系统，负责为用户解决应用中出现的系统问题。为了保证数据库能够高效正常地运行，大型数据库系统都设有专人负责数据库系统的管理和维护。其主要职责如下。

- 决定数据库中的信息内容和结构。数据库中要存放哪些信息，DBA要参与决策。因此DBA必须参加数据库设计的全过程，并与用户、应用程序员、系统分析员密切合作，共同协商，做好数据库设计工作。
- 决定数据库的存储结构和存取策略。
- 监控数据库的运行（系统运行是否正常，系统效率如何），及时处理数据库系统运行过程中出现的问题。例如，系统发生故障时，数据库若因此遭到破坏，DBA必须在最短的时间内把数据库恢复到正确状态。
- 安全性管理，通过对系统的权限设置、完整性控制设置来保证系统的安全性。DBA要负责确定各个用户对数据库的存取权限、数据的保密级别和完整性约束条件等。
- 日常维护，如定期对数据库中的数据进行备份、维护日志文件等。
- 对数据库有关文档进行管理。

总之，数据库管理员在数据库管理系统的正常运行中起着非常重要的作用。

(2) 系统分析员。

系统分析员负责应用系统的需求分析和规范说明，和用户及DBA相配合，确定系统的硬件、软件配置，并参与数据库系统概要设计。

(3) 应用程序员。

应用程序员是负责设计、开发应用系统功能模块的软件编程人员，他们根据数据库结构编写特定的应用程序，并进行调试和安装。

■1.1.3 数据库管理系统

在建立了数据库之后，下一个问题就是如何科学地组织和存储数据，如何高效地获取和维护数据，完成这个任务的是一个系统软件—数据库管理系统（database management system,DBMS）。DBMS是指数据库系统中对数据进行管理的软件系统，它是数据库系统的核心组成部分，在数据库系统中占据着举足轻重的地位，它是应用软件与底层操作系统软件之间的桥梁，在整个数据库系统中起着关键的作用。数据库系统的一切操作，包括查询、更新及各种控制，都是通过DBMS进行的。

如果用户要对数据库进行操作，需要由DBMS把操作从应用程序带到外部级、概念级，再导向内部级，进而操纵存储器中的数据。DBMS的主要目标是使数据作为一种可管理的资源，成为易于为各种不同用户所共享的资源，并增进数据的安全性、完整性、可用性，以及提供高度的数据独立性。

DBMS 的主要功能如下。

- 数据的定义功能。
- 数据的操纵功能。
- 数据的控制功能。
- 其他功能。

1.2 数据库的体系结构

考察数据库系统的结构可以有多种不同的层次或角度。从系统组成角度来看，数据库系统的结构主要分为内部结构和外部结构。内部结构是从数据库管理系统角度看的，数据库系统通常采用三级模式结构；外部结构是从数据库最终用户角度看的，数据库系统可分为单用户结构、主从式结构、客户端/服务器结构（C/S结构）、浏览器/服务器结构（B/S结构）和分布式结构等。

本节分别从内部结构和外部结构介绍数据库系统的结构。

1.2.1 数据库系统的内部结构

虽然实际的数据库系统软件的产品种类很多，并且支持不同的数据模型，使用不同的数据库管理语言，可应用在不同的操作系统中。但从数据库管理系统的角度看，它们的体系结构都具有相同的特征，即采用三级模式结构。

1. 数据库系统的三级模式结构

数据库系统的三级模式结构是指数据库系统是由外模式、模式和内模式三级构成的，如图1-6所示。

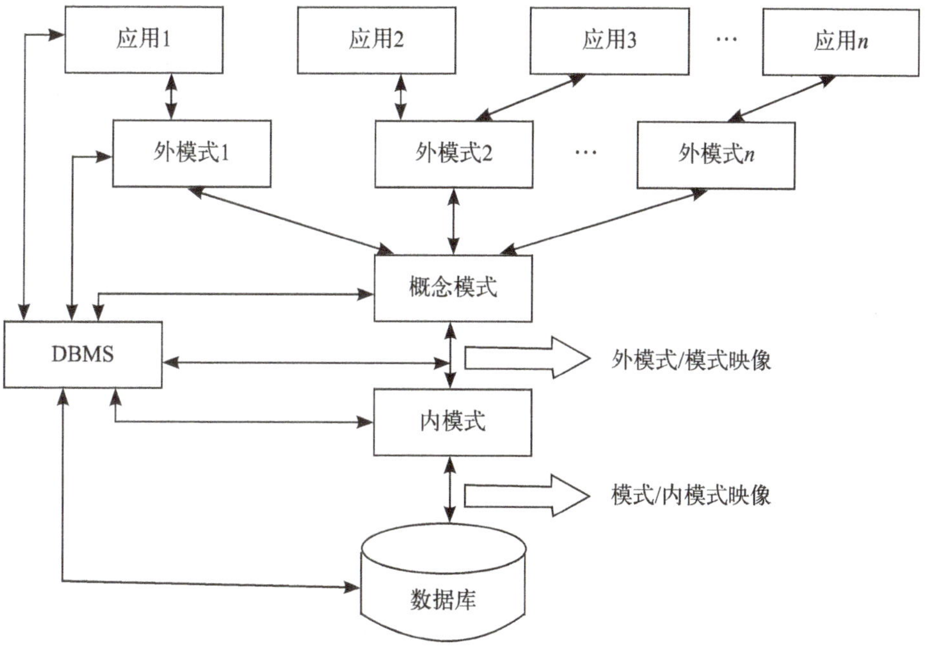

图 1-6 数据库系统的模式结构

（1）模式。

模式（Schema）也称为逻辑模式，是数据库中全体数据的逻辑结构和特征的描述，是所有用户的公共视图，它仅仅涉及类型（Type）的描述，不涉及具体的值（Value）。模式的定义中主要包含数据的逻辑结构（数据项的名字、类型、取值范围等）、数据之间的联系以及数据有关的安全性要求等方面的描述。一个数据库只有一个模式。

（2）外模式。

外模式也称子模式（Subschema）或用户模式，它是数据库用户（包括应用程序员和最终用户）能够看见和使用的局部数据的逻辑结构和特征的描述，是数据库用户的数据视图，是与某一应用有关的数据的逻辑表示。

外模式通常是模式的子集。一个模式可以有多个外模式。由于它是各个用户的数据视图，如果不同的用户在应用需求、看待数据的方式、对数据保密的要求等方面存在差异，则其外模式描述就可能不同。即使是模式中的同一数据，在外模式中的结构、类型、长度、保密级别等都可以不同。另外，同一外模式也可以为某一用户的多个应用系统所使用，但一个应用程序只能使用一个外模式。

外模式是保证数据库安全性的一个有力措施。每个用户只能看到和访问所对应的外模式中的数据，数据库中的其他数据是看不到的。

设立外模式的好处如下。

- 方便了用户的使用，简化了用户的接口。用户只要依照模式编写应用程序或在终端输入命令，无须了解数据的存储结构。
- 保证数据的独立性。由于在三级模式之间存在两级映像，使得物理模式和概念模式的变化，都反映不到子模式一层，从而不用修改应用程序，提高了数据的独立性。
- 有利于数据共享。从同一模式产生不同的子模式，减少了数据的冗余度，有利于为多种应用服务。
- 有利于数据的安全和保密。用户程序只能操作其子模式范围内的数据，从而把其与数据库中的其余数据隔离开来，缩小了程序错误传播的范围，保证了其他数据的安全。

（3）内模式。

内模式（Internal Schema）也称存储模式（Storage Schema），一个数据库只有一个内模式。它是数据物理结构和存储方式的描述，定义所有的内部记录类型、索引和文件的组织形式，以及数据控制方面的细节。

内部记录并不涉及物理记录，也不涉及设备的约束。比内模式更接近于物理存储和访问的那些软件机制是操作系统的一部分（即文件系统），例如，从磁盘读数据或写数据到磁盘上的操作等。

2. 数据库系统的二级映像和数据独立性

为了让用户不必考虑存取路径等细节，减少应用程序的维护和修改工作，需要保证程序和数据之间的独立性，即当数据改变时程序不需要改变；反之，程序改变时数据也不需要改变。为了使程序和数据之间具有一定的独立性，DBMS提供了两层映像，外模式/模式映像和模式/内模式映像。

映像实质上是一种对应关系，是指映像双方如何进行数据转换，并定义转换规则。有了这两层映像，用户在处理数据时不必关心数据在计算机中的具体表示方式与存储方式。正是这两层映像保证了数据库系统中的数据能够具有较高的逻辑独立性和物理独立性。

（1）外模式/模式映像。

外模式/模式映像定义了外模式与模式之间的对应关系。如果模式需要进行修改，例如，数据重新定义，增加新的关系、新的属性、改变属性的数据类型等，那么只需对各个外模式/模式的映像做相应的修改，使外模式尽量保持不变；而应用程序一般是依据外模式编写的，因此应用程序也不必修改，从而保证了数据与程序的逻辑独立性，这就是数据的逻辑独立性。

（2）模式/内模式映像。

模式/内模式映像定义了模式和内模式之间的对应关系，即数据全局逻辑结构与存储结构之间的对应关系。模式/内模式映像一般是在模式中描述的。当数据库的存储结构改变时（如采用了另外一种存储结构），由数据库管理员对模式/内模式映像做相应改变，可以使模式保持不变，因此应用程序也不必改变。这就保证了数据与程序的物理独立性，简称数据的物理独立性。

1.2.2 数据库系统的外部结构

从数据库管理系统的角度看，数据库系统是一个三级模式结构，但数据库的这种模式结构对最终用户和程序员是透明的，他们见到的仅是数据库的外模式和应用程序。从最终用户角度来看，数据库系统的结构分为单用户结构、主从式结构、客户端/服务器结构（C/S结构）、浏览器/服务器结构（B/S结构）和分布式结构等。

1. 单用户数据库系统

单用户数据库系统是指早期最简单的数据库系统，如图1-7所示。在单用户系统中，整个数据库系统包括应用程序、DBMS和数据等，都装在一台计算机上，由一个用户独占，不同的机器间不能共享数据。

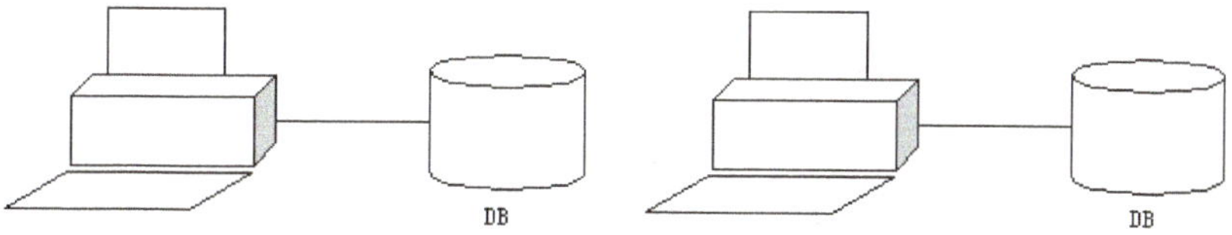

图 1-7 单用户数据库系统

例如，一个企业中各个部门都使用本部门的机器来管理本部门的数据，各个部门的机器是独立的。由于不同部门之间不能共享数据，因此企业内部存在大量的数据冗余。

2. 主从式结构的数据库系统

主从式结构是指一个主机带多个终端的多用户结构。在这种结构中，数据库系统包括应用程序、DBMS和数据等，集中存放在主机上，所有任务都由主机完成，各个用户通过主机的终端并发地存取数据，共享数据资源，如图1-8所示。

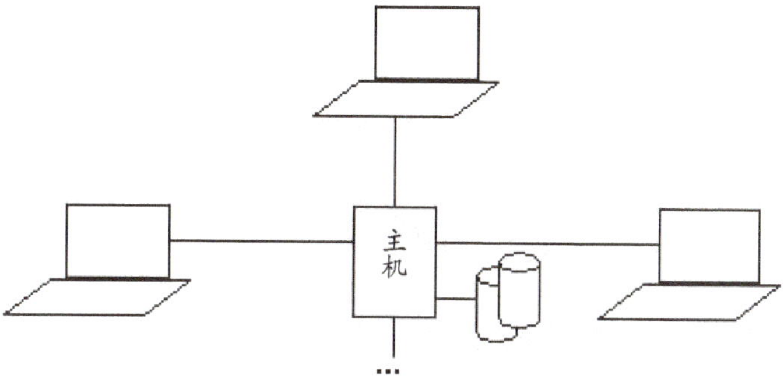

图 1-8 主从式结构数据库系统

主从式结构数据库系统的优点是结构简单，数据易于维护和管理。其缺点是当终端用户增加到一定程度后，主机的任务过于繁重，成为瓶颈，从而会使系统性能大幅度下降。另外，当主机出现故障后，整个系统不能运行，因而系统的可靠性不高。

3. 分布式结构的数据库系统

分布式结构的数据库系统是指数据库中的数据在逻辑上是个整体，但物理分布在计算机网络的不同节点上，如图1-9所示。网络的每一个节点都可以独立处理本地数据库中的数据，执行局部应用；也可以同时存取和处理多个异地数据库中的数据，执行全局应用。

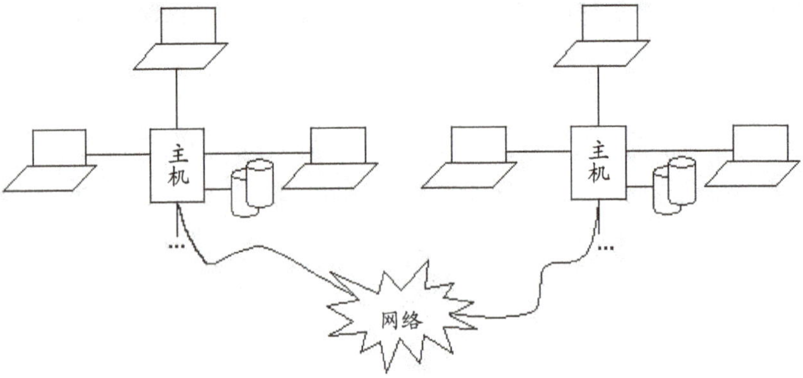

图 1-9　分布式结构数据库系统

分布式结构的数据库系统是计算机网络发展的必然产物，它适应了地理上分散的公司、团体和组织对于数据库应用的需求，但数据的分布存放给数据的管理、维护带来困难。此外，当用户需要经常访问远程数据时，系统效率会明显地受网络通信的制约。

4. 客户端/服务器结构的数据库系统

主从式数据库系统中的主机和分布式数据库系统中的每个节点是一个通用计算机，既执行DBMS功能，又执行应用程序。随着工作站功能的增强和广泛使用，人们开始把DBMS的功能和应用分开。网络中某些节点上的计算机专门执行DBMS功能，称为数据库服务器，简称服务器；其他节点上的计算机安装DBMS外围应用开发工具，支持用户的应用，称为客户机；这就是客户端/服务器（Client/Server）结构，简称为C/S结构，如图1-10所示。

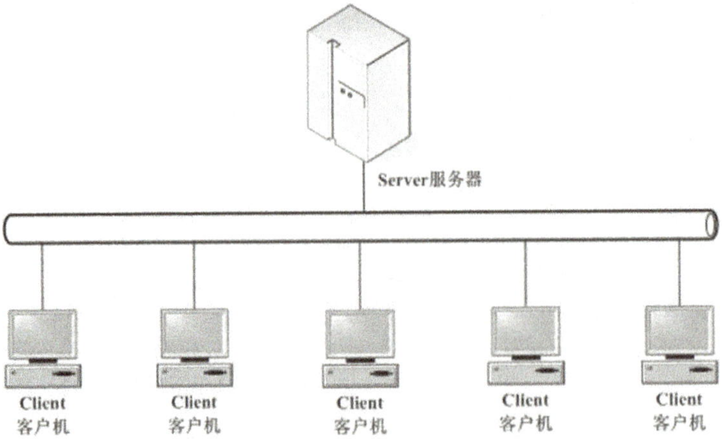

图 1-10　C/S 结构数据库系统

在客户端/服务器结构中，客户端的用户请求被传送到数据库服务器，数据库服务器进行处理后，只将结果返回给用户（而不是整个数据），从而显著减少了网络数据的传输量，提高了系统的性能、吞吐量和负载能力。

5. 浏览器/服务器结构的数据库系统

随着互联网的飞速发展，移动办公和分布式办公越来越普及，而C/S结构的缺点就逐渐暴露出来，特别是客户端需要安装专用的客户端软件。一旦客户端软件升级，那么所有的客户计算机上的客户端软件均需要更新，因此需要对C/S结构进行改进，浏览器/服务器结构（Browser/Server）便应运而生，简称为B/S结构，如图1-11所示。

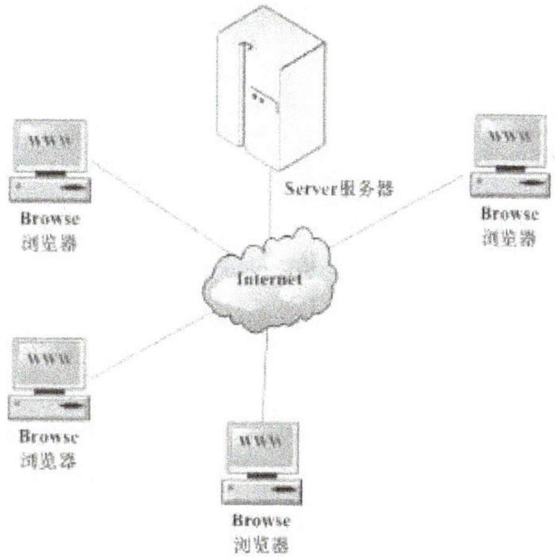

图 1-11　B/S 结构数据库系统

在浏览器/服务器结构下，用户工作界面是通过浏览器实现的，主要的事务逻辑都在服务器端（Server）实现，只有极少部分的事务逻辑在前端（Browser）实现。这种模式统一了客户端，将系统功能实现的核心部分集中到服务器上，简化了系统的开发、维护和使用。客户机上只要安装一个浏览器（Browser），浏览器通过Web Server同数据库进行数据交互，大大减轻了客户端机器的载荷，减少了系统维护与升级的成本和工作量，降低了用户的总体成本。

1.3 数据模型

数据在数据库中是按照标准进行存储和使用的。为了保持数据库的功能性和稳定性，需要一整套完备的数据库系统进行运作。

1.3.1 数据模型简介

数据模型（Data Model）也是一种模型，它是对现实世界数据特征的抽象。由于计算机不可能直接处理现实世界中的具体事物，因此必须事先把具体事物转换成计算机能够处理的数据，即首先要数字化，要把现实世界中的人、事、物、概念等信息用数据模型这个工具来抽象、表示和加工处理。数据模型是数据库中用来对现实世界进行抽象的工具，是数据库中用于提供信息表示和操作手段的形式构架，是现实世界的一种抽象模型。

数据模型按不同的应用层次分为3种类型，分别是概念数据模型（Conceptual Data Model）、逻辑数据模型（Logic Data Model）和物理数据模型（Physical Data Model）。

（1）概念数据模型又称概念模型，是一种面向客观世界、面向用户的模型，与具体的数据库管理系统无关，与具体的计算机平台无关。人们通常先将现实世界中的事物抽象到信息世界，建立所谓的“概念模型”，然后再将信息世界的模型映射到机器世界，将概念模型转换为计算机世界中的模型。因此，概念模型是从现实世界到机器世界的一个中间层次。

（2）逻辑数据模型又称逻辑模型，是一种面向数据库系统的模型，它是概念模型到计算机之间的中间层次。概念模型只有在转换成逻辑模型之后才能在数据库中得以表示。目前，逻辑模型的种类很多，其中比较成熟的有层次模型、网状模型、关系模型和面向对象模型等。

注意事项：4种逻辑模型的区别

4种逻辑数据模型的根本区别在于数据结构不同，即数据之间联系的表示方式不同。

- 层次模型用“树结构”表示数据之间的联系。
- 网状模型用“图结构”表示数据之间的联系。
- 关系模型用“二维表”表示数据之间的联系。
- 面向对象模型用“对象”表示数据之间的联系。

（3）物理数据模型又称物理模型，是一种面向计算机物理表示的模型，此模型是数据模型在计算机上的物理结构表示。

数据模型通常由三部分组成，分别是数据结构、数据操纵和完整性约束，也称为数据模型的三大要素。概念数据模型非常多，在这里介绍最经典的概念模型——ER模型；同样，在几种逻辑数据模型中，这里只介绍目前主流的逻辑数据模型——关系模型。

1.3.2 E-R模型

概念模型中最著名的是实体-联系模型（Entity Relationship Model，E-R模型）。E-R模型是P. P. Chen于1976年提出的。这个模型直接从现实世界中抽象出实体类型及实体间联系，然后用实体联系图（E-R图）表示数据模型。设计E-R图的方法称为E-R方法，E-R图是设计概念模型的有力工具。

1. E-R模型术语与E-R图

首先介绍有关的名词术语及E-R图，具体内容如下。

（1）实体（Entity）。

现实世界中客观存在并可相互区分的事物叫作实体。实体可以是一个具体的人或物，如王伟、汽车等；也可以是抽象的事件或概念，如购买一本图书。

（2）属性（Attribute）。

实体的某一特性称为属性，如学生实体有学号、姓名、年龄、性别、系等方面的属性。属性有“型”和“值”之分。“型”即为属性名，如姓名、年龄、性别是属性的“型”；“值”即为属性的具体内容，如“(220001,肖敏,19,女,计算机)”，这些属性值的集合表示一个学生实体。

（3）实体型（Entity Type）。

若干个属性型组成的集合可以表示一个实体的类型，简称实体型。如学生（学号,姓名,年龄,性别,系）就是一个实体型。

（4）实体集（Entity Set）。

同型实体的集合称为实体集，如所有的学生、所有的课程等。

（5）码（Key）。

能唯一标识一个实体的属性或属性集被称为实体的码。例如，学生的学号可作为码，但因为学生的姓名可能有重名，所以不能作为学生实体的码。

（6）域（Domain）。

属性值的取值范围称为该属性的域。例如，学号的域为6位整数，姓名的域为字符串集合，年龄的域为小于40的整数，性别的域为（男,女）。

（7）联系（Relationship）。

在现实世界中，事物内部以及事物之间是有联系的，这些联系同样也要抽象并反映到信息世界中来，在信息世界中将被抽象为实体型内部的联系和实体型之间的联系。

2. 实体型联系类型

实体型内部的联系通常是指组成实体的各属性之间的联系，实体型之间的联系通常是指不同实体集之间的联系。两个实体型之间的联系有如下3种类型。

（1）一对一联系（1∶1）。

实体集A中的一个实体至多与实体集B中的一个实体相对应，反之亦然，则称实体集A与实体集B为一对一的联系，记作1∶1。如班级与班长，观众与座位，病人与床位。

（2）一对多联系（1∶n）。

实体集A中的一个实体与实体集B中的多个实体相对应，反之，实体集B中的一个实体至多与实体集A中的一个实体相对应，记作1∶n。如班级与学生、公司与职员、省与市。

（3）多对多联系（m∶n）。

实体集A中的一个实体与实体集B中的多个实体相对应，反之，实体集B中的一个实体与实体集A中的多个实体相对应，记作（m∶n）。如教师与学生，学生与课程，工厂与产品。

实际上，一对一联系是一对多联系的特例，而一对多联系又是多对多联系的特例。可以用图形来表示两个实体型之间的这三类联系，如图1-12所示。

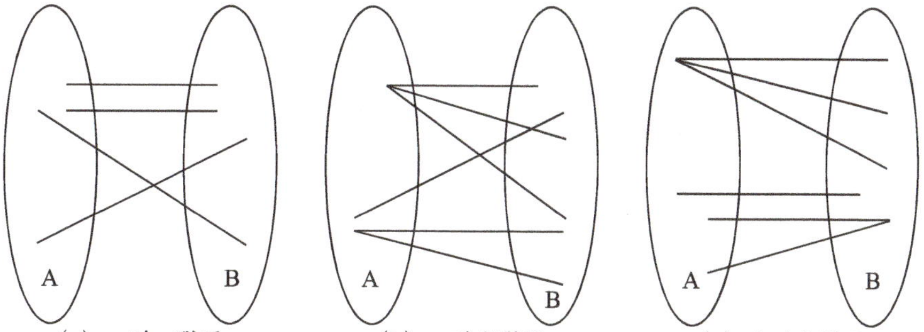

（a）一对一联系　　（b）一对多联系　　（c）多对多联系

图 1-12 实体间的联系

知识点拨

E-R 图中的 4 个基本成分

（1）矩形框，表示实体类型（研究问题的对象）。

（2）菱形框，表示联系类型（实体间的联系）。

（3）椭圆形框，表示实体类型和联系类型的属性。

相应的命名均记入各种框中。对于实体标识符的属性，在属性名下面画一条横线。

（4）直线，联系类型与其涉及的实体类型之间以直线连接，用来表示它们之间的联系，并在直线端部标注联系的种类（1∶1、1∶N或M∶N）。

3. E-R模型的优点

E-R模型有两个明显的优点：一是接近于人的思维，容易理解；二是与计算机无关，用户容易接受。因此，E-R模型已成为软件工程中一个重要的设计方法。但是，E-R模型只能说明实体间语义的联系，还不能进一步说明详细的数据结构。一般遇到一个实际问题，总是先设计一个E-R模型，然后再把E-R模型转换成计算机已能实现的数据模型。

1.3.3 关系模型

目前，数据库领域中最常用的逻辑数据模型有4种：层次模型（Hierarchical Model）、网状模型（Network Model）、关系模型（Relational Model）和面向对象模型（Object Oriented Model）。其中，层次模型和网状模型统称为非关系模型。非关系模型的数据库系统在20世纪70年代至80年代初非常流行，在当时的数据库系统产品中占据了主导地位，20世纪80年代后就逐渐被关系模型的数据库系统取代。但在美国等一些国家，由于早期开发的应用系统都是基于层次或网状模型的数据库系统，因此目前仍有不少层次或网状数据库系统在继续使用。

1970年，美国IBM公司San Jose研究室的研究员E.F.Codd首次提出了数据库系统的关系模型，开创了数据库关系方法和关系数据理论的研究，为关系数据库技术奠定了理论基础。20世纪80年代以来，计算机厂商新推出的数据库管理系统几乎都支持关系模型，非关系系统的产品也大都加上了对关系模型的接口。数据库领域当前的研究工作也基本上是以关系方法为基础的。

面向对象的方法和技术在计算机各个领域，包括程序设计语言、软件工程、信息系统设计、计算机硬件设计等各方面都产生了深远的影响，同样也促进了数据库中面向对象数据模型的研究和发展。

关系模型是目前最重要的一种数据模型。关系数据库系统采用关系模型作为数据的组织方式。关系数据库系统与非关系数据库系统的区别：关系数据库系统中只有“表”这一种数据结构，而非关系数据库系统中还有其他类型数据结构，对这些数据结构还有其他的操作。下面主要介绍关系模型的相关知识。

1. 关系模型的基本术语

在关系模型中，用单一的二维表结构来表示实体及实体间的关系。

（1）关系（Relationship）：一个关系对应一个二维表，二维表名就是关系名。

（2）关系模式（Relationship Schema）：二维表中的行（表头）定义记录的类型，即对关系的描述称为关系模式。关系模式的一般形式为：关系名（属性1,属性2,…,属性*n*）。例如，学生关系模式：学生（学号,姓名,年龄,性别,院系）。

（3）属性（Attribute）及值域（Domain）：二维表中的列（字段）称为关系的属性。属性的个数称为关系的元数，又称为度。度为*n*的关系称为*n*元关系，度为1的关系称为一元关系，度为2的关系称为二元关系。关系的属性包括属性名和属性值两部分，其列名即为属性名，列值即为属性值。属性值的取值范围称为值域，每一个属性对应一个值域，不同属性的值域可以相同。

（4）元组（Tuple）：二维表中的一行，即每一条记录的值称为关系的一个元组。其中，每一个属性的值称为元组的分量。关系由关系模式和元组的集合组成。

（5）键（Key）：键也称为码，由一个或多个属性组成。

知识点拨

几种实际使用的键

在实际使用中，有下列几种键。

（1）候选键（Candidate Key）：若关系中的某一属性组的值能唯一地标识一个元组，则称该属性组为候选键。

（2）主键（Primary Key）：若一个关系有多个候选键，则选定其中一个为主键。主键中包含的属性称为主属性。不包含在任何候选键中的属性称为非键属性（Non-Key attribute）。关系模型的所有属性组是这个关系模式的候选键，称为全键（All-key）。

（3）外键（Foreign Key）：设 F 是关系 R 的一个或一组属性，但不是关系 R 的键。如果 F 与关系 S 的主键相对应，则称 F 是关系 R 的外键，关系 R 称为参照关系，关系 S 称为被参照关系。

（6）主属性与非主属性：关系中包含在任何一个候选键中的属性称为主属性，不包含在任何一个候选键中的属性称为非主属性。

2. 关系的性质

一般用集合的观点定义关系，也就是说，把关系看成一个集合，集合中的元素是元组，每个元组的属性个数均相同。如果一个关系的元组个数是无限的，称为无限关系；反之，称为有限关系。

在关系模型中对关系做了一些规范性的限制，可通过二维表格形象地理解关系的性质。

（1）关系中每个属性值都是不可分解的，即关系的每个元组分量必须是原子的。从二维表的角度讲，不允许表中嵌套表。如表1-2所示中就出现了这种表中再嵌套表的情况，在“成绩”下嵌套“平时”和“期末”。虽然类似的表在实际生活中司空见惯，但是却不符合关系的基本定义。因为关系是从域出发定义的，每个元组分量都是不可再分的，所以不可能出现表中套表的现象。遇到这种情况，可以对表格进行简单的等价变换，使之成为符合规范的关系。例如，可把表1-2改成表1-3。这里把“成绩”分成两列，“平时成绩”和“期末成绩”，两个属性都取自同一个域“成绩”。

表 1-2　二维表 1

学号	姓名	成绩	
		平时	期末
201804001	陈家乐	90	88
201804002	王静茹	98	96

表 1-3　二维表 2

学号	姓名	平时成绩	期末成绩
201804001	陈家乐	90	88
201804002	王静茹	98	96

（2）关系中不允许出现相同的元组。从语义角度看，二维表中的一行即一个元组，代表着一个实体。现实生活中不可能出现完全一样、无法区分的两个实体，因此二维表不允许出现相

同的两行。同一关系中不能有两个相同的元组存在，否则将使关系中的元组失去唯一性，这一性质在关系模型中很重要。

（3）在定义一个关系模式时，可随意指定属性的排列次序，因为交换属性顺序的先后，并不改变关系的实际意义。例如，在定义表1-3所示的关系模式时，可以指定属性的次序为（学号,姓名,平时成绩,期末成绩），也可以指定属性的次序为（学号,姓名,期末成绩,平时成绩）。

（4）在一个关系中，元组的排列次序可任意交换，并不改变关系的实际意义。由于关系是一个集合，因此不考虑元组间的顺序问题。在实际应用中，常常对关系中的元组排序，这样做仅仅是为了加快检索数据的速度，提高数据处理的效率。

注意事项：判断关系是否相等

判断两个关系是否相等，是从集合的角度来考虑的，与属性的次序无关，与元组次序无关，与关系的命名也无关。如果两个关系仅仅是上述差别，在其余各方面完全相同，就认为这两个关系相等。

（5）关系模式相对稳定，关系却随着时间的推移不断变化。这是由数据库的更新操作（包括插入、删除、修改）引起的。

3. 关系的完整性

关系模型的完整性规则是对关系的某种约束条件。关系模型中可以有3类完整性约束：实体完整性、参照完整性和用户定义的完整性。

（1）实体完整性（Entity Integrity）。

一个基本关系通常对应现实世界的一个实体集，如银行关系对应于银行的集合。现实世界中的实体是可区分的，即它们具有某种唯一性标识。相应地，关系模型中以主键作为唯一性标识。主键中的属性即主属性，不能取空值。所谓空值就是“不知道”或“无意义”的值。如果主属性取空值，就说明存在某个不可标识的实体，即存在不可区分的实体，这与现实世界的应用环境相矛盾，因此这个实体一定不是一个完整的实体。

实体完整性规则：若属性A是基本关系R的主属性，则属性A不能取空值。

（2）参照完整性（Referential Integrity）。

现实世界中的实体之间往往存在某种联系，在关系模型中实体及实体间的联系都是用关系来描述的，这样就自然存在着关系与关系间的引用。

设F是基本关系R的一个或一组属性，但不是关系R的键，如果F与基本关系S的主键Ks相对应，则称F是基本关系R的外键（Foreign Key），并称基本关系R为参照关系（Referencing Relation），基本关系S为被参照关系（Referenced Relation）或目标关系（Target Relation）。关系R和S不一定是不同的关系。参照完整性规则就是定义外键与主键之间的引用规则。

参照完整性规则：若属性（或属性组）F是基本关系R的外键，它与基本关系S的主键Ks相对应（基本关系R和S不一定是不同的关系），则对于R中每个元组在F上的值必须为：或者取空值（F的每个属性值均为空值），或者等于S中某个元组的主键值。

（3）用户定义的完整性（User-defined Integrity）。

实体完整性和参照性适用于任何关系数据库系统。除此之外，不同的关系数据库系统根据其应用环境的不同，往往还需要一些特殊的约束条件。

用户定义的完整性就是针对某一具体关系数据库的约束条件，它反映某一具体应用所涉及的数据必须满足的语义要求。关系模型应提供定义和检验这类完整性的机制，以便用统一的系统的方法处理，而不是由应用程序承担这一功能。

1.4 关系数据库的设计

要开发管理信息系统，数据库设计的好坏是关键。数据库设计是指在给定的环境下，创建一个性能良好、能满足不同用户的使用要求、又能被选定的DBMS所接受的数据模式。从本质上讲，数据库设计是将数据库系统与现实世界相结合的一种过程。

人们总是力求设计出的数据库好用，但是设计数据库时既要考虑数据库的框架和数据结构，又要考虑应用程序存取数据库和处理数据。因此，最佳设计不可能一蹴而就，只能是一个反复探寻的过程。

大体上可以把数据库设计划分成以下6个阶段：需求分析阶段、概念结构设计阶段、逻辑结构设计阶段、物理结构设计阶段、数据库实施阶段、数据库运行和维护阶段。如图1-13所示。

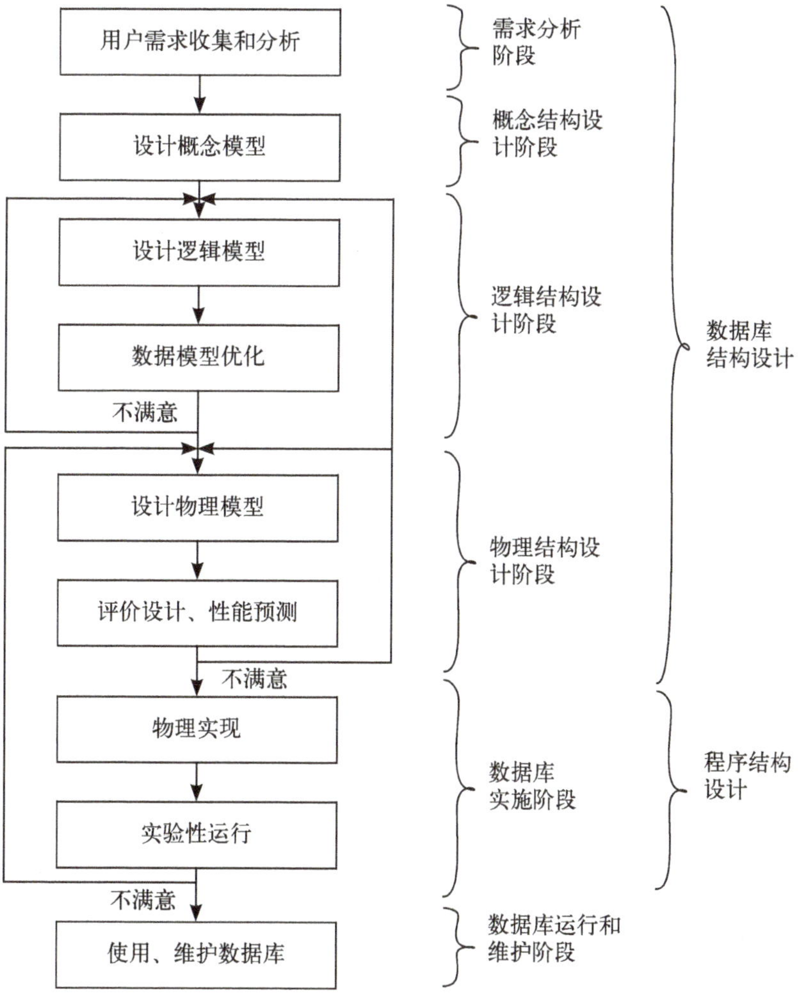

图 1-13 数据库设计阶段划分

1.4.1 需求分析

准确地搞清楚用户需求，是数据库设计的关键。需求分析的好坏，决定了数据库设计的成败。确定用户的最终需求其实是一件很困难的事。一方面用户缺少计算机知识，开始时无法确定计算机究竟能为自己做什么，不能做什么，所以无法准确地表达自己的需求，而且提出的需求往往不断地变化。另一方面设计人员缺少用户的专业知识，不易理解用户的真正需求，甚至误解用户的需求。此外新的硬件、软件技术的出现也会使用户需求发生变化。因此设计人员必须与用户不断深入地进行交流，才能逐步确定用户的实际需求。

1. 需求分析的成果

需求分析阶段的成果是系统需求说明书，主要包括数据流图、数据字典、各种说明性表格、统计输出表、系统功能结构图等。系统需求说明书是以后设计、开发、测试和验收等过程的重要依据。

注意事项：需求分析的重点

需求分析的重点是调查、收集与分析用户在数据管理中的信息要求、处理要求、安全性与完整性要求。

2. 需求分析的任务

需求分析的任务是通过详细调查现实世界要处理的对象（组织、部门、企业等），充分了解原系统（手工系统或计算机系统）的工作概况，明确用户的各种需求，在此基础上确定新系统的功能。新系统必须充分考虑今后可能的扩充和改变，不能仅仅按当前应用的需求来设计数据库。需求分析阶段的主要任务有以下几个方面。

（1）确认系统的设计范围，调查信息需求，收集数据。分析需求调查得到的资料，明确计算机应当处理和能够处理的范围，确定新系统应具备的功能。

（2）综合各种信息包含的数据，各种数据间的关系，数据的类型、取值范围和流向。

（3）建立需求说明文档、数据字典、数据流程图。将需求调查文档化，文档既要为用户所理解，又要方便数据库的概念结构设计。需求分析的结果应及时与用户进行交流，反复修改，直到得到用户的认可。在数据库设计中，数据需求分析是对有关信息系统现有数据及数据间联系的收集和处理，当然也要适当考虑系统在将来的需求。一般需求分析包括数据流分析及功能分析。功能分析是指系统如何得到事务活动所需要的数据，在事务处理中如何使用这些数据进行处理（也叫加工），以及处理后数据流向的全过程的分析。换言之，功能分析是对所建数据模型支持的系统事务处理的分析。

知识点拨

数据流分析

数据流分析是对事务处理所需的原始数据的收集以及处理后所得数据及其流向的分析，一般用数据流程图来表示。在需求分析阶段，应当用文档形式整理出整个系统所涉及的数据、数据间的依赖关系、事务处理的说明和所需产生的报告，并且尽量借助于数据字典加以说明。除了使用数据流程图、数据字典，需求分析还可使用判定表、判定树等工具。

■1.4.2 概念结构设计

概念结构设计是数据库设计的第二阶段，其目标是对需求说明书提供的所有数据和处理要求进行抽象与综合处理，按一定的方法构造反映用户环境的数据及其相互联系的概念模型，即用户数据模型或企业数据模型。这种概念数据模型与DBMS无关，是面向现实世界的数据模型，极易为用户所理解。为保证所设计的概念数据模型能正确、完全地反映用户（一个单位）的数据及其相互联系，便于进行所要求的各种处理，在本阶段中可吸收用户参与和评议设计。在进行概念结构设计时，可设计各个应用的视图（View），即各个应用所看到的数据及其结构，然后再进行视图集成（View Integration），以形成一个单位的概念数据模型。形成的初步数据模型还要经过数据库设计者和用户的审查与修改，最后才能形成所需的概念数据模型。

■1.4.3 逻辑结构设计

逻辑结构设计阶段的设计目标是把上一阶段得到的不被DBMS理解的概念数据模型转换成等价的、为某个特定的DBMS所接受的逻辑模型所表示的概念模式，同时将概念结构设计阶段得到的应用视图转换成外部模式，即特定DBMS下的应用视图。在转换过程中要进一步落实需求说明，并使其满足DBMS的各种限制。逻辑结构设计阶段的结果是DBMS提供的数据定义语言（DDL）写成的数据模式。逻辑结构设计的具体方法与DBMS的逻辑数据模型有关。

■1.4.4 物理结构设计

物理结构设计阶段的任务是把逻辑结构设计阶段得到的逻辑数据库在物理上加以实现。其主要内容是根据DBMS提供的各种手段，设计数据的存储形式和存取路径，如文件结构、索引的设计等，即设计数据库的内模式或存储模式。数据库的内模式对数据库的性能影响很大，应根据处理需求及DBMS、操作系统和硬件的性能进行精心设计。

■1.4.5 数据库实施

数据库实施主要包括以下工作：用DDL定义数据库结构，组织数据入库，编制与调试应用程序，数据库试运行。

1. 定义数据库结构

确定了数据库的逻辑结构与物理结构后，就可以用选好的DBMS提供的数据定义语言（DDL）来严格描述数据库结构。

2. 数据装载

数据库结构建立好后，就可以向数据库中装载数据。组织数据入库是数据库实施阶段最主要的工作。对于数据量不大的小型系统，可以用人工方式完成数据入库，其步骤如下。

（1）筛选数据。需要装入数据库中的数据通常都分散在各个部门的数据文件或原始凭证中，所以首先必须把需要入库的数据筛选出来。

（2）转换数据格式。筛选出来的需要入库的数据，其格式往往不符合数据库要求，还需要进行转换。这种转换有时可能会很复杂。

（3）输入数据。将转换好的数据输入计算机中。

（4）校验数据。检查输入的数据是否有误。

对于大型系统，由于数据量大，用人工方式组织数据入库将会耗费大量人力物力，而且很难保证数据的正确性。因此应该设计一个数据输入子系统，由计算机来辅助数据入库工作。

3. 编制与调试应用程序

数据库应用程序的设计应该与数据入库并行进行。在数据库实施阶段，当数据库结构建立好后，就可以开始编制与调试数据库的应用程序。调试应用程序时由于数据入库尚未完成，可先使用模拟数据。

4. 数据库试运行

应用程序调试完成，并且已有小部分数据入库后，就可以开始数据库的试运行。数据库试运行也称为联合调试，其主要工作包括以下两项内容。

（1）功能测试。实际运行应用程序，执行对数据库的各种操作，测试应用程序的各种功能。

（2）性能测试。测量系统的性能指标，分析是否符合设计目标。

1.4.6 数据库运行和维护

数据库试运行结果符合设计目标后，数据库就可以真正投入运行了。数据库投入运行标志着开发任务的基本完成和维护工作的开始，但并不意味着设计过程的终结。由于应用环境在不断变化，数据库运行过程中物理存储也会不断变化，对数据库设计进行评价、调整、修改等维护工作是一个长期的任务，也是设计工作的继续和提高。

在数据库运行阶段，对数据库经常性的维护工作主要是由DBA完成的。维护工作包括：故障维护，数据库的安全性、完整性控制，数据库性能的监督、分析和改进，数据库的重组织和重构造等。

1.5 常见的关系型数据库管理系统

自20世纪70年代关系模型的概念提出后，由于其突出的优势，迅速被商用关系型数据库管理系统所采用。据统计，在新发展的DBMS系统中，关系型数据库管理系统已占到90%。其中涌现出了大量性价比高、功能强大的关系型数据库管理系统产品。

1. Oracle

Oracle数据库被业界认为是目前比较成功的关系型数据库管理系统。Oracle公司是世界第二大软件供应商，是数据库软件领域第一大厂商（大型机市场除外）。Oracle的数据库产品被认为是运行稳定、功能齐全、性能超群的高端产品。这一方面反映了它在技术方面的领先，另一方面也反映了它在价格定位上更着重于大型的企业数据库领域。对于数据量大、事务处理繁忙、安全性要求高的企业，Oracle无疑是比较理想的选择。当然，用户必须在费用方面做出充足的考虑，因为Oracle数据库在同类产品中是比较贵的。随着因特网的普及，带动了网络经济的发展，Oracle适时地将自己的产品紧密地和网络计算结合起来，成为在因特网应用领域数据库厂商的佼佼者。

2. SQL Server

SQL Server是微软公司开发的大型关系型数据库系统。SQL Server的功能比较全面，效率高，可以作为大中型企业或单位的数据库平台。SQL Server在可伸缩性与可靠性方面做了许多工作，近年来在许多企业的高端服务器上得到了广泛的应用。同时，该产品继承了微软产品界面友好、易学易用的特点，与其他大型数据库产品相比，在操作性和交互性方面独树一帜。SQL Server可以与Windows操作系统紧密集成，这种安排使SQL Server能充分利用操作系统所提供的特性，无论是应用程序开发速度还是系统事务处理运行速度，都能得到较大的提升。另外，SQL Server可以借助浏览器实现数据库查询功能，并支持内容丰富的扩展标记语言（XML），提供了全面支持Web功能的数据库解决方案。对于在Windows平台上开发的各种企业级信息管理系统来说，无论是C/S（客户机/服务器）架构还是B/S（浏览器/服务器）架构，SQL Server都是一个很好的选择。

3. Access

Access是微软Office办公套件中一个重要成员。Access简单易学，任何一个普通的计算机用户都能掌握并使用它。同时，Access的功能也足以应付一般的小型数据管理及处理需要。无论用户是要创建一个个人使用的独立的桌面数据库，还是部门或中小公司使用的数据库，在需要管理和共享数据时，都可以使用Access作为数据库平台，提高工作效率。例如，可以使用Access处理公司的客户订单数据，管理自己的个人通讯录，科研数据的记录和处理等。但Access只能在Windows系统下运行。

Access最大的特点是界面友好，简单易用，和其他Office成员一样，极易被一般用户所接受。因此，在许多低端数据库应用程序中，经常使用Access作为数据库平台。在初次学习数据库系统时，很多用户也是从Access开始的。

4. MySQL

MySQL是由瑞典MySQL AB公司开发的开源关系型数据库产品，目前为Oracle公司所有。MySQL是一种关联数据库管理系统，关联数据库将数据保存在不同的表中，而不是将所有数据放在一个大仓库内，这样就增加了速度并提高了灵活性。由于其体积小、速度快、总体拥有成本低，尤其是开放源码这一点，一般中小型网站的开发都选择MySQL作为网站数据库。因此，MySQL是目前最流行的关系型数据库管理系统之一，特别是在Web应用方面，MySQL是最好的关系数据库管理系统（Relational Database Management System，RDBMS）软件。

课后作业

一、选择题

1. 下列关于数据库的叙述中，（　　）是正确的。

A. 数据库减少了数据冗余

B. 数据库避免了数据冗余

C. 数据库中的一致性是指数据类型是一致的

D. 数据库系统比文件系统能管理更多数据

2. 在数据库中存储的是（　　）。

A. 信息

B. 数据

C. 数据结构

D. 数据模型

3. Access数据库是（　　）数据管理系统。

A. 层状

B. 网状

C. 关系型

D. 树状

二、简答题

1. 简述数据库系统的内部结构和外部结构。

2. 什么是DBMS？DBMS的主要功能有哪些？

3. 简述数据库管理员的主要职责。

学习体会

项目2 SQL Server的安装

内容概要

SQL Server是微软公司推出的关系型数据库管理系统，是目前流行的DBMS软件之一。本项目将重点介绍SQL Server的入门知识，包括SQL Server 2019的新特点、新功能等。通过本章的学习，读者可以独立地将SQL Server部署在计算机中。

知识要点

SQL Server 2019的新特性。
SQL Server 2019的版本。
SQL Server 2019的安装。
SQL Server Management Studio的安装。
SQL Server 2019的卸载。
SQL Server 2019的服务和管理工具。
SQL Server 服务的启动和配置。
服务器的注册。
SQL Server Management Studio的管理和操作。

2.1 SQL Server 2019简介

SQL Server是Microsoft公司推出的关系型数据库管理系统，具有使用方便、可伸缩性好、与相关软件集成程度高等优点，且可在多种平台使用。它最初是由Microsoft、Sybase 和Ashton-Tate三家公司共同开发的，于1988年推出了第一个OS/2版本，后陆续推出了1995年的6.0、1998年的7.0、2000年的8.0、2005年的9.0、2008年的10.0、2012年的11.0、2014年的12.0、2016年的13.0、2017年的14.0等不同版本。

2019年11月7日在Microsoft Ignite 2019大会上，微软正式发布了新一代数据库产品SQL Server 2019（15.0），如图2-1所示。它为数据工作带来了创新的安全性和合规性，具有业界领先的性能，还支持内置的大数据功能、任务关键型可用性和高级分析等功能。

图 2-1　SQL Server 2019 启动界面

2.1.1 SQL Server 2019的新特性

SQL Server 2019在实现了各种基本服务和功能（包括数据库引擎、分析服务、集成服务、复制技术、通知服务、报表服务、服务代理、全文搜索等）的基础上，增加了很多新功能，具体内容如下。

1. 任何数据的智能化

使用内置有Apache Spark的SQL Server 2019，可对跨关系、非关系、结构化和非结构化数据进行查询，从所有数据中获取所需，从而可更全面地了解用户的业务情况。

2. 支持多种语言和平台

通过开源支持，用户可以灵活选择语言和平台。除Windows平台外，还可在支持Kubernetes的Linux容器上运行SQL Server。

3. 业界领先的性能

利用突破性的可扩展性性能，改善数据库的稳定性并缩短响应时间，而无须更改应用程序。让任务关键型应用程序、数据仓库和数据湖实现高可用性。

4. 先进的安全功能

近年来SQL Server 2019被评为漏洞最少的数据库，可实现用户的安全性和合规性目标。用户可使用内置功能实现数据分类、数据保护以及监控和警报等功能。

5. 更快速地做出更好的决策

使用SQL Server Reporting Services的企业报告功能在数据中找到问题的答案，并通过随附的Power BI报表服务器，使用户可以在任何设备上访问丰富的交互式Power BI报表。

6. 管理大数据环境变得更加容易

使用大数据集群更轻松地管理用户的大数据环境。系统提供数据湖的关键元素——Hadoop

Distributed File System（HDFS）、Spark和分析工具与SQL Server深度集成，并得到Microsoft的完全支持。在Kubernetes管理的集群上使用Linux容器可轻松部署。

7. 数据虚拟化

使用户能够在SQL Server中运行T-SQL查询，可提取Hadoop的数据并以结构化格式返回，完全无须移动或复制数据。现在正在将数据虚拟化的概念扩展到其他数据源，包括 Oracle、Teradata、MongoDB 和其他SQL Server。

2.1.2　SQL Server 2019的版本

类似微软为其他产品的命名，SQL Server 2019也分为很多版本，其中最主要有以下几个版本。

1. 企业版（Enterprise Edition）

作为高级产品及服务，SQL Server Enterprise Edition提供了全面的高端数据中心功能，具有极高的性能和无限虚拟化；还具有端到端的商业智能，可以为任务关键工作负载和最终用户访问数据提供高服务级别。支持任意数量的处理器、数据库尺寸及分区。

2. 标准版（Standard Edition）

SQL Server Standard Edition提供了基本数据管理和商业智能数据库，供部门和小型组织运行其应用程序，并支持将常用开发工具用于本地和云，有助于以最少的IT资源进行有效的数据库管理。

3. 精简版（Express Edition）

SQL Server Express版本是入门级的免费数据库，没有管理工具、高级服务和可用性功能，是学习和构建桌面及小型服务器数据驱动应用程序的理想选择。它是独立软件供应商、开发人员和热衷于构建客户端应用程序的人员的最佳选择。如果用户需要使用更高级的数据库功能，则可以将SQL Server Express无缝升级到其他更高端的SQL Server版本。

4. 开发者版（Developer Edition）

SQL Server Developer版支持开发人员基于SQL Server构建任意类型的应用程序。它包括Enterprise版的所有功能，但有许可限制，只能用作开发和测试系统，而不能用作生产服务器。SQL Server Developer版是构建和测试应用程序的人员的理想之选。

5. 试用版（Evaluation Edition）

试用版最主要的特点是包含最大的SQL Server功能集，已激活，但有180天的有效期，功能齐全但不能商用。

知识点拨

版本选择

正式使用的用户建议选择企业版或标准版；尝鲜并短暂学习的用户，可以选择试用版；若作为非商用的个人长期研究用，建议选择开发者版；精简版适合硬件配置不高或没有特别要求的新手使用。建议普通的个人用户选择开发者版，这个版本无试用时间限制。

2.2 SQL Server 2019的安装与卸载

SQL Server的安装方式有很多，可以下载镜像，安装包括企业版和标准版的SQL Server 2019，也可以下载并使用“SQL2019-SSEI-Eval.exe”程序，在线安装包括开发者版本、试用版及精简版等版本。

2.2.1 SQL Server 2019的安装要求

在安装时，需要注意SQL Server 2019的安装要求，包括硬件要求和软件环境要求等。

1. 硬件要求

安装SQL Server 2019的硬件要求主要包括以下几个。

- **硬盘：**至少6 GB的可用磁盘空间。
- **内存：**Express Edition 最低要求512 MB，其他版本最低1 GB。推荐至少4 GB，且随着数据库大小增加来增加。

> **注意事项：数据质量服务器组件的内存要求**
> 内存至少必须有2 GB RAM，才能在“数据库引擎服务”（DQS）中安装数据质量服务器组件。此要求不同于SQL Server的最低内存要求。

- **处理器：**最低64位处理器，频率1.4 GHz，推荐2.0 GHz或更高。
- **处理器类型：**x64处理器：AMD Opteron、AMD Athlon 64、支持Intel EM64T的Intel Xeon，以及支持EM64T的Intel Pentium IV（X86处理器不再支持）。
- **显示器：**Super-VGA（800×600）或更高分辨率的显示器。

2. 软件要求

按照现在正常的配置，在硬件方面都可以达到相关要求，而软件要求就稍微复杂一些。

- **操作系统：**Windows 10 TH1 1507 或更高版本，Windows Server 2016或更高版本。其中，企业版只能运行于Server服务器中。
- **.NET Framework支持：**最低版本操作系统包括最低版本.NET框架。
- **网络软件：**SQL Server支持的操作系统具有内置网络软件。独立安装项的命名实例和默认实例支持以下网络协议：共享内存、命名管道和TCP/IP。
- **软件组件：**SQL Server Native Client、SQL Server 安装程序支持文件。

2.2.2 SQL Server 2019的安装

可以在微软的产品评估板块找到SQL Server的评估，填写评估者的相关信息，如图2-2所示，就可以启动“SQL2019-SSEI-Eval.exe”，在线进行安装程序的下载，如图2-3所示。

图 2-2 SQL Server 评估

图 2-3 下载 SQL Server 2019

接下来介绍在Windows Server 2019系统中安装SQL Server 2019的过程。首先用户需要安装Windows Server 2019，并进入到该操作系统中。

步骤 01 在Windows Server 2019中，双击刚下载的“SQL2019-SSEI-Eval.exe”文件，如图2-4所示。

步骤 02 接下来会启动安装器提示界面，单击“自定义”按钮，如图2-5所示。

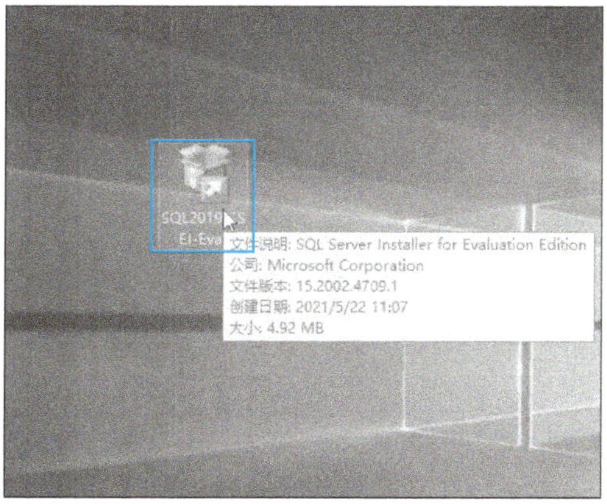

图 2-4 双击安装文件

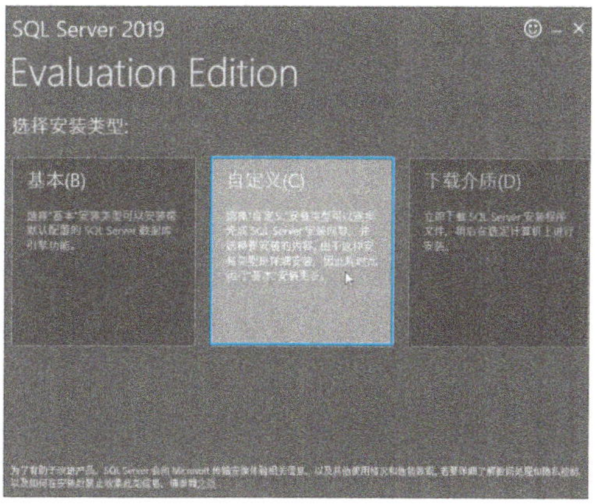

图 2-5 选择安装类型

❗ 注意事项：几种模式的区别

“基本”模式的选项是按照标准的参数进行安装，适合入门新手用户。“自定义”模式可以更加方便地选择适合自己的功能选项，有一定基础的用户可以选择该模式。“下载介质”模式可以下载安装程序并制作成ISO，这种模式适合多台设备安装的情况。

步骤 03 选择语言以及安装位置，建议选择非系统盘，单击“安装”按钮，如图2-6所示。

图 2-6 选择语言与目标位置

步骤 04 稍等片刻，会弹出安装中心界面，选择“安装”选项，并单击“全新SQL Server独立安装或向现有安装添加功能”链接，如图2-7所示。

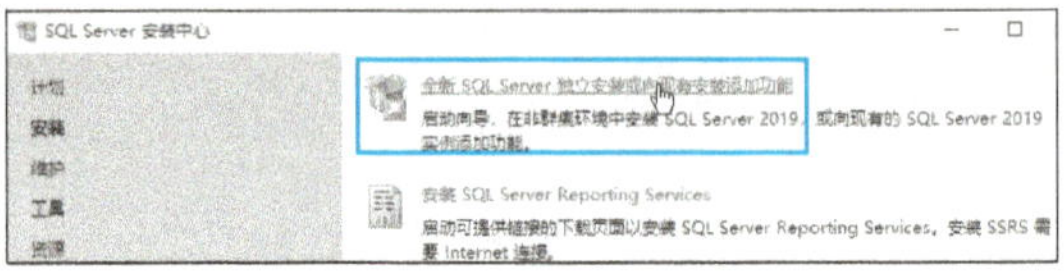

图 2-7 选择安装链接

步骤 05 单击“指定可用版本”下拉按钮，选择要安装的版本，这里选择“Developer”开发者版，单击“下一步”按钮，如图2-8所示，

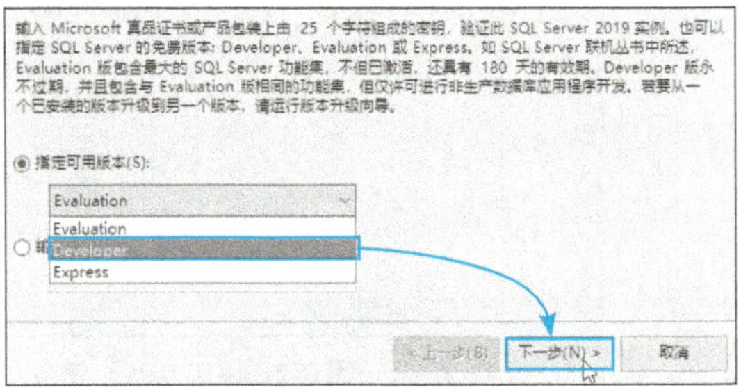

图 2-8 选择安装版本

知识点拨

版本的选择与密钥输入

前面介绍了版本的区别，建议选择“Developer”选项，如果用户有企业版或标准版的密钥，可以单击“输入产品密钥”复选框，并输入密钥，如图 2-9 所示。安装程序会自动判断密钥中的版本信息，并安装对应版本，如企业版或标准版的 SQL Server 2019。

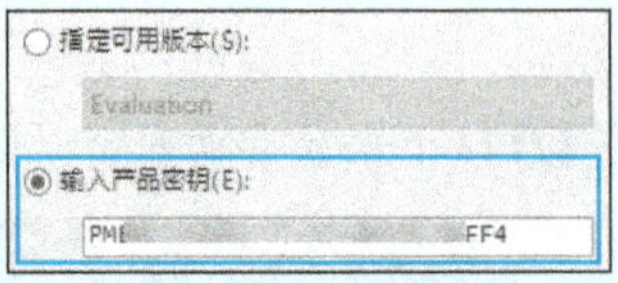

图 2-9 输入产品密钥

步骤 06 接受许可协议后，安装程序会自动进行规则检查，完成后单击“下一步”按钮，如图2-10所示。

步骤 07 勾选“使用Microsoft更新检查更新(推荐)”复选框，单击“下一步”按钮，如图2-11所示。安装程序会自动检查更新并安装，以提高软件及系统的安全性。

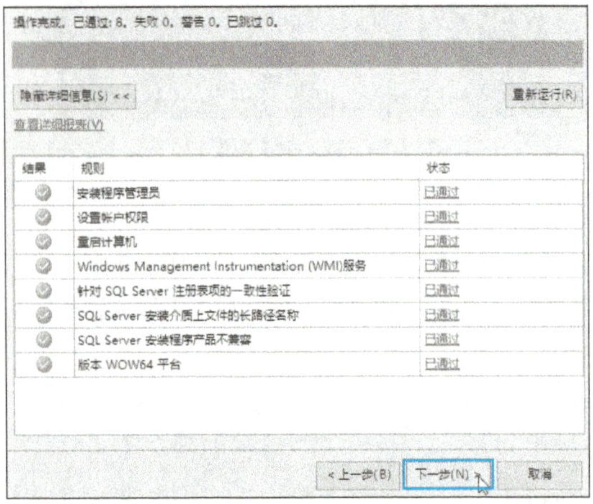

图 2-10 规则检查

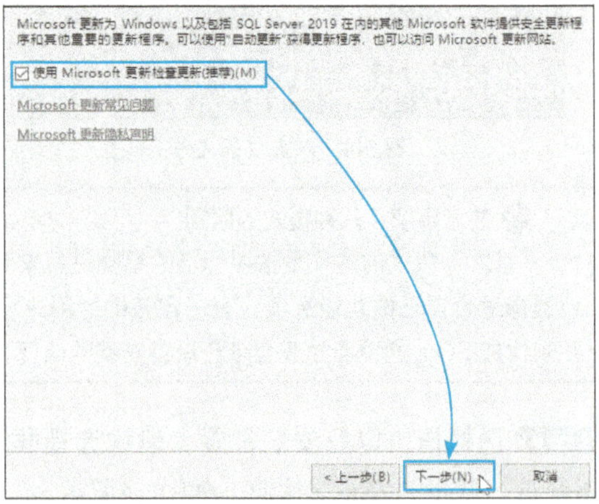

图 2-11 勾选复选框

步骤08 在“功能选择”界面中，选择需要安装的功能，单击“下一步”按钮，如图2-12所示。

步骤09 接下来是“实例配置”界面，保持默认设置，单击“下一步”按钮，如图2-13所示。

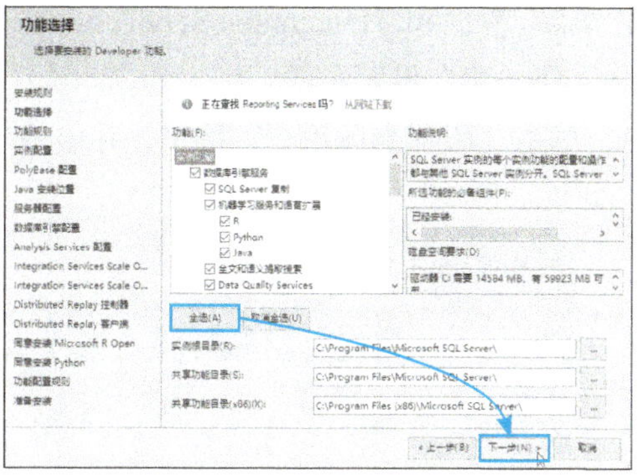

图 2-12　选择要安装的功能

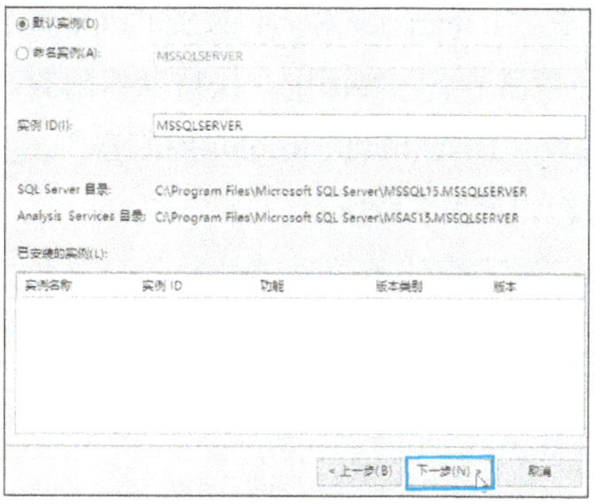

图 2-13　实例配置

步骤10 在PolyBase配置界面、Java安装位置界面保持默认。在“服务器配置”界面也保持默认设置，单击“下一步”按钮，如图2-14所示。

步骤11 在“数据库引擎配置”界面中，可以设置数据库和管理员的验证模式。这里选择“混合模式”并指定“sa”账户的密码，再单击“添加当前用户”按钮，完成后，单击“下一步”按钮，如图2-15所示。

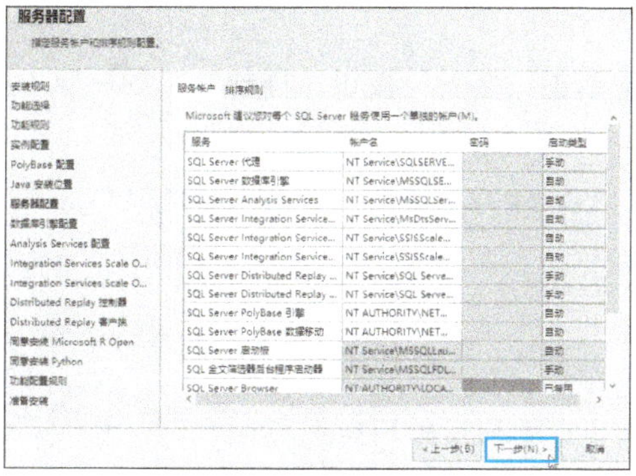

图 2-14　服务器配置信息

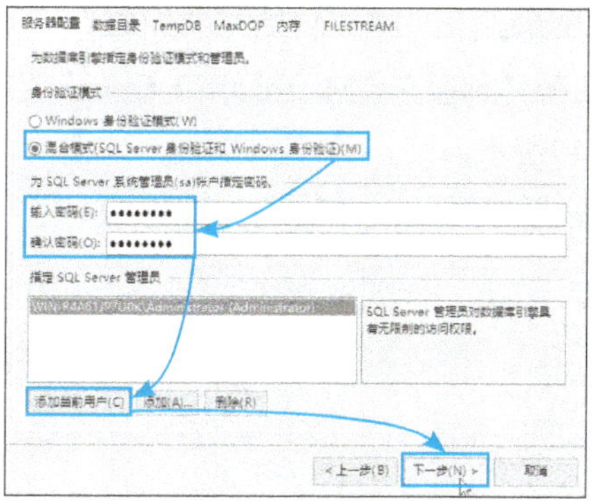

图 2-15　添加当前用户操作

知识点拨

服务器账户

在“服务器配置”中可指定SQL Server服务的登录账户。可为所有SQL Server服务分配相同的登录账户，也可分别配置每个服务账户，还可以指定服务是自动启动、手动启动还是禁用。Microsoft建议对各服务账户进行单独配置，以便为每项服务提供最低特权，即向SQL Server服务授予它们完成各自任务所需的最低权限。

注意事项：两种模式的联系和区别

“Windows身份验证模式”采用的是当前Windows Server 2019的管理员作为SQL Server服务器的管理员，只要Windows Server 2019能够正常登录，就可以使用该账户管理SQL Server。而“混合模式”则启动了SQL Server 2019的默认管理员“sa”，并为其配置密码，该账户可以直接管理SQL Server服务器。如果需要Windows Server 2019的管理员也能管理SQL Server服务器，就需要像本例中一样手动指定。以下功能界面介绍的添加当前系统管理员账户与其作用类似。

步骤 12 在“Analysis Services配置”界面中，单击“添加当前用户”按钮，添加Analysis Services管理员权限，并单击“下一步”按钮，如图2-16所示。

步骤 13 在“Integration Services Scale Out配置-主节点”界面和“Integration Services Scale Out配置-辅助角色节点”界面中，保持默认配置，进入“下一步”界面即可。

步骤 14 在“Distributed Replay控制器”界面中，单击“添加当前用户”按钮，并单击“下一步”按钮，如图2-17所示。

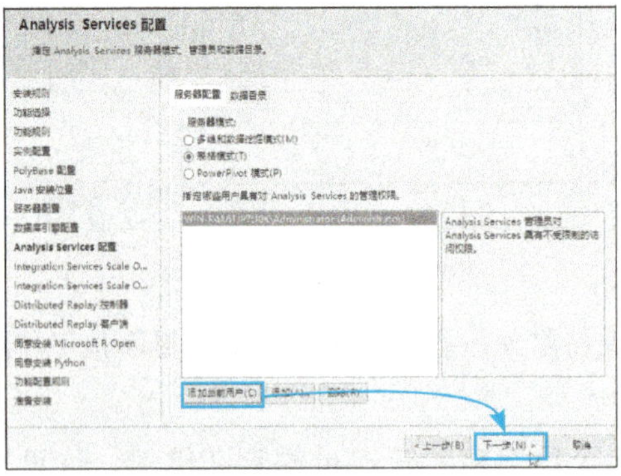

图 2-16 添加有管理员权限的用户

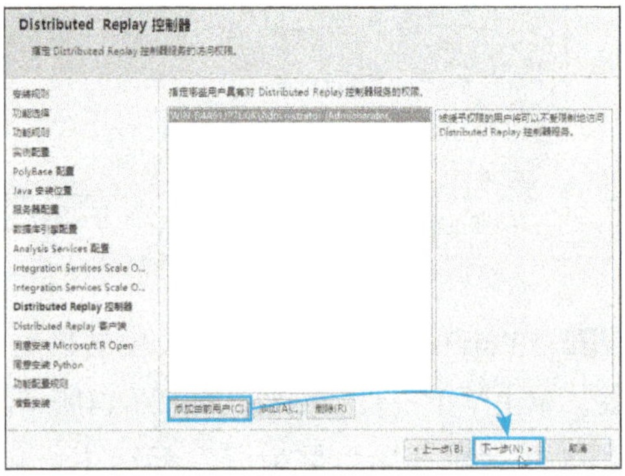

图 2-17 添加有 Distributed Replay 控制器权限的用户

步骤 15 在“Distributed Replay客户端”界面中，设置控制器名称，并单击“下一步”按钮，如图2-18所示。

步骤 16 在“同意安装Microsoft R Open”界面中单击“接受”按钮，再单击“下一步”按钮，如图2-19所示。

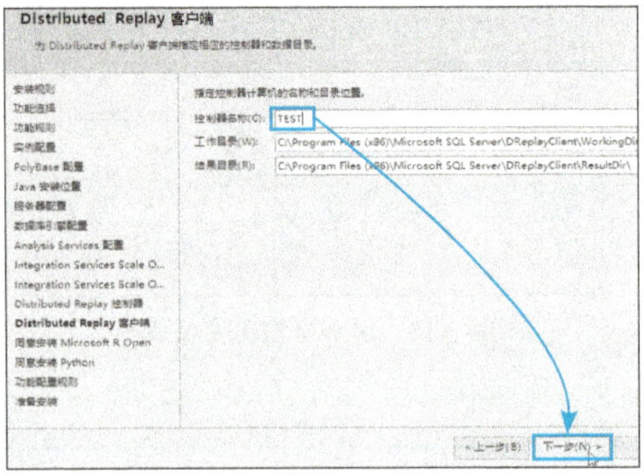

图 2-18 设置控制器名称

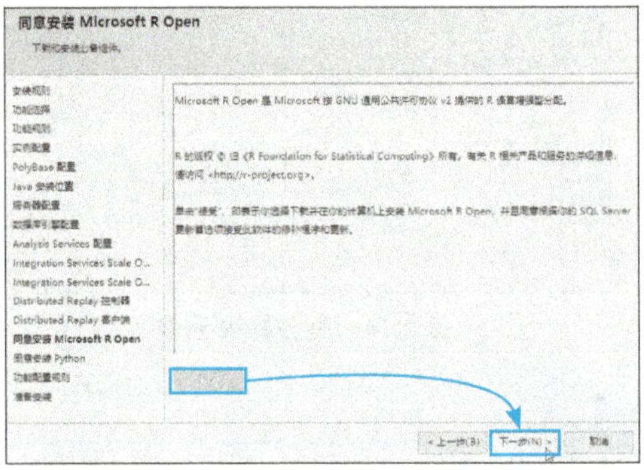

图 2-19 设置同意安装 Microsoft R Open

步骤 17 在“同意安装Python”界面中单击“接受”按钮，并单击“下一步”按钮，如图2-20所示。

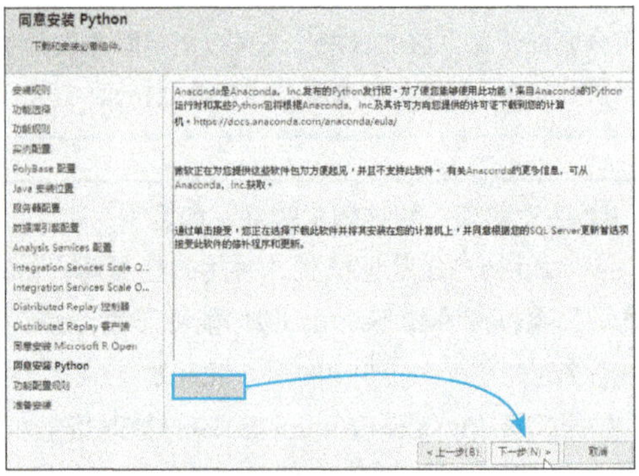

图 2-20 设置同意安装 Python

步骤 18 完成配置，检查安装功能无误后，单击“安装”按钮，如图2-21所示。

> **注意事项：为什么有那么多选项？**
>
> 选项的多少与用户安装的功能有关，如果功能较少则需要配置的选项就少。本例为了展示SQL所有安装选项的配置，所以保持了功能的“全选”。实际安装时，读者可以根据实际情况进行选择。

图 2-21 检查配置信息并安装

步骤 19 接下来会自动安装，如果需要其他组件支持，则会自动下载。安装完成会弹出安装成功提示，如图2-22所示。

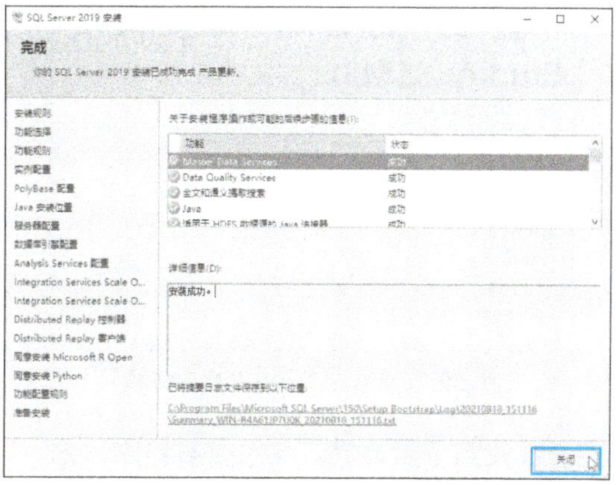

图 2-22 安装完成界面

■2.2.3 安装SQL Server Management Studio

SQL Server Management Studio是Microsoft SQL Server提供的一种新集成环境，用于访问、配置、控制、管理和开发SQL Server的所有组件。SQL Server Management Studio将一组多样化的图形工具与多种功能齐全的脚本编辑器组合在一起，可以为各种技术级别的开发人员和管理员提供对SQL Server的访问。

SQL Server Management Studio将早期版本的SQL Server中所包含的企业管理器、查询分析器和Analysis Manager功能整合到单一的环境中。此外，SQL Server Management Studio还可以和SQL Server的所有组件协同工作。使用过早期版本的开发人员可以获得熟悉的体验，而数据库管理员可获得功能齐全的单一实用工具，其中包括易于使用的图形工具和丰富的脚本撰写功能。

默认情况下并没有安装SQL Server Management Studio，用户在数据库安装完毕后，需要手动安装该软件。下面介绍此软件具体的安装步骤。

步骤 01 因为“SQL2019-SSEI-Eval.exe”在安装前会下载完整的安装程序，所以找到之前下载的目录，从中找到并双击“SETUP.EXE”文件，如图2-23所示。

步骤 02 再次启动安装程序，选择“安装”选项，并单击右侧的“安装SQL Server管理工具”链接，如图2-24所示。

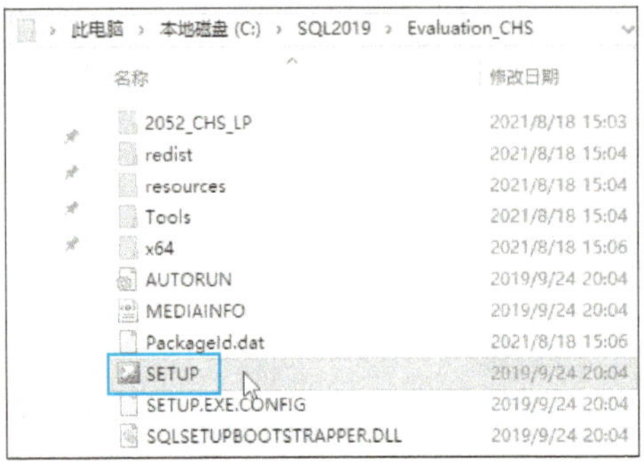

图 2-23　双击 SETUP 文件

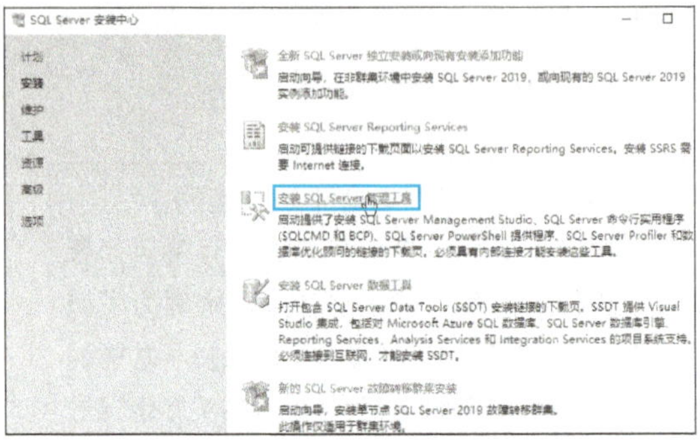

图 2-24　选择安装选项

步骤 03 进入“下载SQL Server Management Studio (SSMS)”下载界面，按照提示下载该工具即可，如图2-25和图2-26所示。

图 2-25　单击“下载 SSMS”链接

图 2-26　选择下载版本

步骤 04 找到下载位置，双击安装程序，启动安装，如图2-27所示。

图 2-27　双击安装程序图标

步骤 05 启动安装程序后，选择安装位置，单击“安装”按钮，如图2-28所示。

步骤 06 程序会自动进行组件和主程序的安装，如图2-29所示。

图 2-28　选择安装位置并安装

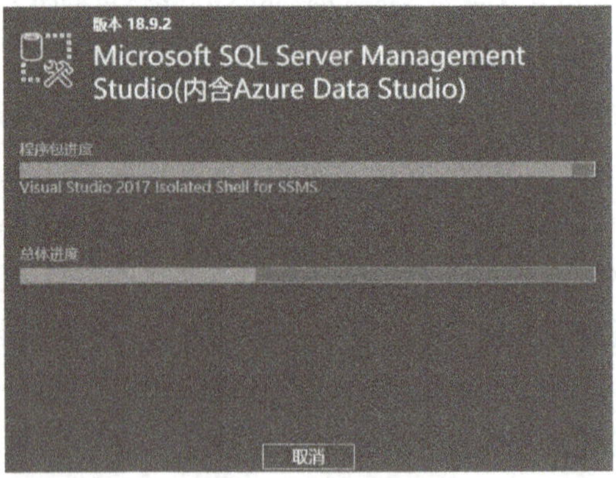

图 2-29　安装进度显示

步骤07 稍等片刻，完成程序的安装工作，随后弹出成功提示，单击“关闭”按钮，完成安装，如图2-30所示。

图 2-30 安装成功提示

■2.2.4 SQL Server 2019的卸载

SQL Server 2019的卸载和其他Windows系统中的软件类似，可以通过系统自带的“添加或删除程序”功能进行卸载，也可以使用第三方软件进行卸载。以下是使用系统自带的“添加删除程序”功能卸载该软件的步骤。

步骤01 通过搜索“添加或删除程序”找到并选择该选项，如图2-31所示。

步骤02 通过“安装时间排序”，找到并选择SQL Server对应的程序，选择后单击“卸载”按钮，如图2-32所示，这样就可以启动程序的卸载向导了。由于篇幅有限，卸载过程在此不做赘述。

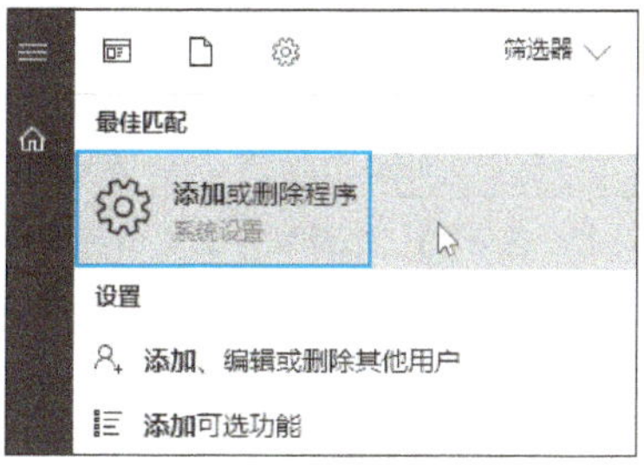

图 2-31 单击“添加或删除程序”选项

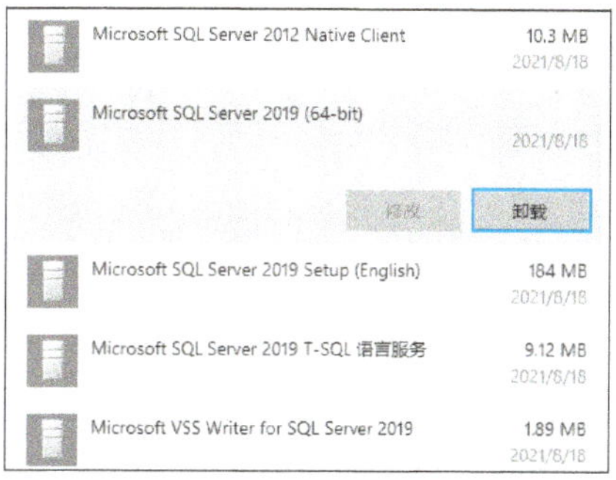

图 2-32 单击“卸载”按钮卸载程序

知识点拨

卸载小技巧

单击【Win】键，直接输入程序名称就可以快速查找程序了。也可以进入“控制面板”，找到“卸载程序”，同样可以进入该界面。

2.3 SQL Server 2019的服务和管理工具

SQL Server 2019的服务和管理工具是构成SQL Server的基本组成部分。下面详细介绍服务和管理工具的组成。

■2.3.1 SQL Server 2019的服务组件

SQL Server 2019提供的服务组件主要有：数据库引擎（Database Engine）、分析服务（Analysis Services）、报表服务（Reporting Services）和整合服务（Integration Services）等，如表2-1所示。

表 2-1 SQL Server 2019 的服务组件说明

服务器组件	说 明
数据库引擎	SQL Server 数据库引擎包括数据库引擎（用于存储、处理和保护数据的核心服务）、复制、全文搜索以及用于管理关系数据和XML数据的工具
Analysis Services	Analysis Services 包括用于创建和管理联机分析处理（OLAP）以及数据挖掘应用程序的工具
Reporting Services	Reporting Services 包括用于创建、管理和部署表格报表、矩阵报表、图形报表以及自由格式报表的服务器和客户端组件。Reporting Services 还是一个可用于开发报表应用程序的可扩展平台
Integration Services	Integration Services 是一组图形工具和可编程对象，用于移动、复制和转换数据

当连接服务器时，在“连接到服务器”窗口可以选择不同的服务器类型，如图2-33所示，也就是选择不同的服务器组件，对应提供如表2-1所描述的功能。

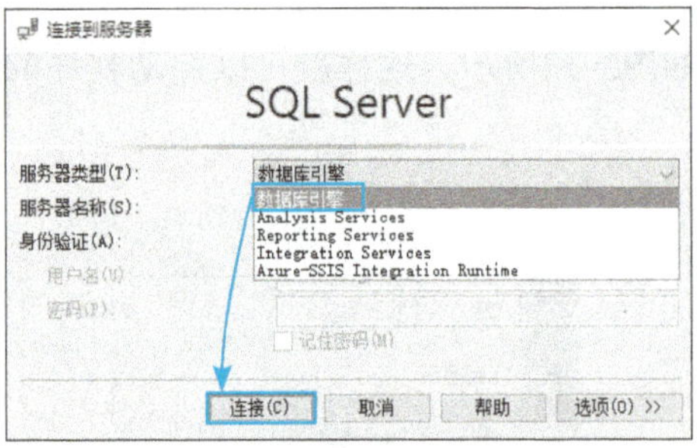

图 2-33 选择服务器类型并连接

知识点拨

Azure-SSIS Integration Runtime

它也叫作 Azure-SSIS 集成运行时，简单来说就是数据库的云版本。Microsoft Azure 是微软基于云计算的操作系统，原名“Windows Azure”，和 Azure Services Platform 一样，是微软“软件和服务”技术的名称。Microsoft Azure 的主要目标是为开发者提供一个平台，帮助开发可运行在云服务器、数据中心、Web 和 PC 上的应用程序。SSIS 是 Microsoft SQL Server Integration Services 的简称，是生成高性能数据集成解决方案的平台，该方案包括数据仓库的提取、转换和加载（ETL）包。

下面对最常用的4个主要服务组件做逐一介绍。

1. 数据库引擎

数据库引擎是用于存储、处理和保护数据的核心服务。利用数据库引擎可控制访问权限并实现创建数据库、创建表、创建视图、查询数据和访问数据库等操作，并且可以用于管理关系数据和XML数据。通常情况下，使用数据库系统实际上就是使用数据库引擎，同时，它也是一个复杂的系统，其本身包含了许多功能组件，如复制、全文搜索等。

2. Analysis Services

Analysis Services是用于创建和管理联机分析处理（OLAP）以及数据挖掘应用程序的工具，其主要作用是通过服务器和客户端技术的组合，提供联机分析处理和数据挖掘功能。通过Analysis Services，用户可以设计、创建和管理包含来自其他数据源的多维结构数据，通过对多维数据进行多角度的分析，可以使管理人员对业务数据有更全面的理解。通过它也可以完成数据挖掘模型的构造和应用，实现知识的表示、发现和管理。

3. Reporting Services

Reporting Services是微软提供的一种基于服务器的报表解决方案，可用于创建和管理包含来自关系数据源和多维数据源的数据的企业报表，包括表格报表、矩阵报表、图形报表和自由格式报表等。创建的报表可以通过基于Web的链接进行查看和管理，也可以作为Windows应用程序的一部分进行查看和管理。

在Reporting Services中可以实现如下任务。

- 使用图形工具和向导创建与发布报表以及报表模型。
- 使用报表服务器管理工具对Reporting Services进行管理。
- 使用应用程序编程接口（API）实现对Reporting Services的编程和扩展。

4. Integration Services

在SQL Server的前期版本中，数据转换服务（Data Transformation Services，DTS）是微软最重要的一个抽取、转换和加载工具（ETL工具），但DTS在可伸缩性以及部署包的灵活性方面存在一些局限性。Microsoft SQL Server 2019的整合服务（SSIS）正是在此基础上设计的一个全新的系统。和DTS相似，SSIS包含图形化工具和可编程对象，用于实现数据的抽取、转换和加载等功能。

在Integration Services中可以实现如下任务。

- 使用图形工具和向导生成与调试包。
- 执行如FTP操作、SQL语句执行和电子邮件消息传递等工作流功能的任务。
- 创建用于提取和加载数据的数据源与目标。
- 创建用于清理、聚合、合并和复制数据的转换。
- 使用应用程序编程接口（API）实现对Integration Services对象的编程。

2.3.2 SQL Server的管理工具

对于数据库管理员来说，管理工具是日常工作中必不可少的，正如数据库开发人员使用开发工具可以减轻开发过程中的工作量、提高工作效率一样。SQL Server提供的主要管理工具，如表2-2所示。除了管理工具外，SQL Server 安装中心中还提供了各种文档，如表2-3所示。

表 2-2 SQL Server 的主要管理工具

管理工具	说明
Data Quality Client	数据质量服务是包含在SQL Server中的一个组件，需要安装数据质量服务端和客户端。安装服务端以后，在SQL Server数据库中会出现3个新的以DQS开头的数据库，这三个数据库分别用来存储数据质量服务的知识库、总体和临时数据。安装完成以后，可以用客户端来打开数据质量服务的管理界面

续表

管理工具	说　明
Installation Center	就是安装中心，通过该组件可以方便地为SQL Server安装各种组件、维护工具和资源等
Master Data Services	主数据服务（Master Data Services）是微软平台支持的主数据管理（MDM）平台。类似MDS这样的系统，如果后续维护得当，会给企业提供一个强大的中心数据库系统，可防止企业数据变得不同步或不一致；同时也是企业内部管理数据流的可靠方式
错误和使用情况报告	将SQL Server的所有实例和组件的错误运行报告发送给Microsoft公司的错误报告服务器，将SQL Server 2019的所有实例和组件的运行情况报告发送到Microsoft
导入和导出数据	用来从其他软件中导入数据库数据，或将数据导出给其他软件
SQL Server配置管理器	SQL Server配置管理器为SQL Server服务、服务器协议、客户端协议和客户端别名提供基本配置管理
数据质量服务器安装程序	与前面的数据质量客户端相对应，需要时启动该功能安装服务
Analysis Services Deployment Wizard 18	用来部署Analysis服务的向导程序
Microsoft SQL Services Management Studio 18	SQL Server Management Studio（SSMS）是一个用于访问、配置、管理和开发SQL Server的所有组件的集成环境。SSMS将SQL Server早期版本中包含的企业管理器、查询分析器和分析管理器的功能组合到一个单一环境中，为不同层次的开发人员和管理人员提供访问SQL Server的能力
SQL Server Profiler 18	SQL Server Profiler提供了图形用户界面，用于监视数据库引擎实例或Analysis Services实例
数据库引擎优化顾问	数据库引擎优化顾问可以协助创建索引、索引视图和分区的最佳组合

表 2-3　SQL Server 的联机文档

文档和示例	说　明
SQL Server 联机丛书	SQL Server 2019的技术文档
SQL Server 技术中心	获取下载内容，阅读博客，或查找SQL Server数据库管理员和其他IT专业人员感兴趣的信息和事件
SQL Server 开发中心	获取下载内容，阅读博客或开发人员感兴趣的信息和事件
SQL Server 产品评估网站	查找案例、基准数据、新闻和评论，试用软件下载，以及其他可帮助用户决定是否购买SQL Server的信息

在这么多管理工具中，SQL Server Management Studio 和SQL Server配置管理器是最主要的管理工具，也是学习的重点。

■2.3.3 SQL Server服务的启动

使用SQL Server配置管理器可以启动、暂停、继续、停止和重新启动服务，还可以查看或更改服务属性。下面介绍具体的操作步骤。

步骤01 在“开始”菜单中找到并选择“SQL Server 2019配置管理器”选项，如图2-34所示。

步骤02 在打开的配置管理器窗口的左侧选择“SQL Server服务”选项，在窗口的右侧将显示当前系统中所有的SQL Server服务。选择其中的一项服务，单击右键，在弹出的快捷菜单中选择“启动”“停止”“暂停”“继续”或者“重启”选项就可以实现对此项服务的管理，如果选择“属性”选项可以查看或者更改服务属性，如图2-35所示。

图 2-34 选择“SQL Server 2019 配置管理器”选项

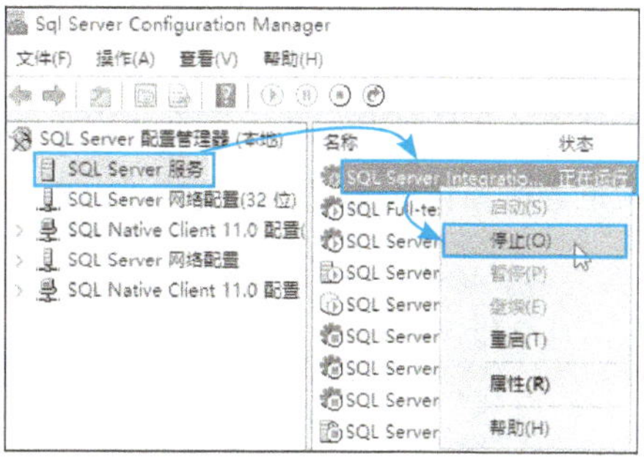

图 2-35 SQL Server 服务的右键菜单

■2.3.4 SQL Server服务的管理

服务与服务器是两个不同的概念，服务器是提供服务的计算机，配置服务器主要是对内存、处理器、安全性等几个方面进行配置。由于SQL Server服务器设置的参数比较多，这里介绍一些常用的参数。

配置SQL Server服务器的办法，启动“SQL Server Management Studio”，在“对象资源管理器”窗口里，用鼠标右键单击要配置的服务器（实例）名，在弹出的快捷菜单里选择“属性”选项，如图2-36所示。

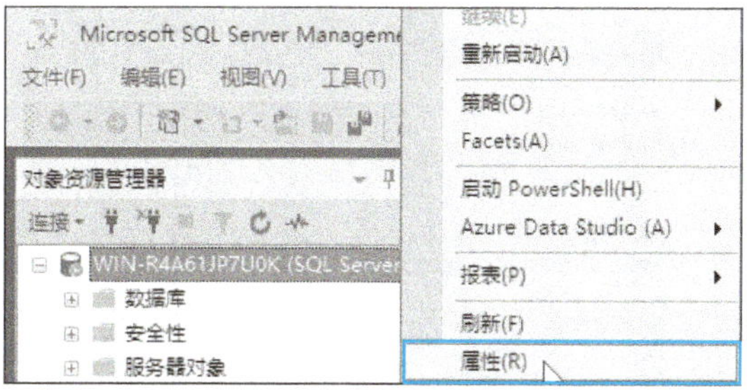

图 2-36 选择“属性”选项

下面介绍“服务器属性”窗口各选项卡中的内容。

1. 配置“常规”选项卡

“常规”选项卡界面如图2-37所示，此处的功能是查看服务器的属性，如服务器名、操作系统、平台、版本、处理器数等。此处各项只能查看，不能修改。其中主要的参数及其含义如下。

- **名称**：显示服务器（实例）的名称。
- **产品**：显示当前运行的SQL Server的版本。
- **操作系统**：显示当前运行的操作系统及版本号。
- **平台**：显示运行SQL Server的操作系统。
- **版本**：显示当前运行的SQL Server版本号。
- **语言**：显示当前的SQL Server实例所使用的语言。
- **内存**：显示当前服务器的内存大小。
- **处理器**：显示当前服务器的CPU数量。
- **根目录**：显示当前SQL Server实例所在的目录。
- **服务器排序规则**：显示当前服务器采用的排序规则。
- **是否启用HADR**：显示是否开启了高可用性数据复制机制HADR。
- **是否群集化**：显示是否安装了SQL Server服务器群集。

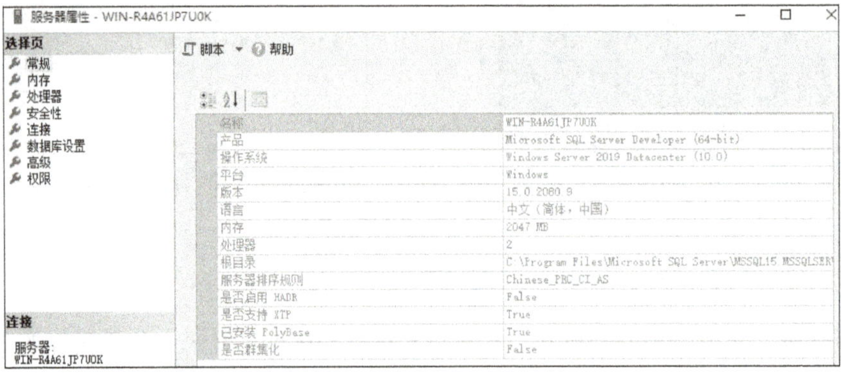

图 2-37 “常规”选项卡界面

2. 配置“内存”选项卡

“内存”选项卡界面如图2-38所示。

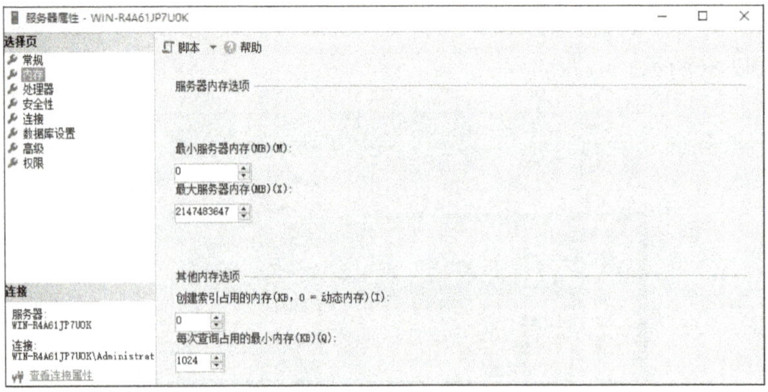

图 2-38 “内存”选项卡界面

选项卡中包含以下项目。

- **最小服务器内存**：该项指定分配给SQL Server的最小内存，低于这个值的内存是不会被释放的。此值要根据当前实例的大小和活动设置，以确保操作系统不会为SQL Server请求过多的内存，以免影响SQL Server的性能。
- **最大服务器内存**：该项指定分配给SQL Server的最大内存。除非知道有多少个应用程序与SQL Server同时运行，并且知道这些应用程序要使用多少内存，才可以将此项设为特定值，否则，就不必设置此项，而是让应用程序按需请求内存。

- **创建索引占用的内存：**该项指定在索引创建排序过程中要使用的内存量。其值为0时表示由操作系统动态分配。一般情况下，此项都不需要设置。
- **每次查询占用的最小内存：**该项指定为执行查询分配的内存量，默认为1 024 KB。如果经常执行的SQL查询语句涉及排序或查询的数据量很大，可以将此值设得较大些。

3. 配置“处理器”选项卡

“处理器”选项卡界面如图2-39所示，在此页中可以查看或修改处理器选项，一般来说，只有安装了多个处理器才需要配置此项。

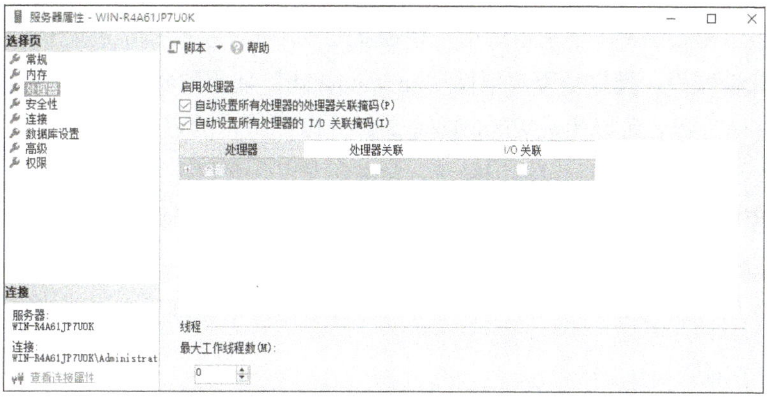

图 2-39　“处理器”选项卡界面

选项卡中包含以下项目。

- **自动设置所有处理器的处理器关联掩码：**此项设置表示是否允许SQL Server设置处理器关联。如果启用的话，操作系统将自动为SQL Server分配CPU。
- **自动设置所有处理器的I/O关联掩码：**此项设置表示是否允许SQL Server设置I/O关联。如果启用的话，操作系统将自动为SQL Server分配磁盘控制器。
- **最大工作线程数：**也就是允许SQL Server动态设置的工作线程数，默认设置为0。一般来说，此值不用修改。

4. 配置“安全性”选项卡

“安全性”选项卡界面如图2-40所示，它可以用来查看或修改服务器的安全选项。

选项卡中有以下项目。

- **服务器身份验证：**用于更改SQL Server服务器的身份验证方式，与安装SQL Server时的选项相同，有“Windows身份验证模式”和“SQL Server和Windows身份验证模式”两种。

注意事项：更改身份验证方式

更改安全性配置之后需要重新启动服务。如果是从“Windows身份验证模式”改到“混合模式”，系统不会自动启用sa账户。如果使用sa账户，要执行带有Enable选项的Alter Login命令。

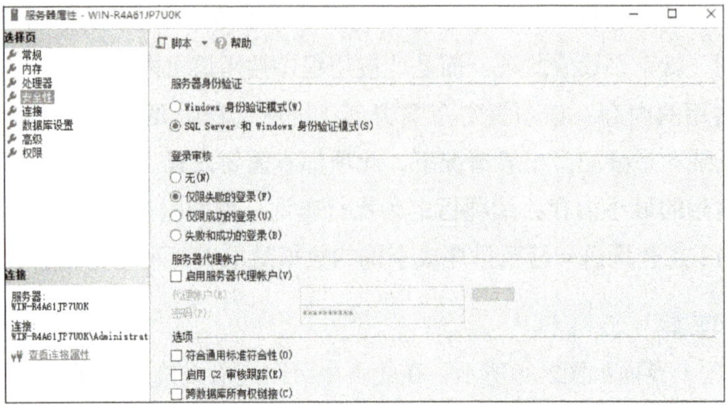

图 2-40 “安全性”选项卡界面

- **登录审核：** 此项设置决定是否对用户登录SQL Server服务器的情况进行审核。
- **服务器代理账户：** 指定是否启用供“xp_cmdshell”使用的账户。“xp_cmdshell”是一个T-SQL存储过程，可以生成Windows命令，并以字符串的形式传递和执行。在执行操作系统命令时，代理账户可以模拟登录、服务器角色和数据库角色。
- **启用C2审核跟踪：** C2是一个政府安全等级，它保证系统能够保护资源并具有足够的审核能力。C2模式允许监视对所有数据库实体的访问企图。
- **跨数据库所有权链接：** 选中此项将允许数据库成为跨数据库所有权链接的源或目标。

5. 配置“连接”选项卡

“连接”选项卡界面如图2-41所示，在此可以设置与连接服务器相关的属性和参数。

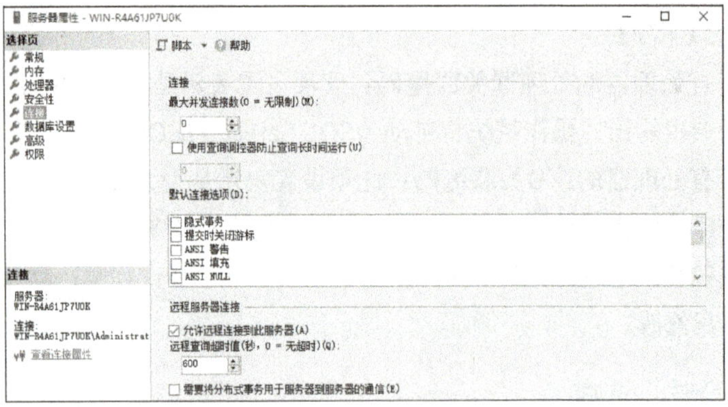

图 2-41 “连接”选项卡界面

选项卡中有以下项目。

- **最大并发连接数：** 默认值为0，表示无限制。也可以输入数字，表示限制SQL Server允许的连接数。如果此值设置过小，可能会阻止管理员进行连接，但是“专用管理员连接”始终可以连接。
- **使用查询调控器防止查询长时间运行：** 为避免使用SQL查询语句执行时间过长，导致SQL Server服务器资源被长时间占用，可以设置此项。选择此项后输入一个查询运行时间，如果查询语句执行时长超过这个时间，系统会自动终止查询，以释放更多资源。
- **默认连接选项：** 可根据实际情况选择。

- **允许远程连接到此服务器：** 选中此项则允许远程连接到SQL Server服务器，并执行相应的管理命令。远程查询超时值是指在SQL Server超时之前远程操作可执行的时间，默认为600 s。
- **需要将分布式事务用于服务器到服务器的通信：** 选中此项则允许通过Microsoft分布式事务处理协调器（MS DTC）保护服务器到服务器的操作。

6. 配置“数据库设置”选项卡

“数据库设置”选项卡界面如图2-42所示。

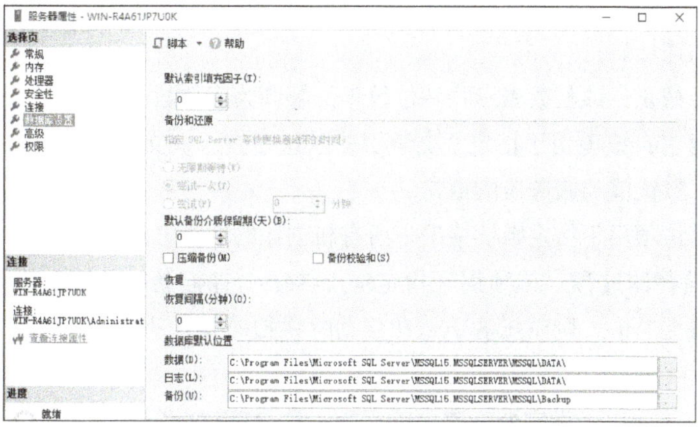

图 2-42 “数据库设置”选项卡界面

选项卡中有以下项目。

- **默认索引填充因子：** 该项的作用是指定在SQL Server使用数据创建新索引时对每一页的填充程度。SQL Server会为索引分配8 KB大小的数据分页。
- **备份和还原：** 此项主要是指定SQL Server等待更换新磁带的时间。
- **恢复：** 此项用于设置每个数据库恢复时所需的最大分钟数。如果为0的话，则由SQL Server自动配置。
- **数据库默认位置：** 此项用于指定数据文件和日志文件的默认位置。

注意事项：几种时间的区别

“无限期”指SQL Server在等待新备份磁带时永不超时。“尝试一次”是指如果需要备份磁带，但它却不可用，则SQL Server将超时。“尝试”的分钟数是指如果备份磁带在指定的时间内不可用，SQL Server将超时。“默认备份媒体保持期（天）”提供一个系统范围默认值，指示在用于数据库备份或事务日志备份后每一个备份媒体的保留时间，此选项可以防止在指定的日期前覆盖备份。

7. 配置“高级”选项卡

“高级”选项卡界面如图2-43所示，在该选项卡中可以设置服务器的并行操作行为、网络行为等。

选项卡中有以下项目。

- **并行的开销阈值：** 本项指定一个数字，如果一个SQL查询语句的开销超过这个数字的话，那么就会启用多个CPU来并行执行高于这个数字的查询，以优化性能。开销指的是在特定硬件配置中运行串行计划估计需要花费的时间，单位为s。

- **查询等待值：**该项指定在超时之前查询等待资源的秒数。
- **锁：**该项也指定一个数字，用于设置可用锁的最大数目，以限制SQL Server为锁分配的内存量。默认值为0，表示允许SQL Server根据系统要求来动态分配和释放锁。
- **最大并行度：**该项用于设置执行并行计划时能使用的CPU数量，最大值为64。如果设为0，则使用所有可用的处理器；如果设为1，则不生成并行计划。默认值为0。
- **网络数据包大小：**设置整个网络使用的数据包的大小，单位为byte。
- **远程登录超时值：**该项用于指定从远程登录尝试失败返回之前等待的时间。默认值为20 s，如果设为0，则允许无限期等待。此项设置会影响为执行异类查询所创建的与OLE DB访问接口的连接。
- **两位数年份截止：**该整数表示将两位数年份解释为四位数的截止年份。
- **默认全文语言：**该项用于指定全文索引的默认语言。全文索引数据的语言分析取决于数据的语言。默认值为服务器的语言。
- **默认语言：**该项用于指定默认情况下所有新创建的登录名使用的语言。
- **启动时扫描存储过程：**该项用于指定SQL Server在启动时是否扫描并自动执行存储过程。如果设为True，则SQL Server在启动时将扫描并自动运行服务器上定义的所有存储过程。
- **游标阈值：**该项用于指定游标集中的行数，如果超过此行数，将异步生成游标键集。当游标为结果集生成键集时，查询优化器会估算为该结果集返回的行数。
- **允许触发器激发其他触发器：**该项用于指定触发器是否可以执行启动另一个触发器的操作，也就是指定触发器是否允许递归或嵌套。
- **最大文本复制大小：**该项指定用INSERT、UPDATE、WRITETEXT或UPDATETEXT语句向复制列添加的text和image数据的最大值，单位为byte。

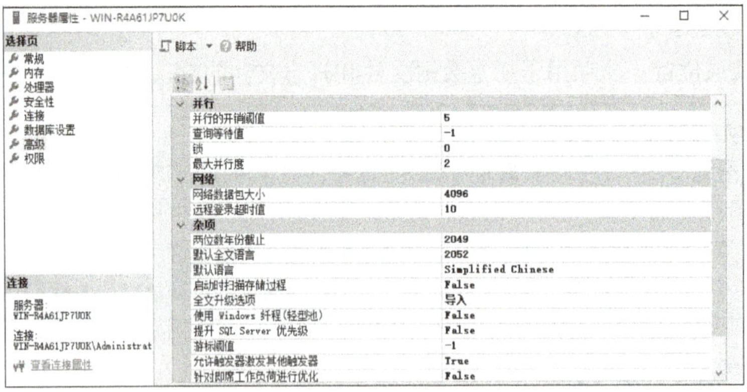

图 2-43 “高级”选项卡界面

8. 设置“权限”选项卡

“权限”选项卡界面如图2-44所示，该选项卡用于授予或撤销账户对服务器的操作权限。

在“登录名或角色”的列表框里显示的是多个可以设置权限的对象。单击“添加”按钮，可以添加更多的“登录名”和“服务器角色”到这个列表框里。单击“删除”按钮也可以将列表框中已有的登录名或角色删除。

在“显式”的权限列表框里，可以看到“登录名或角色”列表框里的对象的权限。在“登录名或角色”列表框里选择不同的对象，在“显式”的权限列表框里会有不同的权限显示。在这里也可以为“登录名或角色”列表框里的对象设置权限。

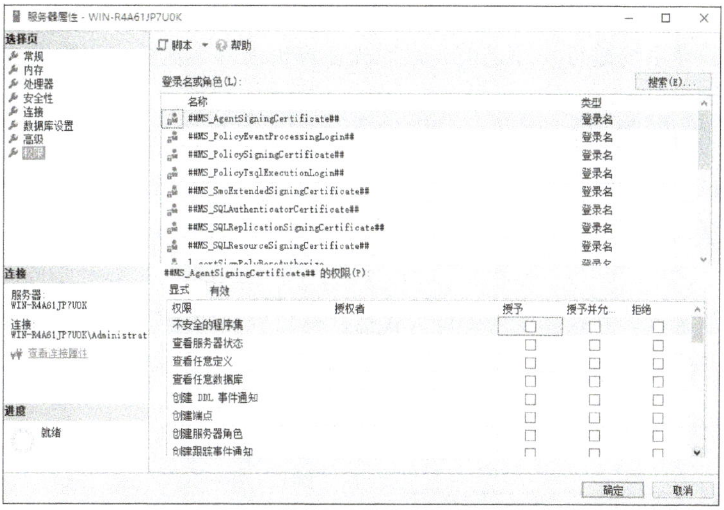

图 2-44 “权限”选项卡界面

2.3.5 管理网络协议

使用SQL Server配置管理器可以管理服务器和客户端网络协议，其中包括强制协议加密、启用协议、禁用协议和查看别名属性等功能。

双击SQL Server配置管理器界面左侧窗格中“SQL Server网络配置”节点，右侧的窗格将显示当前系统中所有的SQL Server协议，选择并双击其中的一项协议，这时在右侧窗格中将会显示具体的协议名称和状态，如图2-45所示。

选中并右击某一项具体协议（这里选择“TCP/IP”选项），在弹出的快捷菜单中选择“属性”选项，打开如图2-46所示的对话框，可以在“IP地址”选项卡中配置IP地址和端口等。

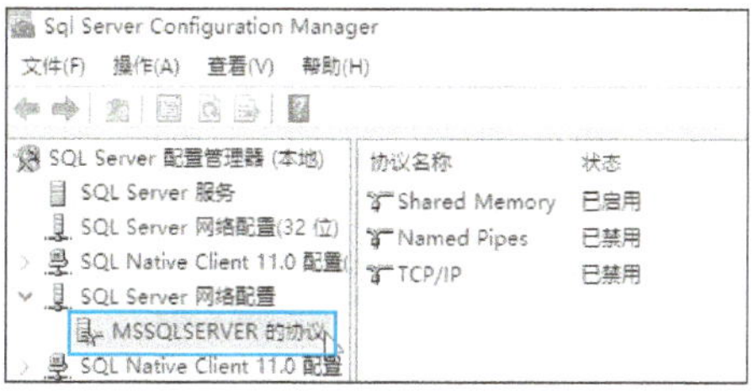

图 2-45 MSSQLSERVER 的协议显示

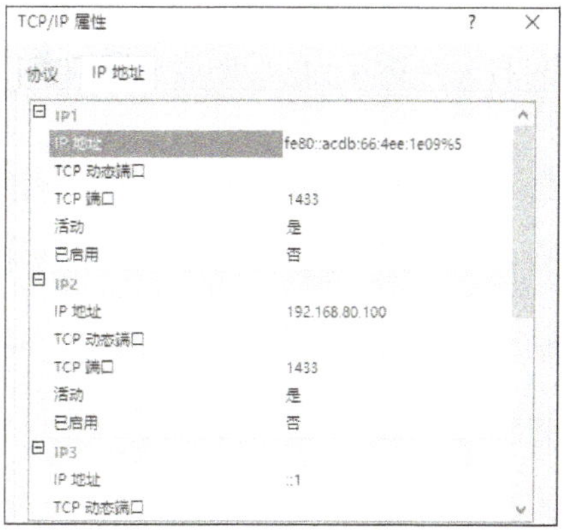

图 2-46 设置 IP 地址与端口

2.4 服务器的注册

使用SQL Server Management Studio不仅可以对本机数据库服务器进行管理，而且可以对其他机器中的数据库服务器进行管理，这个管理过程就像在本机上进行管理一样。在对其他机器上的数据库管理系统进行管理之前，必须先在本机上对其他数据库服务器进行注册。

■2.4.1 注册服务器

注册服务器的操作过程如下。

步骤01 在对象资源管理器中，右击服务器名称，在弹出的快捷菜单中选择“注册”选项，如图2-47所示。

步骤02 输入服务器名称，并选择身份验证方式后，窗口界面中会显示已注册的服务器名称，单击“测试”按钮，如图2-48所示。

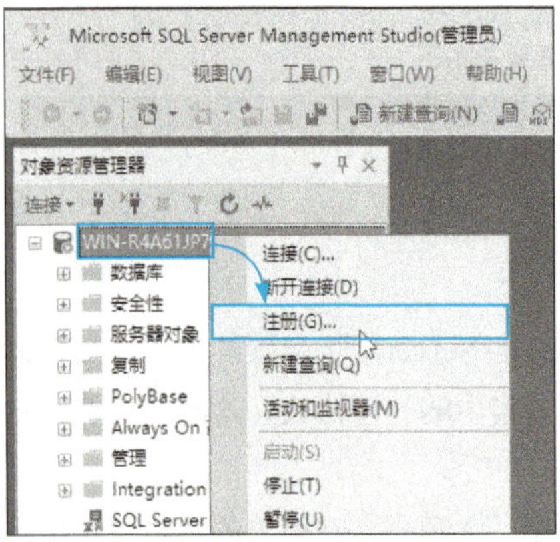

图 2-47 选择“注册”选项

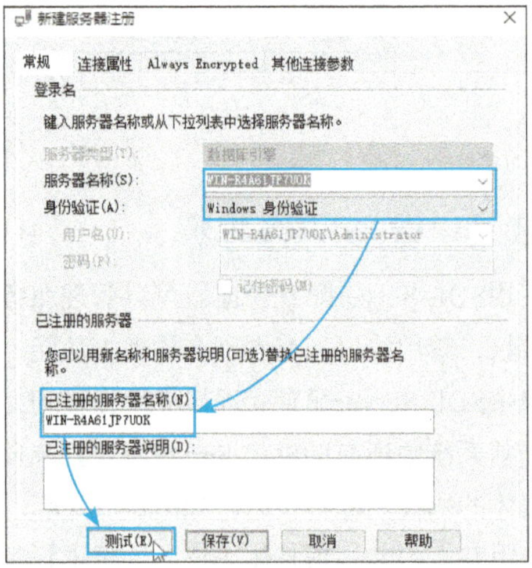

图 2-48 输入服务器名称并测试

步骤03 测试成功后，保存退出。在“视图”菜单中，选择“已注册的服务器”选项，如图2-49所示，即可打开并查看已注册的服务器列表，如图2-50所示。

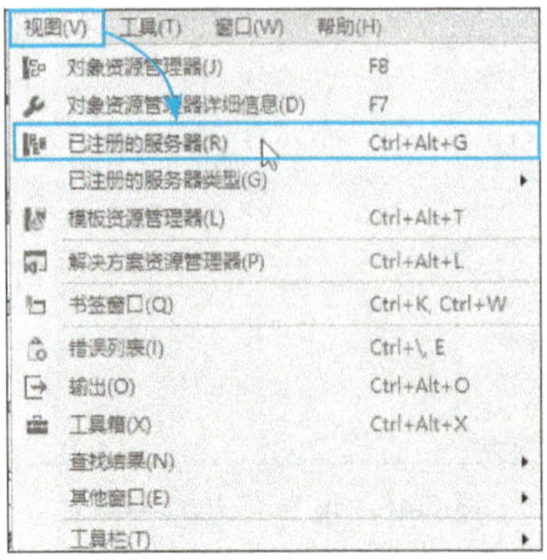

图 2-49 选择“已注册的服务器”选项

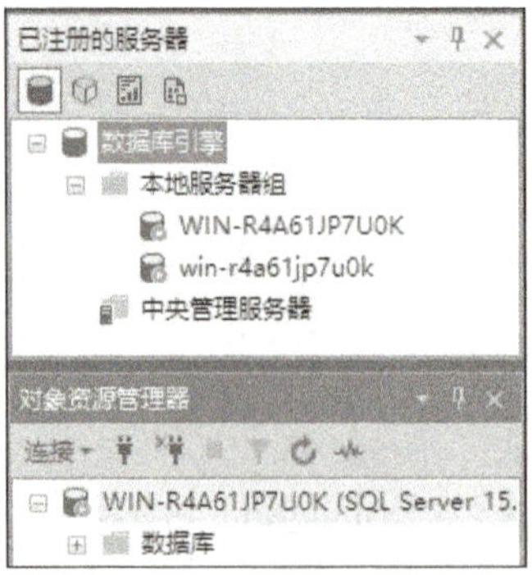

图 2-50 查看已注册的服务器

■2.4.2　删除服务器

如果希望不再管理已注册的服务器，那么可以将其删除，其操作过程如下。

选择“视图”菜单下面的“已注册的服务器”选项，即可打开并查看已注册的服务器列表。选择需要删除的服务器，在其上单击鼠标右键，选择“删除”选项即可，如图2-51所示。

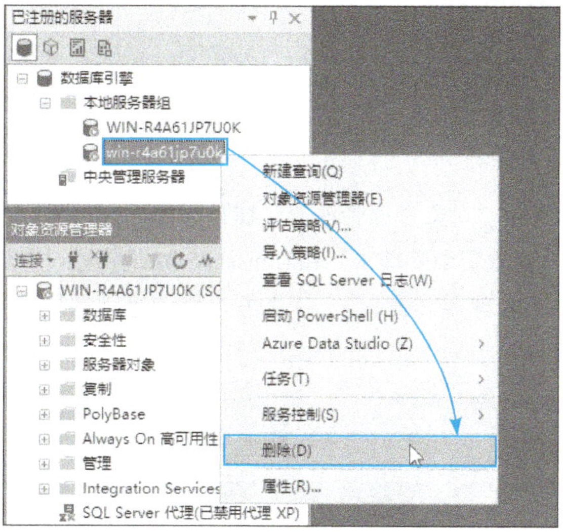

图 2-51　删除服务器操作

2.5 SQL Server Management Studio的管理和操作

SQL Server Management Studio，是Microsoft SQL Server提供的一种新集成环境，用于访问、配置、控制、管理和开发SQL Server的所有组件。SQL Server Management Studio将一组多样化的图形工具与多种功能齐全的脚本编辑器组合在一起，可为各种技术级别的开发人员和管理员提供对SQL Server的访问。

SQL Server Management Studio将早期版本的SQL Server中所包含的企业管理器、查询分析器和Analysis Manager 功能整合到一个单一的环境中。此外，SQL Server Management Studio还可以和SQL Server的所有组件协同工作。使用过早期版本的开发人员可以获得熟悉的体验，而数据库管理员可获得功能齐全的单一实用工具，其中包括易于使用的图形工具和丰富的脚本撰写功能。

■2.5.1　启动SQL Server Management Studio

启动SSMS的方法与启动其他程序的方法类似，其操作步骤如下。

步骤01 在“开始”菜单中，找到并选择“Microsoft SQL Services Management Studio 18”选项，如图2-52所示。

步骤02 SSMS将自动启动，并弹出连接界面，保持默认的服务器类型为“数据库引擎”，身份验证为“Windows 身份验证”，单击“连接”按钮，如图2-53所示。

图 2-52 启动 SSMS

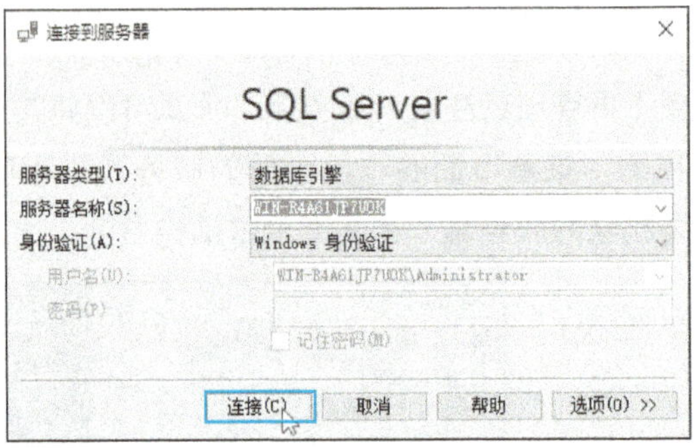

图 2-53 连接服务器操作

步骤03 默认登录后，会进入“对象资源管理器”窗口，如图2-54所示。SSMS主要包含了两个工具：图形化管理工具（对象资源管理器）和Transact SQL编辑器（查询分析器）。此外，在这里还可以启动“模板资源管理器”窗口、“解决方案资源管理器”窗口和“注册服务器”窗口等。

图 2-54 “对象资源管理器”窗口

步骤04 用户可以通过单击工具栏中的“新建查询”按钮打开Transact SQL编辑器，输入查询命令后，然后单击“执行”按钮执行SQL命令，并将结果显示在结果窗格，如图2-55所示。

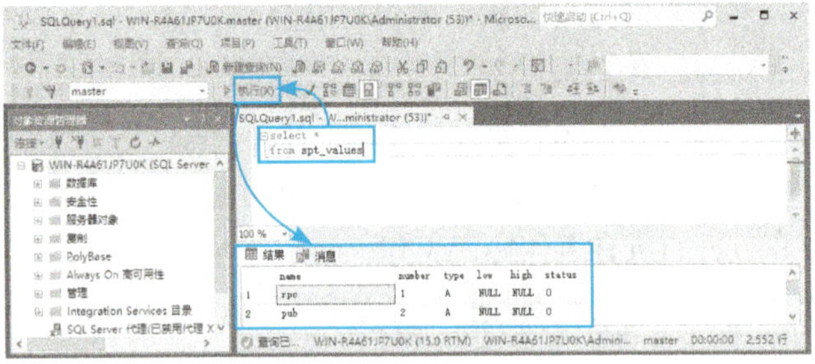

图 2-55 执行 SQL 命令并显示结果

步骤05 用户也可以通过选择“视图”菜单，把“模板资源管理器”“解决方案资源管理器”和“注册服务器”等窗口打开或者关闭，如图2-56所示。

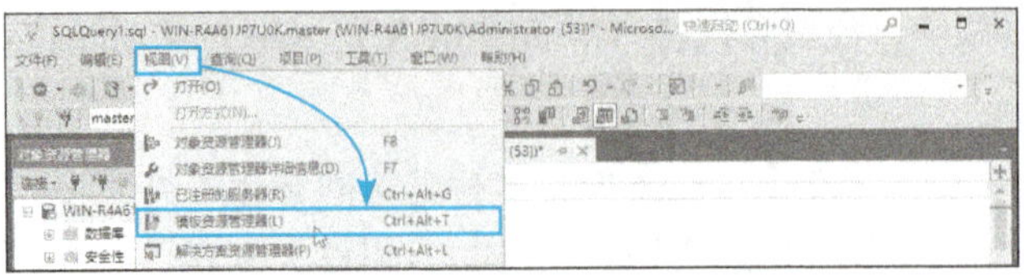

图 2-56 操作“视图”菜单

■2.5.2 使用对象资源管理器

对象资源管理器是服务器中所有数据库对象的树形视图，如图2-57所示。对象资源管理器包括与其连接的所有服务器的信息，打开SSMS时，系统会提示将对象资源管理器连接到上次使用的设置。可以在“已注册的服务器”组件中双击任意服务器进行连接，但无须注册要连接的服务器。

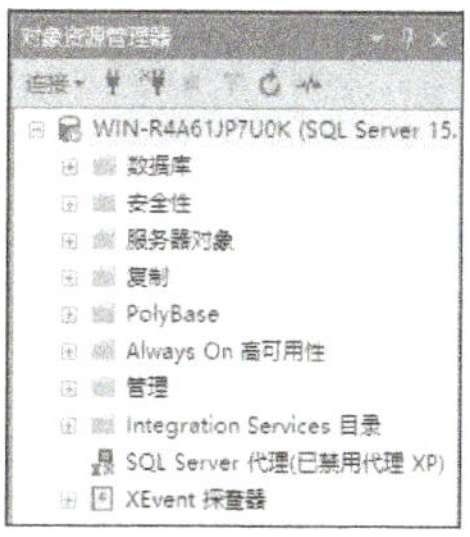

图 2-57 “对象资源管理器”窗格

■2.5.3 在Transact SQL编辑器中编写和执行查询语句

如果要在Transact SQL编辑器中编写查询语句，可以使用以下几种方式打开此编辑器。

- 在标准工具栏中，单击“新建查询”按钮。
- 在标准工具栏中，单击与所选连接类型关联的按钮，如“数据库引擎查询”。
- 在“文件”菜单中，依次选择“打开”→“文件”命令，在打开的对话框选择一个文档。
- 在“文件”菜单的“新建”命令下选择查询类型。

打开编辑器后，就可以在编辑器中编写查询语句，系统会将关键字以不同的颜色突出显示，并能检查语法和用法错误，如图2-58所示。

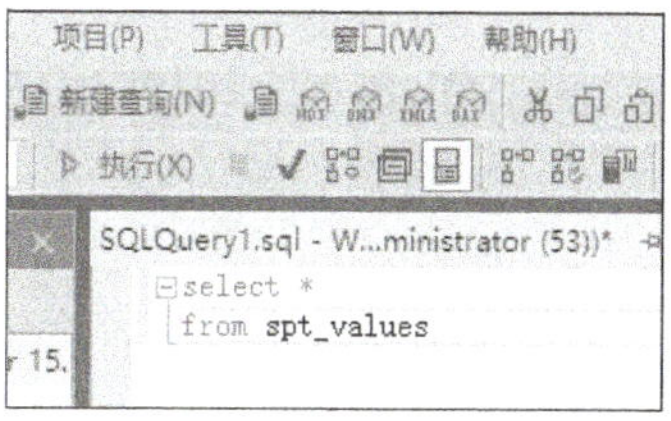

图 2-58 Transact SQL 编辑器

■2.5.4 使用模板资源管理器降低编码难度

在SSMS的菜单栏中单击“视图”项，在下拉菜单中选择“模板资源管理器”选项，如图2-59所示。在界面右侧将会出现“模板浏览器”窗格，如图2-60所示，在右侧的的窗格中选择所需要的模板。例如，在创建数据库模板上单击鼠标右键，在弹出的快捷菜单中选择“打开”选项或者直接双击所选模板，则会将所选模板在编辑器中打开。

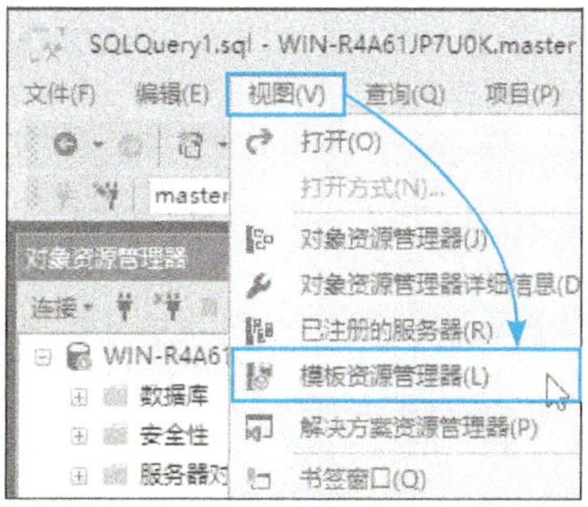

图 2-59 选择“模板资源管理器”选项

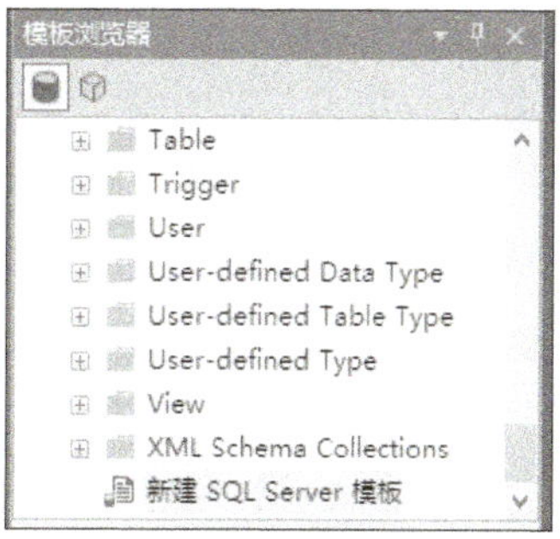

图 2-60 “模板浏览器”窗格

课后作业

一、选择题

1. SQL Server 2019的默认管理员账号是（　　）。

A. admin

B. administrator

C. root

D. sa

2. SQL Server 2019的几种版本中，不能商用的是（　　）。

A. 企业版

B. 标准版

C. 试用版

D. 精简版

3. SQL Server 2019中没有提供的服务组件是（　　）。

A. 数据引擎

B. Word

C. 报表服务

D. 分析服务

二、简答题

1. SQL Server 2019有几种登录模式，分别是什么？

2. SQL Server的配置管理器可以实现哪些功能？

3. 如何安装SQL Server Management Studio？

学习体会

项目3 数据库与数据表

内容概要

数据库是长期存储在计算机内的有组织的可共享的数据集合，用于存储表、视图、存储过程、触发器等数据对象。用户在使用数据库管理系统提供的功能时，首先必须将数据放置和保存到用户的数据库中。数据表是关系模型中表示实体及实体间关系的方式，是数据库存储数据的主要对象。本项目着重介绍创建和管理数据库，以及创建、修改、删除数据表和管理数据表约束的方法。

知识要点

SQL Server数据库简介。
数据库的创建、修改、删除。
数据表与数据类型。
管理约束。
管理数据表数据。

3.1 SQL Server 数据库简介

从数据库应用和管理角度看，SQL Server数据库可以分为两大类，系统数据库和用户数据库。系统数据库存储有关SQL Server的系统信息，这些数据库由数据库管理系统自动维护，如果系统数据库遭受破坏，那么SQL Server将不能正常启动。用户数据库由用户创建和维护，用于存储用户所需的数据。

在安装SQL Server 2019时系统将创建5个系统数据库：master、msdb、model、tempdb和resource，如表3-1所示。

表 3-1　系统数据库说明

系统数据库名称	功能说明
master数据库	记录SQL Server实例的所有系统级信息
msdb数据库	用于SQL Server代理计划警报和作业
model数据库	用于SQL Server实例上创建的所有数据库的模板。对model数据库进行的修改（如数据库大小、排序规则、恢复模式和其他数据库选项）将应用于以后创建的所有数据库
tempdb数据库	一个工作空间，用于保存临时对象或中间结果集
resource数据库	一个只读数据库，它包含了SQL Server中的所有系统对象，在物理上保留在resource数据库中，但在逻辑上显示在每个数据库的sys架构中

在SSMS的“对象资源管理器”窗格中，可以查看到4个数据库，如图3-1所示。

图 3-1　查看系统数据库

> **注意事项：看不到的resource数据库**
>
> resource数据库在图中是看不到的，它是一个隐藏的只读数据库，包含了SQL Server中的所有系统对象。

1. master数据库

master数据库是“数据库的数据库”，master数据库记录SQL Server系统的所有系统级信息。master数据库是SQL Server的核心，如果该数据库被损坏，SQL Server将无法正常工作，所以定期备份master数据库是非常重要的。master数据库中包含以下重要信息：所有登录名和角色、所有系统配置设置、数据库的位置及SQL Server初始化等信息。

2. msdb数据库

Management Studio和SQL Server Agent使用msdb数据库来存储计划信息及与备份和恢复相关的信息，尤其是SQL Server Agent需要使用它来执行安排工作和警报、记录操作者等操作。

3. model数据库

model数据库用于在SQL Server实例上创建的所有数据库的模板。因每次启动SQL Server时都会创建tempdb，所以model数据库必须始终存在于SQL Server系统中。当执行CREATE DATABASE语句时，将通过复制model数据库中的内容来创建数据库的第一部分，然后用空页填充新数据库的剩余部分。如修改model数据库，之后创建的所有数据库都将继承这些修改。

4. tempdb数据库

tempdb数据库是连接到SQL Server实例的所有用户都可用的全局资源，它保存所有临时表和临时存储过程。另外，它还用来满足所有其他临时存储要求，如存储SQL Server 生成的工作表。每次启动SQL Server时，都要重新创建tempdb，以便系统启动时该数据库总是空的，在断开连接时SQL Server会自动删除临时表和存储过程。

5. resource数据库

resource数据库是只读数据库，它包含了SQL Server中的所有系统对象。SQL Server系统对象（如sys.objects）在物理上持续存在于resource数据库中，但在逻辑上，它们出现在每个数据库的sys架构中。resource数据库是隐藏的，通常应该由MicroSoft客户服务专家打开，用于查找问题和进行客户支持。

3.2 创建数据库

SQL Server将数据库映射为一组操作系统文件，创建数据库的过程就是创建数据文件和日志文件的过程，数据文件用于存储数据信息，日志文件用于存储日志信息。

3.2.1 数据库文件简介

每个SQL Server数据库至少具有两个操作系统文件：一个数据文件和一个日志文件。数据文件包含数据和对象，如表、索引、存储过程和视图。日志文件包含恢复数据库中的所有事务所需的信息。为了便于分配和管理，可以将数据文件集合起来，放到文件组中。

1. 数据文件

数据文件是存放数据库数据和数据库对象的文件。一个数据库可有一个或多个数据文件。当有多个数据文件时，有一个文件被定义为主数据文件（Primary Database File），扩展名为.mdf，它用来存储数据库的启动信息和部分或全部数据，一个数据库只能有一个主数据文件。实际的主数据文件都有两种名称：操作系统文件名和逻辑文件名（在SQL语句中会用到）。其他数据文件被称为次数据文件（Secondary Database File），扩展名为.ndf，次要文件可用于将数据分散到多个磁盘上。如果数据库超过了单个Windows文件的最大长度，可以使用次要数据文件，这样数据库就能继续增长。

每个数据库文件有两个名称。

（1）逻辑文件名（logical_file_name）。

逻辑文件名是在所有T-SQL语句中引用物理文件时所使用的名称。在数据库中的逻辑文件名必须是唯一的。

（2）物理文件名（os_file_name）。

在操作系统中包含目录路径的物理文件名。

2. 日志文件

事务日志文件保存用于恢复数据库的日志信息。每个数据库必须至少有一个日志文件，也可以为多个。事务日志文件的扩展名是.ldf。

3. 文件组

为便于分配和管理，可以将数据文件分成文件组（日志文件不包括在文件组内）。文件组有两种类型。

（1）主文件组（Primary）：主文件组包含主数据文件和任何没有明确分配给其他文件组的其他文件。系统表的所有页均分配在主文件组中。

（2）用户定义文件组：用户定义文件组是通过在CREATE DATABASE或ALTER DATABASE语句中使用FILEGROUP关键字指定的任何文件组。

【示例3.1】进入SSMS并选择“master数据库”，单击“新建查询”按钮，如图3-2所示。

图 3-2 单击“新建查询”按钮

输入sys.sp_helpfile，单击“执行”按钮，得到的结果如图3-3所示。逻辑文件名在“name”列，物理文件名在“filename”列，最大容量在“maxsize”列，增长容量在“growth”列，文件组在“filegroup”列。

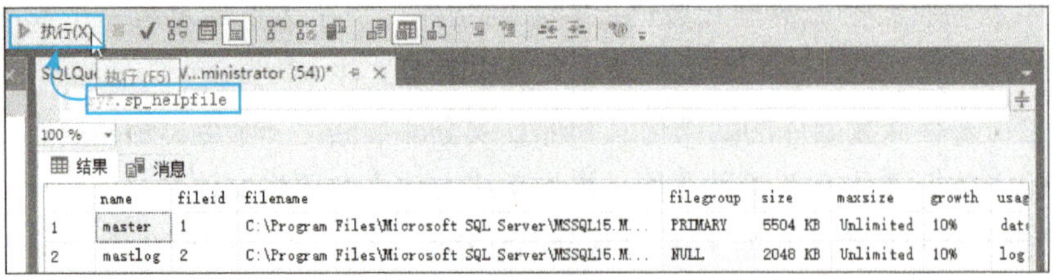

图 3-3 执行命令及结果

■3.2.2 使用SSMS创建数据库

下面介绍使用SSMS创建数据库的步骤。

步骤01 在对象资源管理器中的数据库节点上单击鼠标右键，选择“新建数据库”选项，如图3-4所示。

步骤02 在“新建数据库”对话框的“常规”选项中，输入数据库名称、所有者以及数据库文件，如图3-5所示。

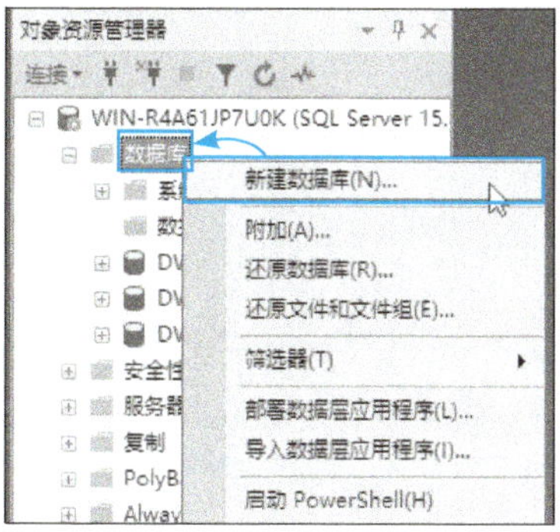

图 3-4 新建数据库操作

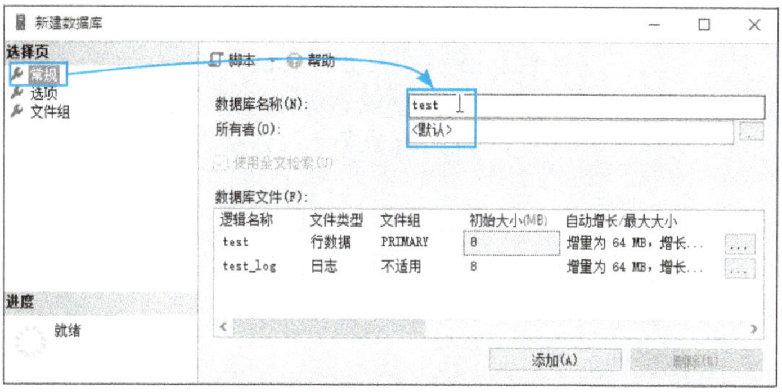

图 3-5 设置数据库的常规参数

> **知识点拨**
>
> **新建数据库选项**
>
> 数据库文件包括数据文件（一个或多个）和日志文件（一个或多个），如果需要设置多个数据文件或日志文件，单击“添加”或“删除”按钮，对文件设置有如下选项。
>
> - 逻辑名称。
> - 文件组：每个数据库至少有两个文件（一个主文件和一个事务日志文件）和一个文件组。
> - 初始大小：根据数据库表中数据大小进行估算。
> - 增长方式：根据数据库增长的需要来设置。
> - 物理路径：设置数据库文件的磁盘位置。

步骤03 选择“选项”选项，设置数据库的各选项，如图3-6所示。

步骤04 选择“文件组”选项，可添加或删除文件组，如图3-7所示。

步骤05 单击“确定”按钮，数据库创建成功。用户可以在对象资源管理器中看到刚创建的数据库，如图3-8所示。

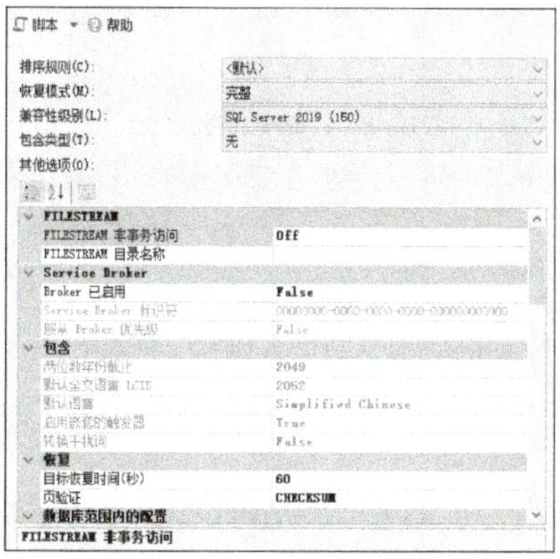

图 3-6 设置选项参数

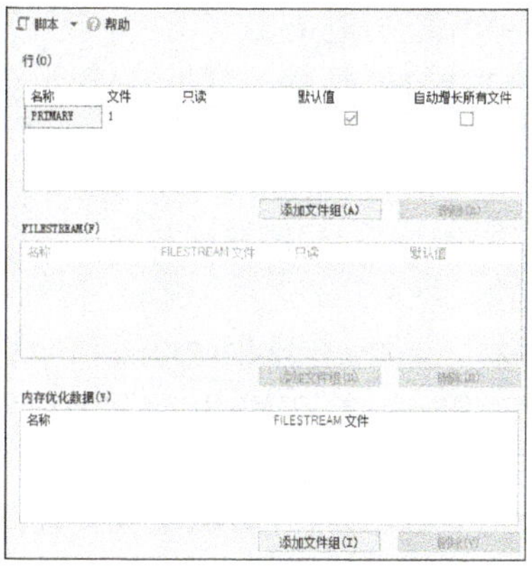

图 3-7 设置文件组参数

图 3-8 查看新建数据库

3.2.3 使用SQL命令创建数据库

除了上面的方法外，在SQL中，还可以使用命令CREATE DATABASE创建一个新数据库及存储该数据库的文件。

CREATE DATABASE命令创建数据库的语法格式如下。

```
CREATE DATABASE database_name
    [ ON
        [ PRIMARY ] [ <filespec> [,...n ]
        [, <filegroup> [,...n ] ]
    [ LOG ON { <filespec> [,...n ] } ]
    ]
    [ COLLATE collation_name ]
    [ WITH <external_access_option> ]
]
```

参数说明如下。

- **database_name**：新数据库的名称。
- **ON**：指定数据库文件或文件组的明确定义。
- **PRIMARY**：指明主数据库文件或主文件组。一个数据库只能有一个主文件，如果没有指定 PRIMARY，那么 CREATE DATABASE 语句中列出的第一个文件将成为主文件。
- **<filegroup>**：控制文件组属性。

知识点拨

<filegroup> 的语法格式

<filegroup> 的语法格式如下。

```
<filegroup> ::= FILEGROUP filegroup_name <filespec> [, ...n]
```

其中 <filespec>：控制文件属性。其格式如下。

```
<filespec> ::=
{
    (
    NAME = logical_file_name ,
    FILENAME = 'os_file_name'
      [, SIZE = size [ KB | MB | GB | TB ] ]
      [, MAXSIZE = { max_size [ KB | MB | GB | TB ] | UNLIMITED} ]
      [, FILEGROWTH = growth_increment [ KB | MB | GB | TB | % ] ]
    ) [,...n ]
}
```

其中有逻辑文件名（NAME），物理文件名（FILENAME），初始大小（SIZE，默认单位为 MB），可增大到的最大容量（MAXSIZE），自动增长（FILEGROWTH）。每个属性间以逗号分隔。

- **LOG ON**：明确指定存储数据库日志的磁盘文件（日志文件）。LOG ON后跟以逗号分隔的用以定义日志文件的<filespec>项列表。如果没有指定LOG ON，将自动创建一个日志文件，其大小为该数据库的所有数据文件大小总和的25%或512 KB，取两者之中的较大者。

- **COLLATE collation_name**：指定数据库的默认排序规则。排序规则名称既可以是Windows排序规则名称，也可以是SQL排序规则名称。如果没有指定排序规则，则将SQL Server实例的默认排序规则分配给数据库的排序规则。不能对数据库快照指定排序规则名称。
- **WITH <external_access_option>**：添加外部访问选项，如DB_CHAINING或TRUSTWORTHY。

知识点拨

DB_CHAINING 和 TRUSTWORTHY

- DB_CHAINING { ON | OFF }：当设置为 ON 的时候，数据库可以为交叉数据库所有者关系链中的源或者目标；当设置为 OFF 的时候，数据库不能参与交叉数据库所有者关系链。对于用户数据库，可以修改这个选项，但是不能修改系统数据库的该选项。此项的默认值为 OFF。
- TRUSTWORTHY { ON | OFF }：当设置为 ON 的时候，数据库模块（如视图、用户自定义函数或者存储过程）允许访问数据库外的资源。当设置为 OFF 的时候，数据库模块不能访问数据库之外的资源。此项的默认值为 OFF。

【示例3.2】创建未指定文件的数据库，所有参数均为默认值。

步骤 01 进入SSMS中，启动“新建查询”，输入命令“CREATE DATABASE test1”，如图3-9所示。执行后可以创建名为test1的数据库。

步骤 02 创建完成后，会有成功的提示。刷新数据库后，可以查看到使用命令创建成功的数据库“test1”，如图3-10所示。

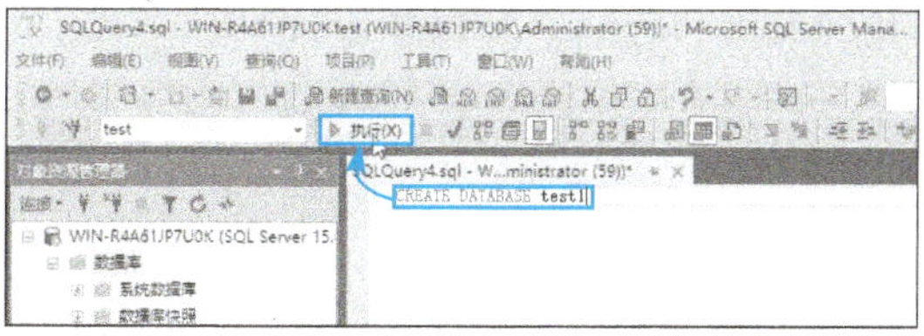

图 3-9　输入命令

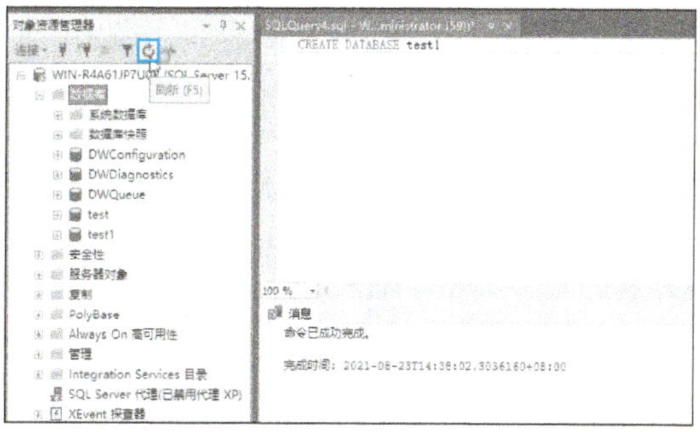

图 3-10　执行结果

【示例3.3】创建指定文件的数据库，包含单个数据文件和日志文件，数据文件、日志文件的初始尺寸、大小和增长幅度（单位都是MB）由用户进行指定（假设已在D盘建立名为DataBase的文件夹）。

```
CREATE DATABASE test2                                  -- 创建数据库
ON                                                -- 属于 PRIMARY 组，可省略
( NAME = test2_data,                                 -- 主数据文件逻辑名称
    FILENAME = 'D:\DataBase\test2date.mdf',                   -- 物理名称
    SIZE = 8,                                          -- 初始大小 8 MB
    MAXSIZE = unlimited,                                  -- 最大为无限大
    FILEGROWTH = 10% )                                  -- 增长幅度为 10%
LOG ON
```

```
( NAME = test2_log,                                  -- 日志文件逻辑名称
   FILENAME = 'D:\DataBase\test2log.ldf' ,
   SIZE = 8,                                          -- 初始大小为 8 MB
   MAXSIZE = 500,                                     -- 最大为 500 MB
FILEGROWTH = 64)                                      -- 增长幅度为 64 MB
```

知识点拨

关于单位

在命令中，对于文件的大小，默认单位是MB，在输入命令时可以带上单位，也可以不带。

【示例3.4】建立指定多个数据和事务日志文件的数据库，要求该数据库具有3个100 MB的数据文件和2个100 MB的事务日志文件。

注意事项：主文件

主文件是列表中的第一个文件，并使用PRIMARY关键字显式指定。事务日志文件在LOG ON关键字后指定。

```
CREATE DATABASE test3
ON
PRIMARY
    (NAME =test3data1,
    FILENAME = 'D:\DataBase\test3data1.mdf',
    SIZE = 100,
    MAXSIZE = 200,
    FILEGROWTH = 20),
    (NAME =test3data2,
    FILENAME = 'D:\DataBase\test3data2.ndf',
    SIZE = 100MB,
    MAXSIZE = 500MB,
    FILEGROWTH = 20%),
    (NAME =test3data3,
    FILENAME ='D:\DataBase\test3data3.ndf',
    SIZE = 100MB,
    MAXSIZE = unlimited,
    FILEGROWTH = 10)
LOG ON
    (NAME =test3log1,
    FILENAME ='D:\DataBase\test3log1.ldf',
    SIZE = 100MB,
    MAXSIZE = 500MB,
    FILEGROWTH = 10%),
    (NAME = test3log2,
    FILENAME = 'D:\DataBase\test3log2.ldf',
    SIZE = 100,
    MAXSIZE = unlimited,
    FILEGROWTH = 10%)
```

注意事项：命令的输入

和编程类似，在输入命令时，注意输入的标点符号为英文小写状态，不可使用中文标点符号。另外，在输入时，参数名会自动转为蓝色字体，说明输入正确。如果输入有误，会有红色波浪线提示。在执行时，也会提醒用户出错的位置和原因，如图3-11所示，出错原因为“100”后未加“,”。所以用户在输入命令时，一定要格外小心。

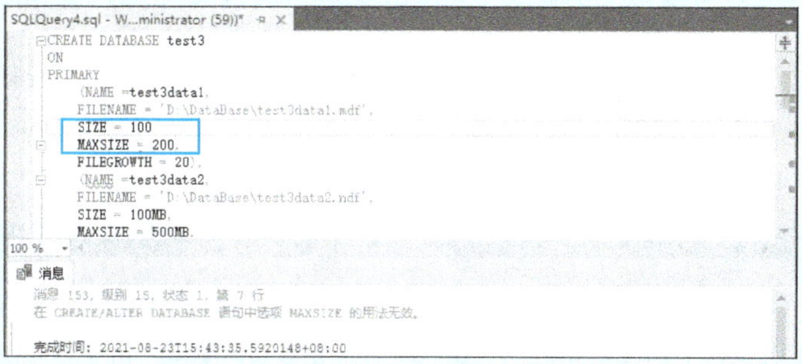

图 3-11　错误提示

3.3 修改数据库

数据库创建完毕后，可以查看该数据库的属性、修改数据库以及收缩数据库。下面介绍各项操作的具体步骤。

3.3.1　查看数据库的属性

对象资源管理器是SSMS的一个组件，可连接到数据库引擎、实例和其他服务。它提供了服务器中所有对象的视图，并具有可用于管理这些对象的用户界面，在打开数据库文件夹目录树后，可以选择各种数据库对象进行信息浏览。

步骤 01 打开SSMS后展开数据库，在选定的数据库上单击鼠标右键，选择“属性”选项，如图3-12所示。

步骤 02 在弹出的“数据库属性”对话框中，可以查看到数据库的所有属性信息，如图3-13所示。

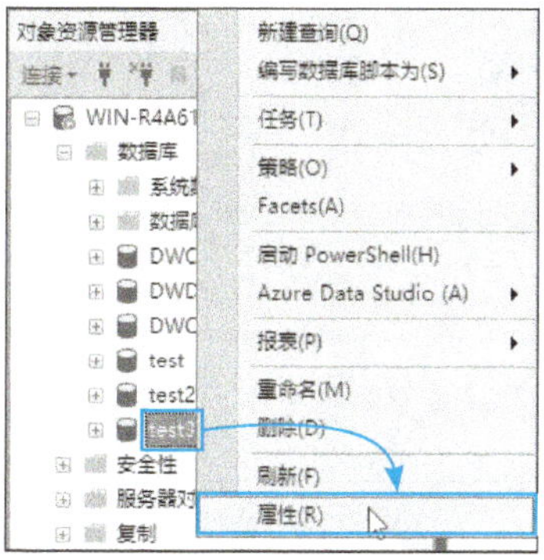

图 3-12　选择“属性”选项

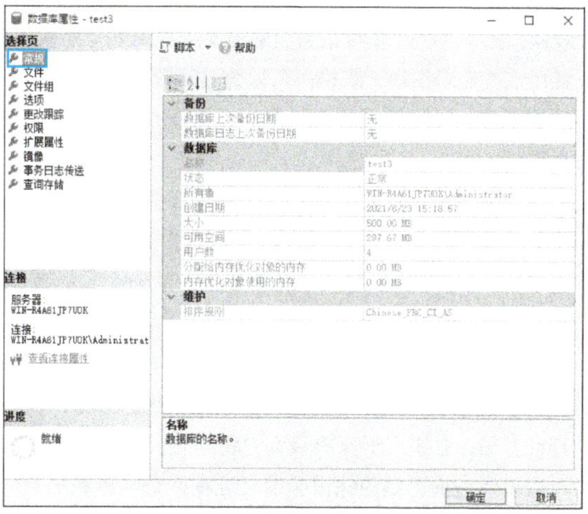

图 3-13　数据库属性信息

知识点拨

数据库属性

在左侧的“选择页”中，用户可以选择某一个属性选项，在右侧便可查看该属性的具体内容。其中，主要属性说明如下。

- **“常规”**：可以看到数据库的状态、所有者、创建时间、容量、备份、维护等属性信息。
- **“文件”**：可以重新指定数据库文件和事务日志文件的名称、存储、位置、初始容量大小等属性。
- **“文件组”**：可以添加或删除文件组。要删除文件组，需要移动文件组的文件。
- **“选项”**：可以设置数据库的许多属性，包括自动、游标、恢复、杂项、状态几部分。常用的数据库选项及其说明，如表 3-2 所示。

表 3-2　数据库选项及其说明

选　项	说　明
自动关闭	指定在最后一个用户退出后，数据库是否完全关闭并释放资源。可取的值包括True和False。如果设置为True，则在最后一个用户注销之后，数据库会完全关闭并释放其资源
自动收缩	指定数据库文件是否可定期收缩。可取的值包括True和False
默认游标	如果设置为True，则T-SQL游标默认为LOCAL。如果设置为False，则T-SQL游标默认为GLOBAL
ANSI NULL默认值	指定当等于（=）和不等于（<>）比较运算符用于空值时是否可以进行操作。值为True时，可以对空值进行等于和不等于操作
允许带引号的标识符	指定在用引号时是否可以将SQL Server关键字用作标识符（如对象名称或变量名称）。可取的值包括True和False
递归触发器已启用	指定触发器是否可以递归调用
数据库只读设置	指定数据库是否为只读。可取的值包括True和False。如果设置为True，则用户只能读取而不能修改数据或数据库对象
限制访问	指定哪些用户（多个用户、单个用户或是限制用户）可以访问该数据库

- **更改跟踪**：跟踪数据库的更改信息，可以设置是否启用更改跟踪、保持期、保持期的单位、是否自动清除等参数项。
- **权限**：使用“权限”页可以查看或设置数据库安全对象的权限，如图 3-14 所示。在上边的表格中选中一项，然后在“显示权限”表格中可以为其设置适当的权限。
- **扩展属性**：使用扩展属性，可以向数据库对象添加自定义属性。
- **镜像**：使用镜像可以配置和修改数据库的镜像属性。
- **事务日志传送**：在此页可以配置和修改数据库的日志传送属性。日志传送能够将事务日志备份从一个数据库（称为“主数据库”）发送到另一台服务器（称为“辅助服务器”）上的辅助数据库。在辅助服务器上，这些事务日志备份将还原到辅助数据库中，并与主数据库保持紧密同步。
- **查询存储**：主要用于解决查询性能问题。在该选项卡中，可以设置查询存储的保留参数、监视间隔等参数项。

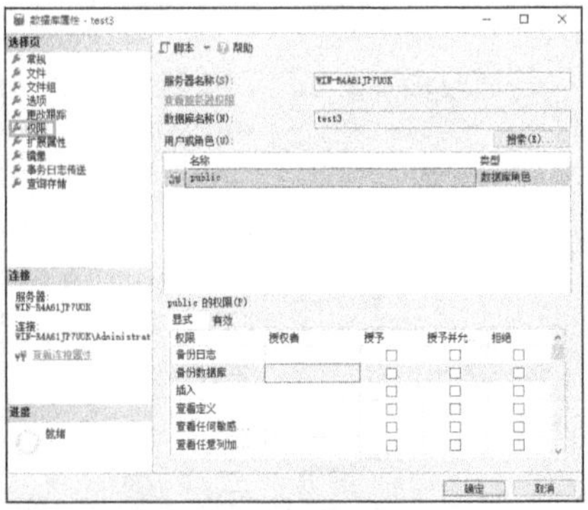

图 3-14　数据库权限设置

知识点拨

使用其他方式查看属性

除了使用SSMS查看属性外，用户也可以使用各种视图、系统函数和系统存储过程来查看数据库属性。表3-3列出了返回有关数据库、文件和文件组信息的目录视图、系统函数和系统存储过程。

表3-3　查看属性的其他方式

视　图	函　数	存储过程或其他语句
sys.databases	DATABASE_PRINCIPAL_ID	sp_databases
sys.database_files	DATABASEPROPERTYEX	sp_helpdb
sys.data_spaces	DB_ID	sp_helpfile
sys.filegroups	DB_NAME	sp_helpfilegroup
sys.allocation_units	FILE_ID	sp_spaceused
sys.master_files	FILE_IDEX	DBCC SQLPERF
sys.partitions	FILE_NAME	
sys.partition_functions	FILEGROUP_ID	
sys.partition_parameters	FILEGROUP_NAME	
sys.partition_range_values	FILEGROUPPROPERTY	
sys.partition_schemes	FILEPROPERTY	
sys.dm_db_partition_stats	fn_virtualfilestats	

【示例3.5】显示test3的数据库信息。

在SSMS中，使用Ctrl+N组合键调出“新建查询”窗口，输入命令“sp_helpdb test3”，使用【F5】键执行后，返回所有test3数据库的信息，如图3-15所示。

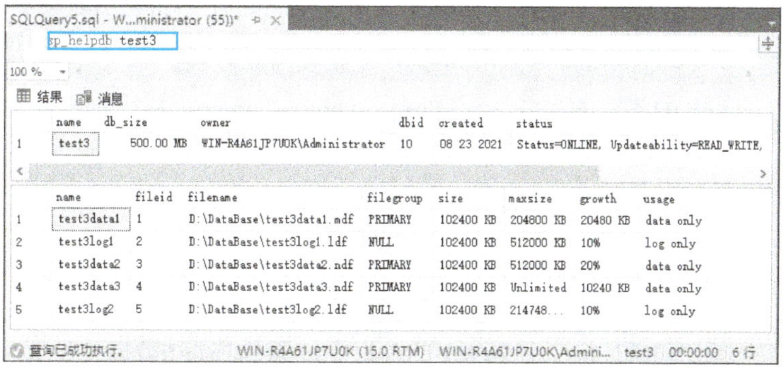

图3-15　查看数据库信息

3.3.2　修改数据库

可以在SSMS中利用数据库属性的设置更改数据库各项参数，也可以使用ALTER DATABASE命令来更改数据库。ALTER DATABASE可以更改数据库的属性或其文件和文件组。ALTER DATABASE的语法格式如下。

```
ALTER DATABASE database_name
{
  <add_or_modify_files>
   | <add_or_modify_filegroups>
   | <set_database_options>
   | MODIFY NAME = new_database_name
   | COLLATE collation_name
}
```

主要参数简要说明如下。

- **database_name**：要修改的数据库的名称。
- **<add_or_modify_files>**：指定添加、修改或删除的数据库文件。

知识点拨

<add_or_modify_files> 的语法格式

<add_or_modify_files> 的语法格式如下。

```
<add_or_modify_files>::=
{
   ADD FILE <filespec> [ ,…n ]
          [ TO FILEGROUP { filegroup_name | DEFAULT } ]
   | ADD LOG FILE <filespec> [ ,…n ]
   | REMOVE FILE logical_file_name
   | MODIFY FILE <filespec>
}
```

- **<add_or_modify_filegroups>**：指定添加、修改或删除的文件组。
- **<set_database_options>**：更改数据库参数。
- **MODIFY NAME = new_database_name**：使用指定的名称 new_database_name重命名数据库。

【示例3.6】将数据库名test3更改为shili。

```
ALTER DATABASE test3 MODIFY NAME = shili
```

【示例3.7】将一个 20 MB的数据文件添加到shili数据库。

```
ALTER DATABASE shili
ADD FILE
(
     NAME = tjwj,
     FILENAME = 'D:\Database\tjwj.ndf  ',
     SIZE = 20MB,
     MAXSIZE = 100MB,
     FILEGROWTH = 5MB
)
```

【示例3.8】删除上例中添加的数据库文件。

```
ALTER DATABASE shili
REMOVE FILE tjwj
```

【示例3.9】移动数据库文件的位置。

```
ALTER DATABASE shili
MODIFY FILE
(
    NAME = tjwj,
    FILENAME = N'D:\tjwj.ndf'
)
```

注意事项：移动文件后的生效时间

移动文件后并不会立刻生效，新路径将在数据库下次启动时使用。

【示例3.10】更改数据库文件大小。

```
ALTER DATABASE shili
MODIFY FILE
 (NAME = tjwj,
SIZE = 100MB
)
```

【示例3.11】向数据库添加两个日志文件。

```
ALTER DATABASE shili
ADD LOG FILE
(
    NAME = tjlog1,
    FILENAME = 'D:\Database\tjlog1.ldf ',
    SIZE = 5MB,
    MAXSIZE = 100MB,
    FILEGROWTH = 5MB
),
(
    NAME = tjlog2,
    FILENAME = 'D:\Database\tjlog2.ldf ',
    SIZE = 5MB,
    MAXSIZE = 100MB,
    FILEGROWTH = 5MB
)
```

【示例3.12】更改数据库选项。

```
ALTER DATABASE shili SET SINGLE_USER  --单用户
ALTER DATABASE shili SET READ_ONLY --只读
```

```
ALTER DATABASE shili SET AUTO_SHRINK ON  --自动收缩
GO
```

注意事项：改为单用户只读模式，无法操作数据库怎么办？

用户可以使用ALTER DATABASE命令将属性READ_ONLY改为READ_WRITE，这样就可以读写了。至于单用户SINGLE_USER，将其改为MULTI_USER就可以支持多用户模式了。

3.3.3 收缩数据库

数据库在使用一段时间后，时常会出现因数据删除而造成数据库中空闲空间过多的情况，需要使用收缩的方式缩减数据库空间。可在数据库属性“选项”中找到“自动收缩”项，将其后的值由“False”改为“True”，即可使系统自动收缩数据库，如图3-16所示。

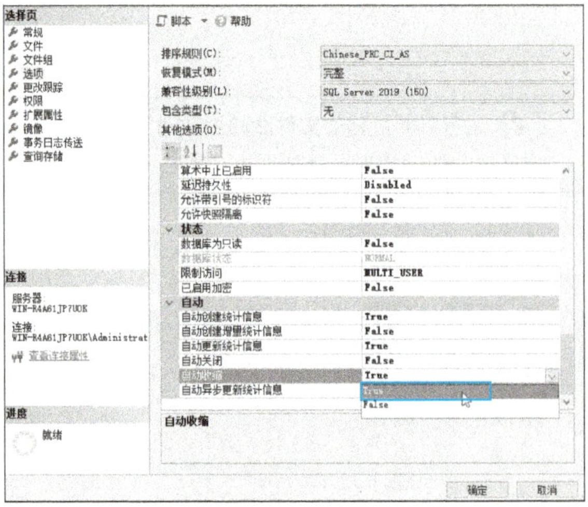

图 3-16 设置“自动收缩”项

除了通过设置属性实现自动收缩外，也可以手动收缩。手动收缩的操作方法：在目标数据库上单击鼠标右键，在“任务”级联菜单中的“收缩”级联菜单中，选择“数据库”选项，如图3-17所示。

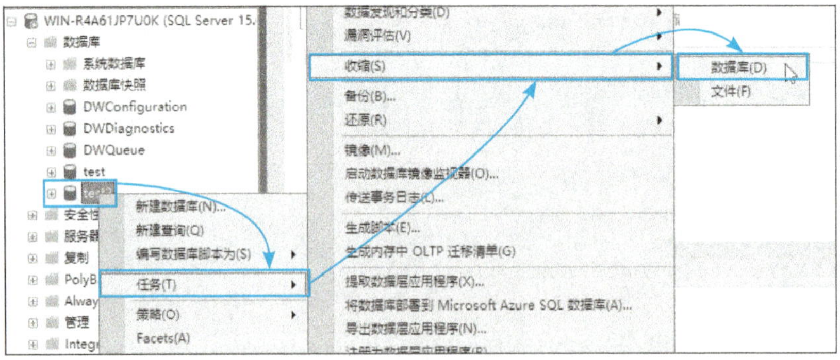

图 3-17 手动收缩操作方法

注意事项：数据库收缩和文件收缩

选择“数据库”选项可对整个数据库进行收缩，选择“文件”可对某个文件进行收缩。

在弹出的“收缩数据库”对话框中选择“在释放未使用的空间前重新组织文件。选中此选项可能会影响性能。”复选框，再设置“收缩后文件中的最大可用空间”的百分比，然后单击“确定”按钮，如图3-18所示，即可开始收缩数据库。

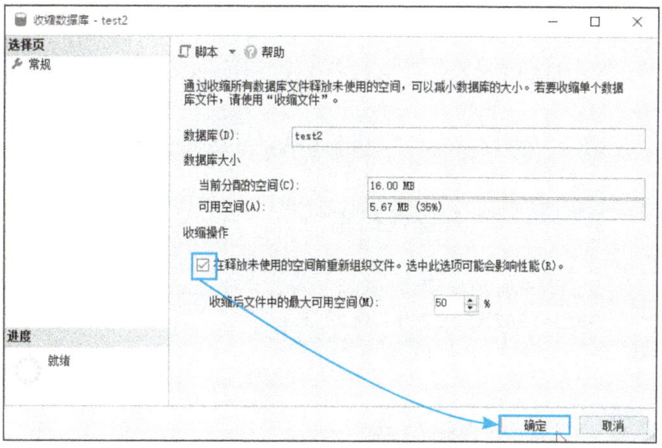

图 3-18　设置收缩操作

3.4 删除数据库

删除数据库的过程就是删除数据文件和日志文件的过程，可以使用图形界面或者命令界面删除数据库。

■3.4.1　使用SSMS删除数据库

打开SSMS后，展开数据库列表，从中选中需要删除的数据库，单击鼠标右键，选择“删除”选项，如图3-19所示。系统会弹出“删除对象”对话框，勾选下方两个复选框后，单击“确定”按钮，如图3-20所示，这样就可以删除选中的数据库了。

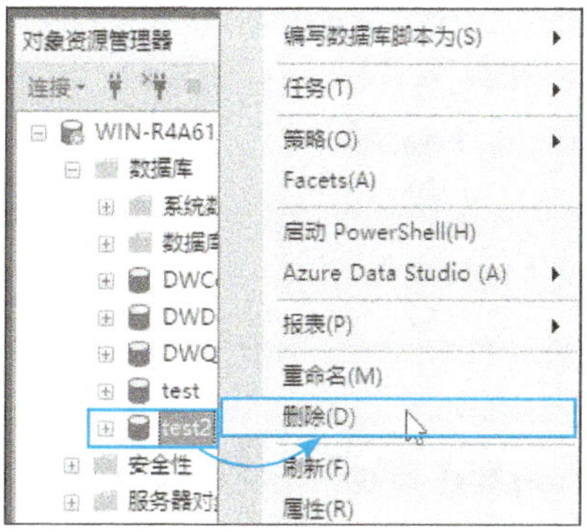

图 3-19　选择“删除”选项

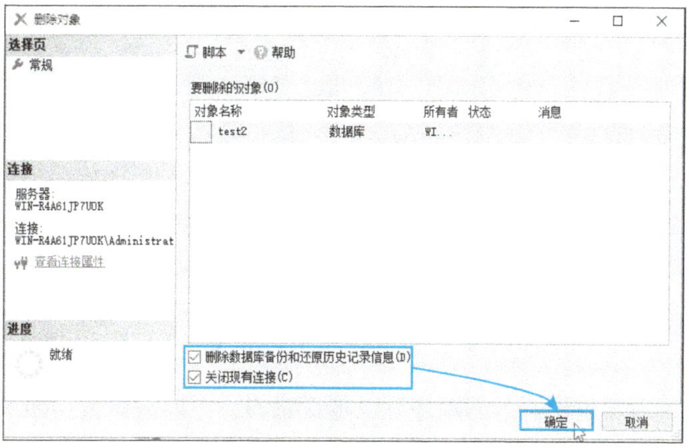

图 3-20　设置删除对象选项

注意事项：删除数据库

无法删除系统数据库。不能删除当前正在使用（表示正在打开供用户任意读写）的数据库。只有通过还原备份才能重新创建已删除的数据库。

3.4.2 使用命令删除数据库

可以使用命令DROP DATABASE删除数据库。其语法格式如下。

```
DROP DATABASE { database_name } [ ,...n ]
```

【示例3.13】删除数据库。

```
DROP DATABASE test2                              --删除单个数据库
DROP DATABASE test2, test                        --删除多个数据库
```

3.5 操作数据表

为了更好地理解和掌握数据表的创建与使用，本节首先对数据表及其相关的基础知识进行简要介绍。

3.5.1 数据表与数据类型

表是关系模型中表示实体及实体间关系的方式，是数据库存储数据的主要对象。SQL Server 2019数据库中的表由行和列组成。

- **行**：用来保存一条记录，是数据对象的一个实例，包括若干列信息项。
- **列**：用来保存对象的某一类属性，每列又称为一个字段，每列的标题称为字段名。

例如，如图3-21所示是公司产品及相关信息的截图，表中的每一行数据都表示了一个唯一的、完整的产品信息，表中的每一列都是对产品某种属性的描述。

Sno	Sname	Scategory	Sprice	Sremarks
10001	交换机	网络	200	已经入库
10002	路由器	网络	300	新到
10003	希捷2T	硬盘	280	绿盘
10004	神州	笔记本	4500	已打款
10005	三星	笔记本	5600	下周到
10006	西数4T	硬盘	500	已订购
10007	华硕	笔记本	6000	测试
10008	网卡	网络	150	已经使用
NULL	NULL	NULL	NULL	NULL

图 3-21 产品信息表

在表中，行的顺序可以是任意的，一般按照数据插入的先后顺序存储。在使用过程中，可以使用排序语句或按照索引对表中的行进行排序。

在表中，列的顺序也可以是任意的。在同一个表中列名必须是唯一的，即不能有名称相同的多个列同时存在于同一个表中，但在同一个数据库的不同表中，可以使用相同的列名。

在创建数据表的过程中，需要为数据表的每一列指定数据类型，用于限制各列所允许的数据值。SQL Server 2019中的数据类型可以分为两类，分别是基本数据类型和用户自定义数据类型。下面将介绍这两类数据类型。

1. 基本数据类型

SQL Server 2019提供的基本数据类型，根据数据的表现方式和存储方式的不同可以分为整数数据类型、浮点型数据类型、货币数据类型、字符数据类型、日期时间数据类型、二进制数据类型等。

（1）整数数据类型。

整数数据类型用来保存各种整数，根据所占内存大小的不同，可分为bigint、int、smallint和tinyint，如表3-4所示。最常用的是int类型。对于常见的整数应用，int类型基本都可满足其需求。

表 3-4 整数数据类型说明

数据类型	内存空间	取值范围
tinyint	8 bit	0～255
smallint	16 bit	-32 768～32 767
int	32 bit	-2 147 483 648～2 147 483 647
bigint	64 bit	-9 223 372 036 854 775 808～9 223 372 036 854 775 807

（2）浮点型数据类型。

浮点型数据类型表示有小数部分的数字，根据所占内存大小的不同，可分为float、real、numeric、decimal，如表3-5所示。

表 3-5 浮点型数据类型说明

数据类型	内存空间	取值范围
float[(n)]	由n的值决定	-1.79E+308～2.23E+308、0、2.23E-308～1.79E+308
real	32 bit	-3.40E+38～1.18E-38、0、1.18E-38～3.40E+38
numeric[(p[,s])]	随精度变化	$-10^{38}+1$～$10^{38}-1$
decimal[(p[,s])]	随精度变化	$-10^{38}+1$～$10^{38}-1$

float类型在使用时，要以float[(n)]的形式来指定小数的精度。其中，n是尾数的位数，范围是1～53，1～24表示单精度（4个字节），25～53表示双精度（8个字节）。没有指定n的值，默认为float(53)，real等价于float(24)。

decimal和numeric是带固定精度和小数位数的数值数据类型，使用形式是decimal[(p[,s])]。其中，p（精度）用来表示最多可以存储的十进制数字总位数，包括小数点左边和右边的位数，精度值的范围是1～38，默认为18。s（小数位数）指明小数点右边的最大位数。numeric在功能上等价于decimal。

（3）货币数据类型。

货币数据类型主要用于存储货币数量，根据所占内存大小的不同，可分为money和smallmoney两种类型，如表3-6所示。

money和smallmoney类型主要用于存储货币数量。输入数据时，可以在前面加上一个货币符号，如美元符号“$”或人民币符号“￥”。

表 3-6　货币数据类型说明

数据类型	内存空间	取值范围
money	64 bit	-922 337 203 685 477.580 8～922 337 203 685 477.580 7
smallmoney	32 bit	-214 748.364 8～214 748.364 7

（4）字符数据类型。

字符数据类型主要用于存储字符串，可分为char、varchar、nchar、nvarchar，如表3-7所示。

表 3-7　字符数据类型说明

数据类型	内存空间	取值范围
char(n)	n字节	非Unicode字符数据，长度为n，n的取值为1～8 000
varchar(n|max)	n+2字节	非Unicode字符数据，长度为n，n的取值为1～8 000，但可以根据实际存储的字符数改变存储空间，max最大值为2^{31}-1
nchar(n)	2n字节	Unicode字符数据，长度为n，n的取值为1～4 000
nvarchar(n|max)	2n+2字节	Unicode字符数据，长度为n，n的取值为1～4 000，但可以根据实际存储的字符数改变存储空间，max最大值为2^{30}-1

char(n)和nchar(n)是固定长度的字符型，如果输入的数据无法填充满系统所分配的空间，则系统自动用空格填充剩余空间。varchar(n)和nvarchar(n)是可变长度的字符型，根据实际需要分配空间，前提是分配的实际空间长度不能超过事先指定的长度n。

（5）日期时间数据类型。

日期时间数据类型主要用于日期和时间数据，可细分为date、time、smalldatetime、datetime、datetime2、datetimeoffset等数据类型，如表3-8所示。

表 3-8　日期时间数据类型说明

数据类型	内存空间	取值范围
date	3字节	0001-01-01～9999-12-31
time	3～5字节	00:00:00～23:59:59
smalldatetime	4字节	1900-01-01～2079-06-06
datetime	8字节	1753-01-01～9999-12-31
datetime2	6～8字节	0001-01-01～9999-12-31
datetimeoffset	8～10字节	0001-01-01～9999-12-31

除了取值范围不同，这些日期时间类型的最主要的区别在于精度。date、datetime2、datetimeoffset的日期范围相同，但精度不同：date只能精确到天，datetime2能精确到100 ns，datetimeoffset除了包含datetime2的所有特性，还增加了对时区的支持。time类型专门用来存储时间，精度是100 ns。

（6）二进制数据类型。

二进制数据类型用来存储没有明确编码的二进制数据，如图片、音频数据或加密数据。根据所占内存大小的不同，二进制数据类型可分为binary和varbinary，如表3-9所示。

表 3-9 二进制数据类型说明

数据类型	内存空间	取值范围
binary[(n)]	n字节	n字节的二进制数据，其中n的取值为1～8 000
varbinary[(n|max)]	n+2字节	n的取值为1～8 000，max指示最大存储为2^{31} -1

如果没有指定长度，则binary与varbinary类型的默认长度为1。如果存储的数据大小差异非常大，建议使用varbinary。如果存储的数据超过8 000字节时，则应使用varbinary(max)。

知识点拨

其他数据类型

除了上边提到的常用数据类型外，还有其他一些数据类型，如下所列。

（1）cursor：游标数据类型，用于创建游标变量或者定义存储过程的 OUTPUT 参数。它是唯一的一种不能赋值给表的列字段的数据类型。

（2）table：用于存储对表或视图处理后的结果集。这种新的数据类型可以使一个变量存储一个表，从而使函数或存储过程返回处理结果更加方便、快捷。

（3）rowversion：每个数据库都有一个计数器，此计数器是数据库行版本。当对数据库中包含 rowversion 列的表执行插入或更新操作时，该计数器的值就会自动更新。一个表只能有一个 rowversion 列。

（4）timestamp：是一个特殊的用于表示先后顺序的时间戳数据类型。该数据类型可以为表中数据行加上一个版本戳。

（5）uniqueidentifier：是一个具有 16 字节的全局唯一性标识符，用来确保对象的唯一性。可以在定义列或变量时使用该数据类型，主要目的是在合并复制和事务复制中确保表中数据行的唯一性。

（6）sql_variant：用于存储除文本、图形数据和 timestamp 数据外的其他合法的 SQL Server 数据，可以为程序开发提供方便。

（7）xml：存储 xml 数据的数据类型。可以在列中或者 xml 类型的变量中存储 xml 实例。存储 xml 数据类型的数据实例的最大值是 2 GB。

2. 用户自定义数据类型

SQL Server允许用户根据需要创建用户自定义数据类型。创建用户自定义数据类型需要指定该类型的名称、所基于的系统数据类型和是否允许为空3个要素。可以通过以下两种方式创建用户自定义数据类型。

（1）在图形界面下创建用户自定义数据类型。

在图形界面下创建用户自定义数据类型的步骤如下。

步骤 01 启动SSMS并连接数据库后，在对象资源管理器中，展开“数据库”→“test”→“可编程性”→“类型”。在“用户自定义数据类型”选项上单击鼠标右键，选择“新建用户定义数据类型”选项，如图3-22所示。

步骤 02 在对话框中，输入自定义数据类型的名称，选择数据类型、长度，勾选“允许NULL值”，完成后单击“确定”按钮，如图3-23所示。

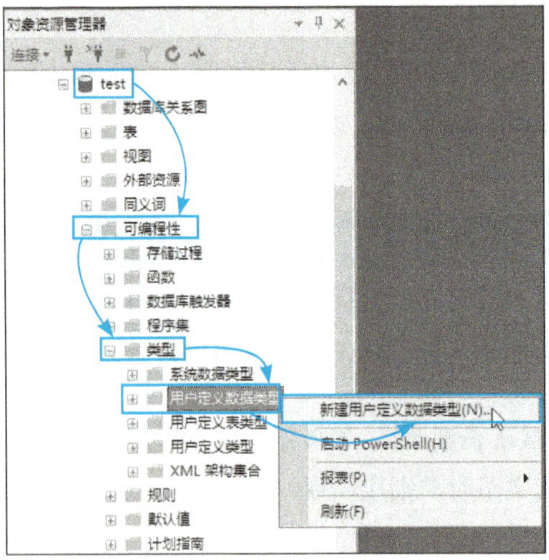

图 3-22　新建用户定义数据类型操作

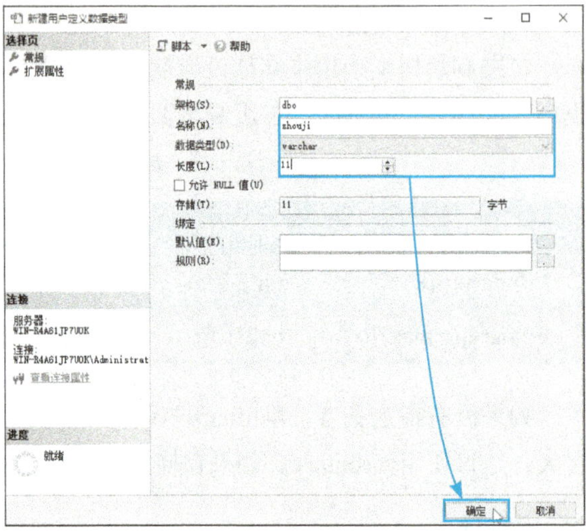

图 3-23　设置各参数项

步骤 03 执行上述操作后，可以在左侧看到新加的用户数据类型，如图3-24所示。

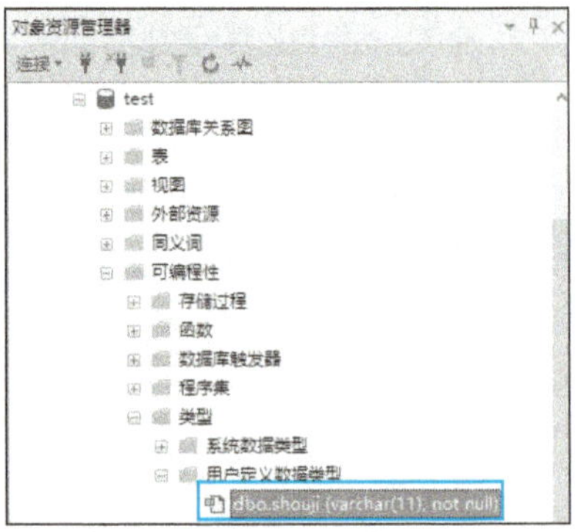

图 3-24　新加的数据类型显示

（2）使用系统存储过程创建用户自定义数据类型。

使用系统存储过程创建用户自定义数据类型的语法格式如下。

```
sp_addtype  [@typSname=] type,
                [@phystype=] system_data_type
            [,[@nulltype=] ' null_type ']
```

参数说明如下。

- **type**：用于指定用户定义的数据类型的名称。
- **system_data_type**：用于指定系统提供的数据类型。注意，这里不能使用timestamp数据类型。
- **null_type**：用于指定用户定义的数据类型的null属性。

【示例3.14】自定义一个“shouji”数据类型。

```
USE test
GO
SP_ADDTYPE shouji, 'varchar(11)','not null'
GO
```

❗注意事项：删除自定义数据类型

SQL Server 2019还允许用户使用图形化工具、系统存储过程或SQL命令删除用户自定义数据类型。需要注意的是，数据库中正在使用的用户自定义数据类型不能被删除。

3. 数据表的数据完整性

数据完整性是指数据的精确性和可靠性。例如，人员统计表中的字段“年龄”的值必须大于0，“性别”的值只能是“男”或“女”。SQL Server 2019的数据完整性主要分为以下类型。

（1）实体完整性。

实体完整性指的是数据表中的每条记录都必须是唯一的。实体完整性通过索引、UNIQUE约束、PRIMARY KEY 约束或IDENTITY属性强制表的标识符列或主键的完整性来实现。

（2）域完整性。

域完整性是指数据库表中的列必须满足某种特定的数据类型或约束，可以通过强制域完整性实现限制类型（通过使用数据类型）、限制格式（通过使用CHECK约束）或限制可能值的范围（通过使用FOREIGN KEY约束、CHECK约束、DEFAULT定义、NOT NULL定义）。

（3）引用完整性。

引用完整性通过FOREIGN KEY约束，以外键与主键之间的关系为基础，要求不能引用不存在的值。

（4）用户定义完整性。

用户定义完整性使开发人员可以定义不属于其他任何完整性类别的特定业务规则。SQL Server提供了一些工具来帮助用户实现数据完整性，其中最主要的是约束和触发器。

3.5.2 创建数据表

在创建表之前，需要先设计表结构，考虑该表中存储哪些数据，应该由哪些列组成，并为每一列指定所属的数据类型。确定表结构之后，可以通过两种方式创建数据表：一是图形化工具，二是SQL语句。下面分别采用这两种方式创建人员统计表，表结构如表3-10所示。

表 3-10 表结构

字段名称	说 明	字段类型	字段宽度	是否允许为空
Cno	员工编号，主键	char	10	NOT NULL
Cname	姓名	varchar	20	NOT NULL
Cgender	性别	varchar	20	男、女
Cdepartment	部门	varchar	20	

其中，空值（NULL）不是0或空白，而是表示数值未知；不允许为空（NOT NULL）表示数据列不允许出现空值，以确保该数据列必须包含有确定意义的数据。

1. 在图形界面下创建数据表

首先创建数据库“renyuan”，然后开始创建数据表，具体操作步骤如下。

步骤01 使用SSMS连接数据库后，在对象管理器中展开“数据库”→“renyuan”，在“表”节点上单击鼠标右键，选择“新建”→“表”选项，如图3-25所示。

步骤02 在“表设计”窗口中，输入人员信息的字段名、选择字段类型，并指定该字段是否允许为空等信息，如图3-26所示。

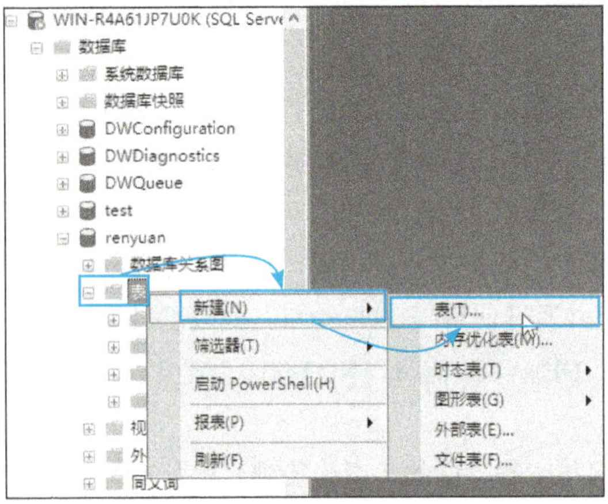

图 3-25　新建表操作

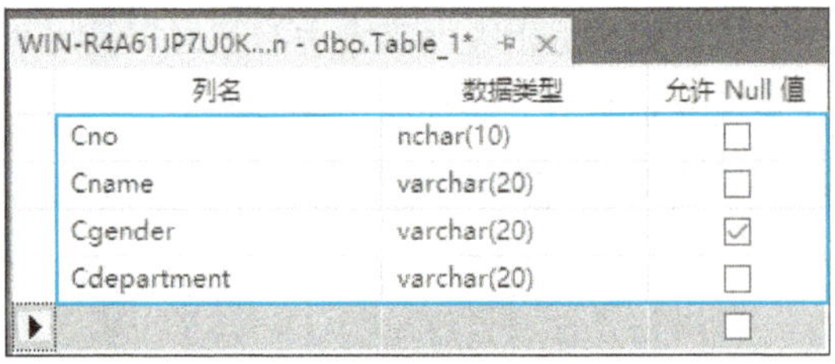

图 3-26　输入表设计信息

步骤03 在“Cno”字段上单击鼠标右键，选择“设置主键”选项，如图3-27所示。

步骤04 单击工具栏的保存按钮，在弹出的对话框中，输入数据表的名称，单击“确定”按钮，如图3-28所示。

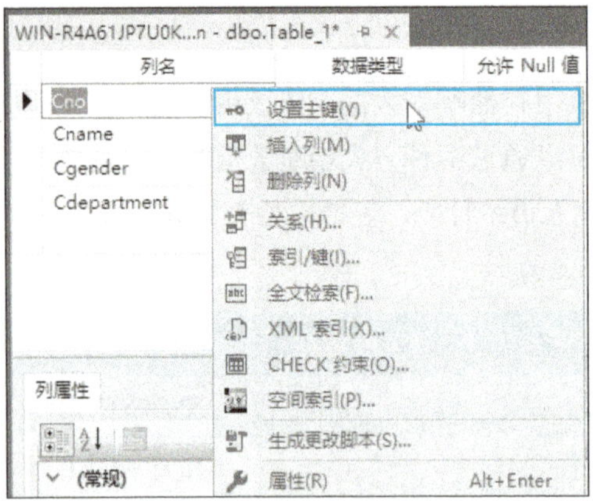

图 3-27　设置主键操作

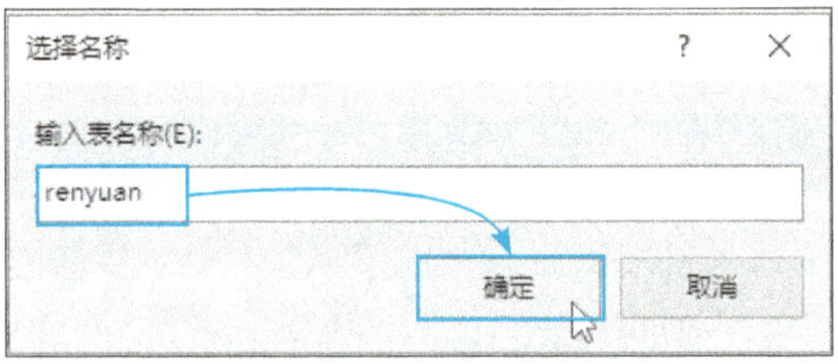

图 3-28　输入表名称

刷新“表”节点后，可以查看到新建的工作表“dbo.renyuan”，如图3-29所示。

图 3-29　新建表的显示

2. 使用SQL语句创建数据表

除了可以使用图形界面方式创建数据表外，还可以使用CREATE TABLE语句创建数据表。CREATE TABLE语句的基本语法格式如下。

```
CREATE TABLE 表名
(
   列名 1   数据类型   列属性，
   列名 2   数据类型   列属性，
    ……        ……
   列名 n   数据类型   列属性
)
```

CREATE TABLE语句涉及的选项数量众多，此为最基本也是最常用的格式。其中，列属性包括NULL、NOT NULL、PRIMARY KEY、DEFAULT等属性。

由上述语法可以看出，在CREATE TABLE语句中需要指定的信息与表设计器中需要指定的信息完全相同，包括表名、列名、列的数据类型以及列属性等。

【示例3.15】使用SQL语句在“test”数据库中创建产品表“product”，代码如下。

```
USE test                                        --使用数据库 test
GO
CREATE TABLE product                            --创建产品表
(
 Sno char(12) NOT NULL PRIMARY KEY ,            --产品编号，主键
 Sname varchar(50) NOT NULL ,                   --产品名称
 Scategory char(50),                            --产品类别
 Sprice int,                                    --产品价格
 Sremarks varchar(50)                           --产品备注
)
GO
```

输入完毕后，如图3-30所示。执行上述代码后，“product”表创建完成，可以将“test”数据库中的“表”节点刷新后查看到创建结果，如图3-31所示。

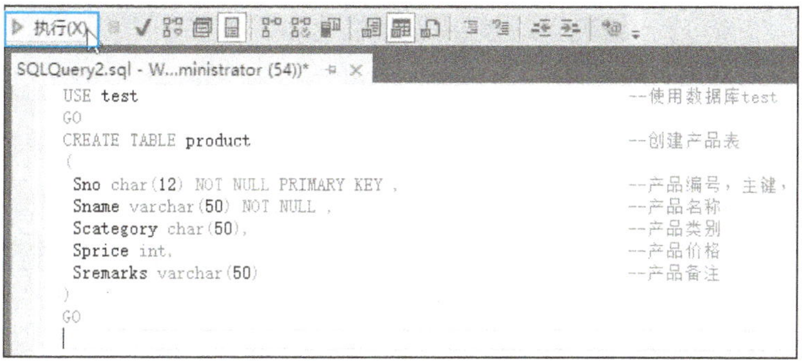

图 3-30　创建 product 表的代码显示

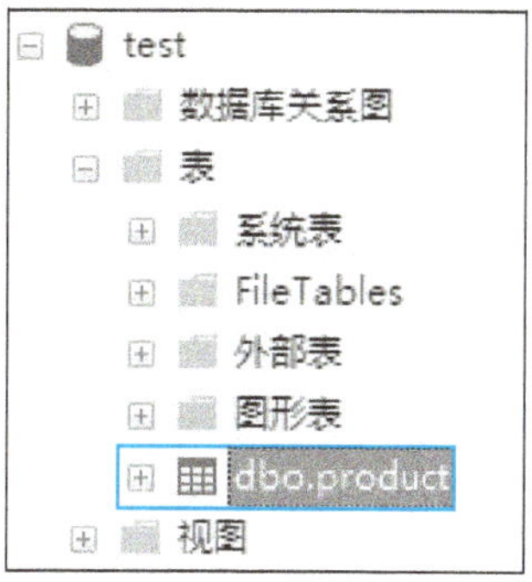

图 3-31　结果显示

3.5.3 管理数据表

创建数据表后，可以根据需要改变数据表中已经定义的许多选项。用户除了可以增加、修改、删除字段外，还可以删除不需要的数据表。本节重点介绍管理数据表的方法。

1. 修改数据表

修改数据表操作主要包括：增加新字段、修改字段的数据类型、删除字段等操作。这些操作可以通过两种方式完成，图形化工具和SQL语句。

（1）添加字段。

添加字段可以在图形化工具中进行，也可以使用SQL语句完成。例如，在表“product”中，增加一个字段名为“Scode”、数据类型为varchar(10)且允许为空的字段。

步骤01 从“test”数据库中找到“表”节点，展开后找到“dbo.product”表，在其上单击鼠标右键，选择“设计”选项，如图3-32所示。

步骤02 添加新字段“Scode”并设置其数据类型，保存即可，如图3-33所示。

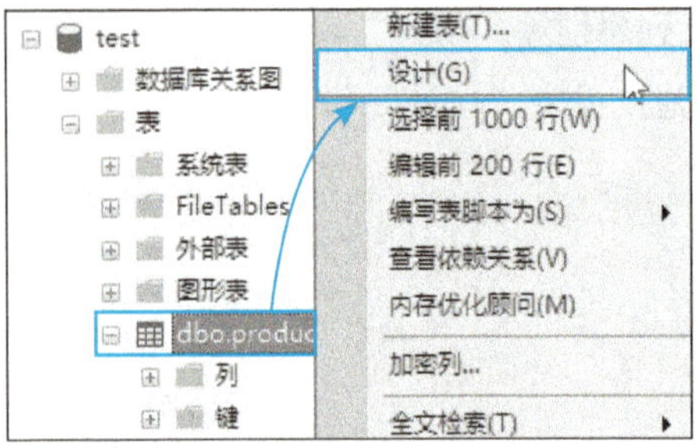

图 3-32 选择“设计”选项

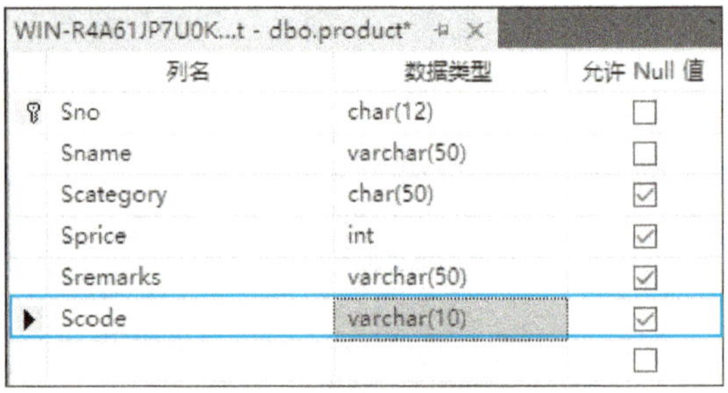

图 3-33 添加新字段

如果使用SQL语句添加字段，需要使用ALTER TABLE语句，其基本语法格式如下。

```
ALTER TABLE 表名
ADD 列名 数据类型 列属性
```

其中，列属性包括NULL、NOT NULL、PRIMARY KEY、DEFAULT等属性。

【示例3.16】在产品表中增加字段“Squantity”，数据类型为int，允许空值。输入的代码如下。

```
USE test
GO
ALTER TABLE product
ADD Squantity int NULL
GO
```

执行上述操作后，可以进入表中查看是否创建成功，如图3-34所示。

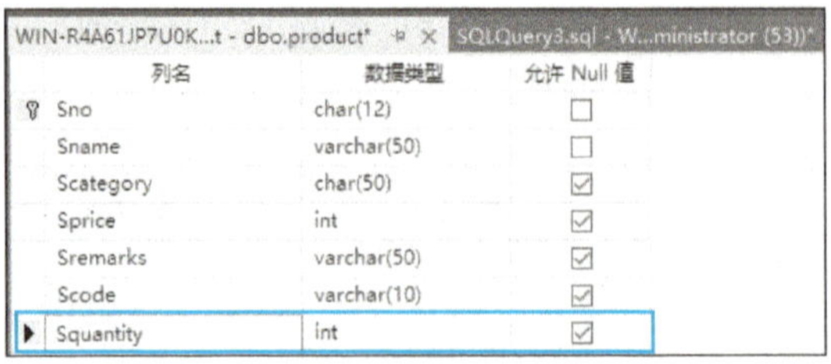

图 3-34 查看表的设计信息

（2）修改字段。

修改字段时，可以进入表的“设计”界面，根据需要进入对应的字段中进行修改。如将“Scode”的数据类型由varchar(10)改为varchar(12)，如图3-35所示。

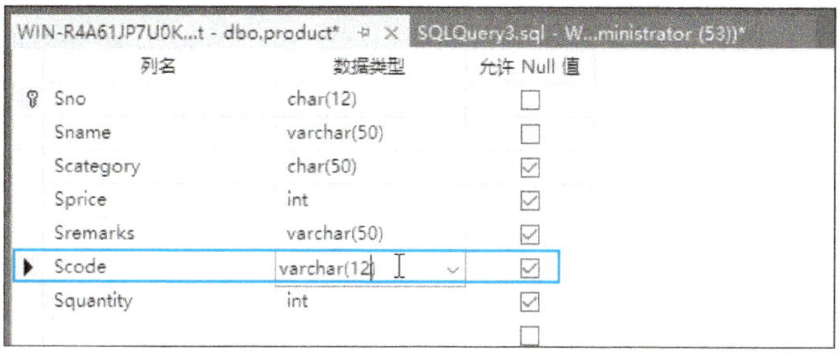

图 3-35　修改字段的数据类型

也可以使用ALTER TABLE语句修改数据表中的字段。其基本语法格式如下。

```
ALTER TABLE 表名
ALTER      COLUMN 列名 数据类型 列属性
```

其中，列属性包括NULL、NOT NULL、PRIMARY KEY、DEFAULT等属性。

【示例3.17】修改产品表中字段“Scategory”，数据类型修改为varchar(20)，不允许空值。

```
USE test
GO
ALTER TABLE product
ALTER      COLUMN Scategory varchar(20)
GO
```

执行上述操作后，重新打开表的设计窗口，如图3-36所示，可以查看到“Scategory”字段的数据类型已经被修改。

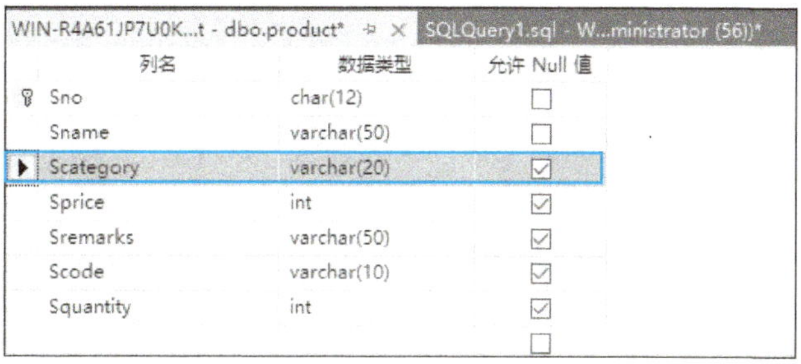

图 3-36　查看表的设计信息

（3）删除字段。

进入到表设计窗口中，在需要删除的字段上单击鼠标右键，选择“删除列”选项，如图3-37所示，然后关闭保存即可。

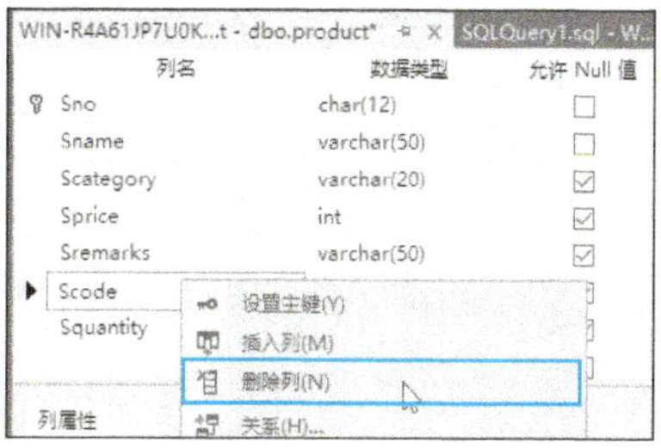

图 3-37　选择“删除列”选项

注意事项：无法保存修改

在修改或删除数据字段后，在保存时如果弹出警告提示框，如图3-38所示，无法删除，可以采用以下步骤解决。

图 3-38 警告提示框

从“工具”菜单中选择“选项”选项，如图3-39所示。在弹出的对话框中，从“设计器”中选择“表设计器和数据库设计器”选项，取消勾选“阻止保存要求重新创建表的更改”复选框，如图3-40所示。然后再修改或删除即可保存了。

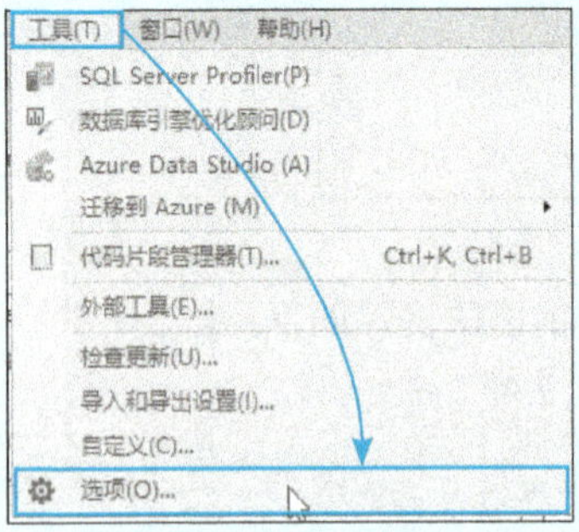

图 3-39 选择“选项”选项

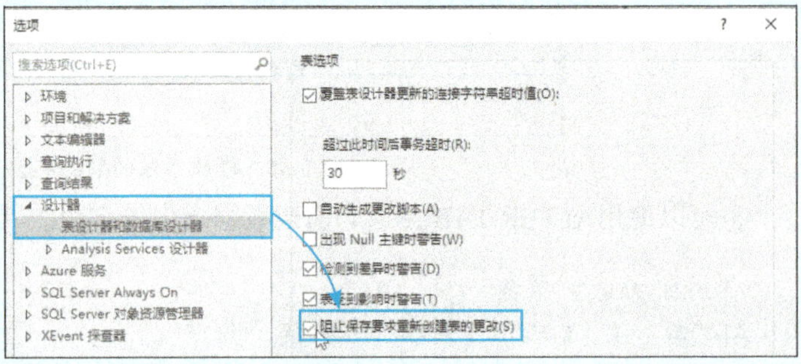

图 3-40 取消选项

用户也可以使用ALTER TABLE语句删除数据表中的字段。其基本语法格式如下。

```
ALTER TABLE 表名
DROP COLUMN 列名
```

【示例3.18】删除产品表中的字段“Squantity”。

```
USE test
GO
ALTER TABLE product
DROP COLUMN Squantity
GO
```

在查询编辑器中输入上面的代码，执行成功之后，表中的“Squantity”字段将会被删除，如图3-41所示。

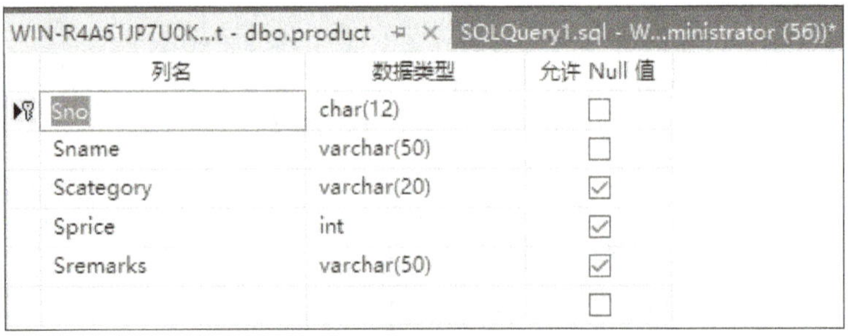

图 3-41 查看表的设计信息

2. 删除数据表

删除数据表也可以通过图形化工具及SQL语句删除。

在SSMS中找到需要删除的数据表，在其上单击鼠标右键，选择“删除”选项，如图3-42所示。在弹出的对话框中，单击“确定”按钮，即可删除，如图3-43所示。

图 3-42　选择“删除”选项

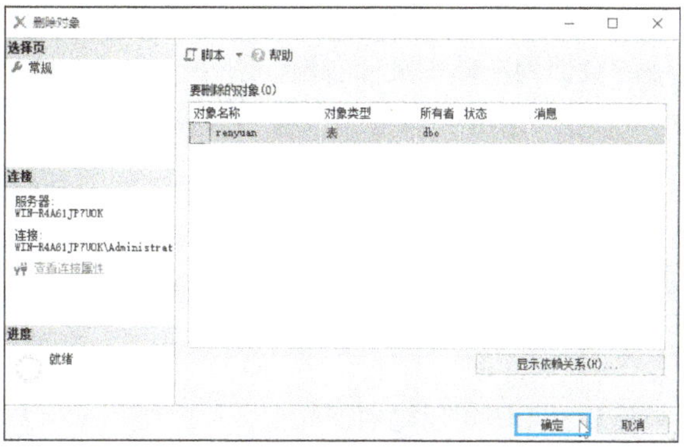

图 3-43　“删除对象”对话框

可以使用DROP TABLE语句删除数据表，其基本语法格式如下。

```
DROP TABLE 表名
```

【示例3.19】删除产品表“product”。

```
USE test
GO
DROP TABLE product
GO
```

在查询编辑器中输入上面的代码，执行成功之后，“product”表将会被删除。

注意事项：使用DROP TABLE语句的注意事项

DROP TABLE语句不能删除系统表；DROP TABLE语句不能删除正被其他表引用的表；DROP TABLE语句可以一次性删除多个表，表名之间用逗号分开。

3.5.4　管理约束

约束是SQL Server提供的自动强制数据完整性的一种方式，它通过定义列的取值规则维护数据的完整性，是强制数据完整性的标准机制。SQL Server共有5种约束，分别是主键约束、唯一性约束、检查约束、默认值约束和外键约束。

1. 主键约束

一个表只能有一个主键（PRIMARY KEY）约束，并且PRIMARY KEY约束中的列不能接受空值。由于PRIMARY KEY约束可保证数据的唯一性，因此经常对标识列定义这种约束，例如，课程编号可作为课程表的主键，职工工号可作为职工表的主键。有时为了数据的唯一性，还需要另外创建主键列，如网上交易记录表中的交易流水号。下面介绍创建和删除主键约束的方法。

（1）创建主键约束。

在图形界面中创建主键约束的方法如下。

步骤01 打开数据表的“设计”模式，在需要设置为主键的数据列上单击鼠标右键，选择“设置主键”选项，如图3-44所示。完成后保存即可。

注意事项：设置主键约束的注意事项

将某列设置为主键时，该列不允许空值。

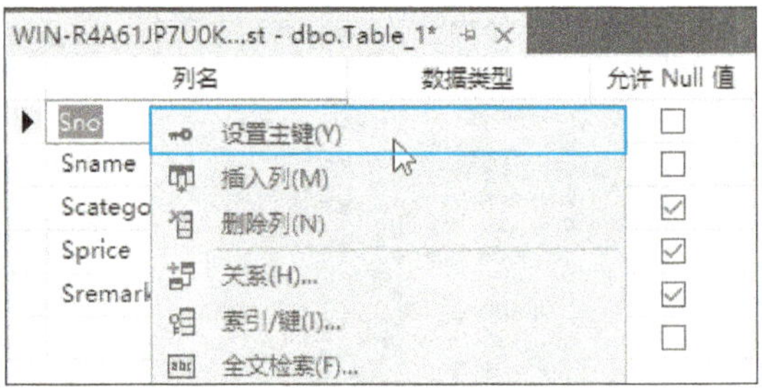

图 3-44 选择“设置主键”选项

如果使用SQL语句创建主键约束，可以使用示例3.20所示的方法。

【示例3.20】创建数据表zhujian，并设置主键约束PRIMARY KEY。

```
USE test
GO
CREATE TABLE zhujian
(
   Ca int PRIMARY KEY,                                    --设置主键
   Cb varchar(20)
)
```

知识点拨

另一种 SQL 语句

也可以将PRIMARY KEY写到后面，如下所示。

```
USE test
GO
CREATE TABLE zhujian
(
   Ca int ,
   Cb varchar(20) ,
     CONSTRAINT pk_Course_ID PRIMARY KEY(Ca)              --设置主键
)
GO
```

执行完成后，可以查看到执行结果，如图3-45所示。

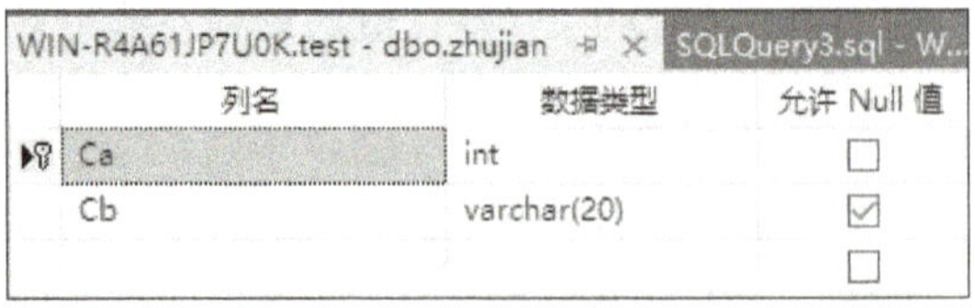

图 3-45 查看结果

（2）删除主键约束。

选择要删除主键的列，单击鼠标右键，选择“删除主键”选项，就可以将主键删除，如图3-46所示，然后关闭保存即可。

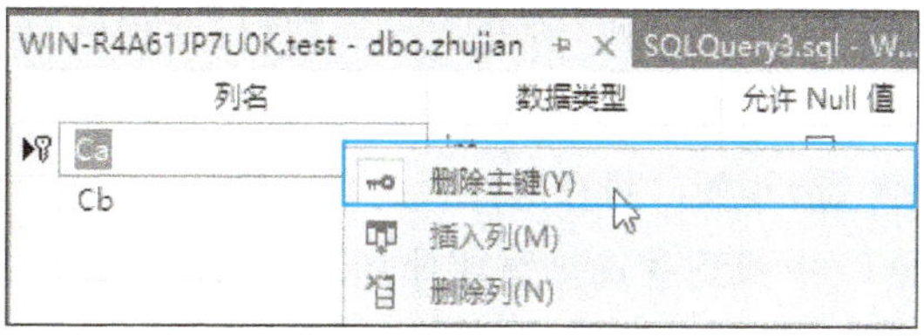

图 3-46　选择“删除主键”选项

使用SQL语句删除主键约束的方法如下。

【示例3.21】删除数据表“zhujian”中的主键约束。

```
USE test
GO
ALTER TABLE zhujian
DROP CONSTRAINT pk_Course_ID
GO
```

2. 唯一性约束

使用唯一性（UNIQUE）约束可确保在非主键列中不输入重复的值。可以对一个表定义多个UNIQUE约束，UNIQUE约束允许NULL值。

（1）创建唯一性约束。

首先介绍创建唯一性约束的方法。

步骤01 进入需要设置的表的“设计”界面。在任意数据列上单击鼠标右键，选择“索引/键”选项，如图3-47所示。

步骤02 可以看到表中已经存在的约束，单击“添加”按钮，如图3-48所示。

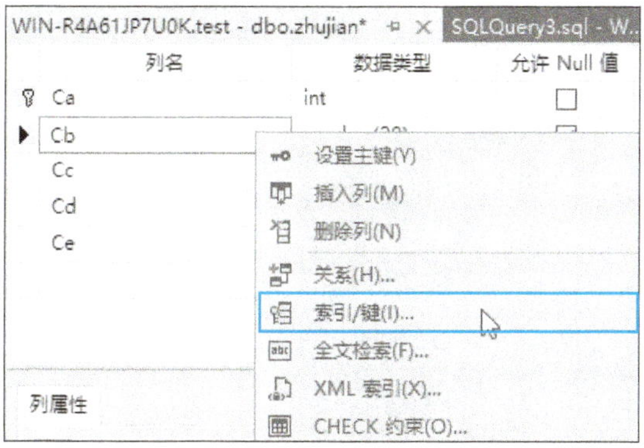

图 3-47　选择“索引/键”选项

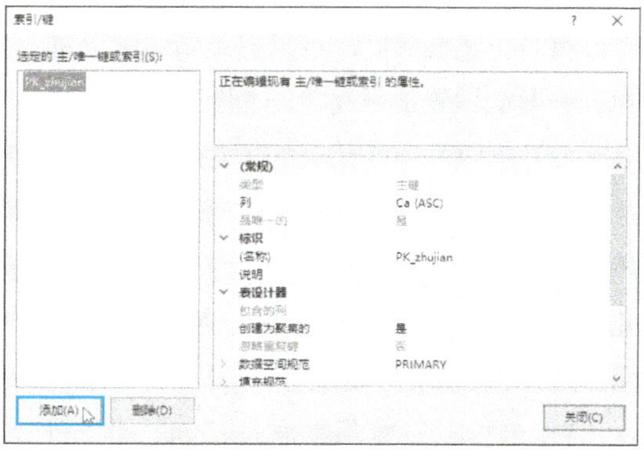

图 3-48　执行“添加”操作

步骤03 单击“是唯一的”后的下拉按钮，选择“是”选项，如图3-49所示。

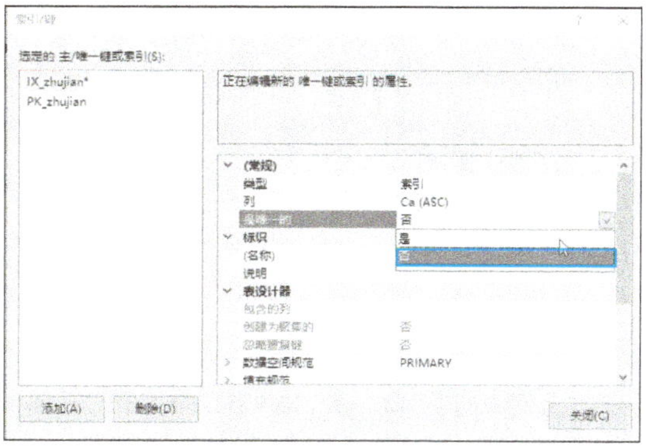

图 3-49　设置索引属性

步骤04 单击“列”后的“...”按钮，如图3-50所示。

步骤05 设置“排序顺序”为“升序”，在“列名”中找到并选择需要使用唯一性约束的字段，如图3-51所示。单击“确定”按钮返回，完成设置。

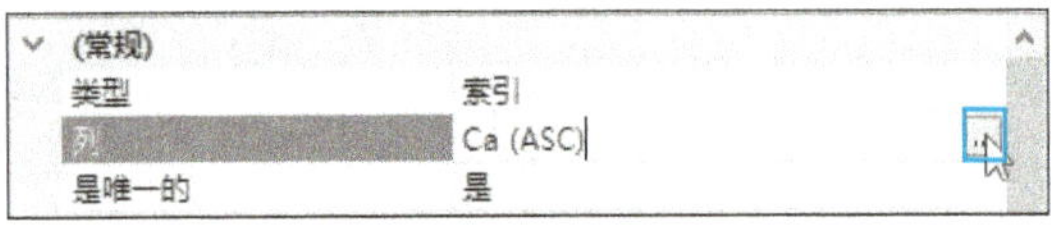

图 3-50　选择列操作

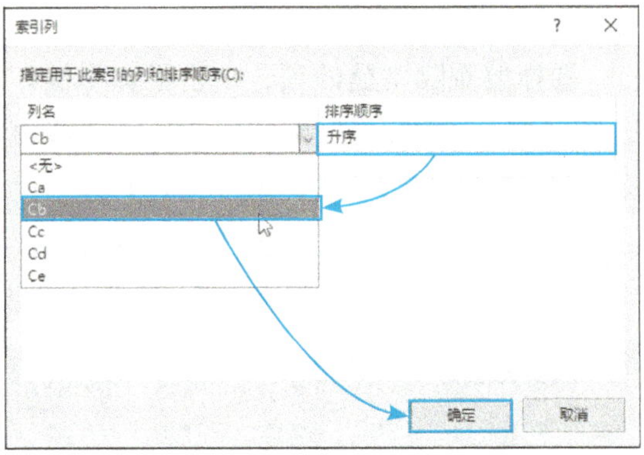

图 3-51　设置列的排序顺序

使用SQL语句创建的方法如下。

【示例3.22】创建数据表ys，并通过唯一性约束UNIQUE限制S2的值不允许重复。

```
USE test
GO
CREATE TABLE ys
(
   S1 int PRIMARY KEY,          --设置主键约束
   S2 varchar(20) UNIQUE       --设置唯一性约束
)
GO
```

执行上述操作后，可以进入到“索引/键”中，查看S2设置是否成功，如图3-52所示。

（2）删除唯一性约束的方法。

在图形界面中，进入到“索引/键”对话框中，选中需要删除唯一性约束的选项，单击“删除”按钮即可。如果要使用SQL语句，可以用示例3.23所示的方法。

【示例3.23】删除数据表“ys”中的唯一性约束。

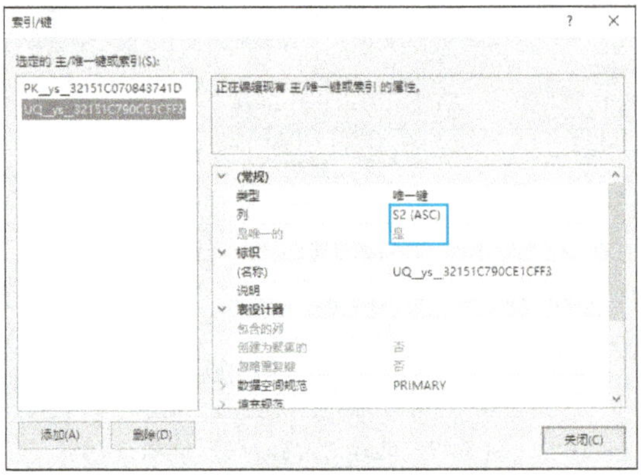

图 3-52　查看设置结果

```
USE test
GO
ALTER TABLE ys
DROP CONSTRAINT UQ__ys__32151C790CE1CFF3
GO
```

注意事项：约束的名称

上例中的“UQ__ys__32151C790CE1CFF3”是该约束自动生成的名称，用户可以在“索引/键”中查看默认名称并使用它。用户也可以将默认名称修改成简单的名称，以便在SQL语句中进行操作。

3. 检查约束

检查（CHECK）约束通过限制输入到列中的值来强制数据的完整性。例如，可以通过任何基于逻辑运算符返回True或False的逻辑（布尔）表达式创建CHECK约束。

创建检查约束的方法如下：

步骤01 从SSMS进入数据库“test”的表“product”中，在表中的列名“Scategory”上，单击鼠标右键，选择“CHECK约束...”选项，如图3-53所示。

步骤02 在弹出的对话框中，单击“添加”按钮，输入设置约束表达式，如“Scategory='内存' OR Scategory='硬盘'”，修改标识名称后，关闭即可，如图3-54所示。

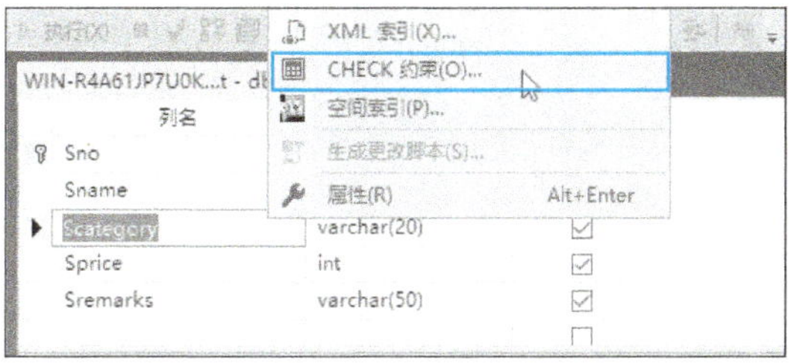

图 3-53　选择“CHECK 约束...”选项

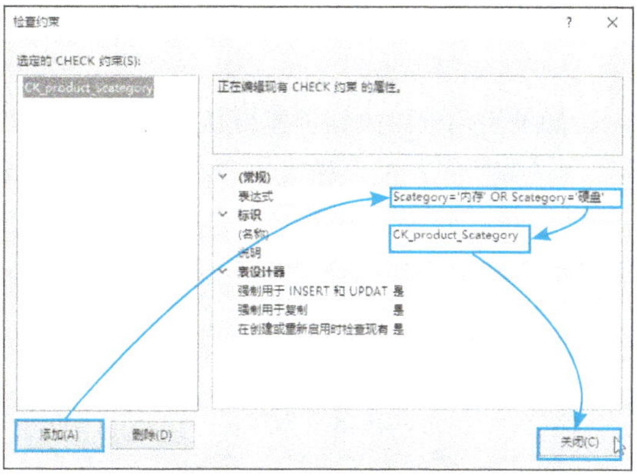

图 3-54　添加约束操作

如果使用SQL语句创建CHECK约束，可以按照示例3.24所示的方法进行。

【示例3.24】创建销售表“xiaoshou”，并通过CHECK约束对产品的价格进行限制，要求价格大于或等于100，并且小于或等于500。

```
USE test
GO
CREATE TABLE xiaoshou
(
Xid int PRIMARY KEY,
Xname varchar(50) ,
Xprice int CHECK(Xprice>=100 AND Xprice<=500)   --CHECK 约束
)
GO
```

知识点拨

删除检查约束

删除约束，只要进入约束配置界面，在左侧选择需要删除的约束项，单击“删除”按钮，就可以删除选定的约束了。

4. 默认值约束

默认值约束使用户能够定义一个值，当用户没有在某一列中输入值时，则将所定义的值提供给这一列。如果用户对此列没有特殊要求，可以使用默认值约束为此列输入默认值。

创建默认值约束的方法如下。

进入到“test”数据库的表“ys”的“设计”界面中，选择“S2”后，在下方“列属性”的“默认值或绑定”中，输入默认值即可，如图3-55所示。

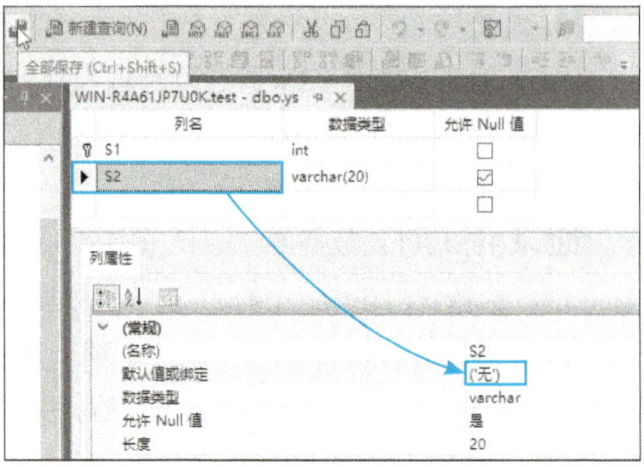

图 3-55 设置默认值约束

如果使用SQL语句创建默认值约束，可以按照示例3.25所示的方法进行。

【示例3.25】创建销售表“xiaoshou1”，并为“Xstock”列指定默认值100。

```
USE test
GO
CREATE TABLE xiaoshou1
(
Xid int PRIMARY KEY,
Xname varchar(20),
Xprice int,
Xstock int DEFAULT 100   --默认值约束，设置库存数默认值为 100
)
GO
```

知识点拨

删除默认值约束

删除默认值约束的方法就是在“列属性”中将“默认值或绑定”后的内容清空，再保存即可。

5. 外键约束

外键（FOREIGN KEY）是用于建立两个表数据之间连接的一列或多列。在外键引用中，当一个表（引用表）的列引用了另一个表（被引用表）的主键值的一列或多列时，就在两表之间建立了连接，而这个列就成为引用表的外键。

下面以产品表（product）和销售表（xiaoshou3）为基础介绍建立外键的方法。产品表内容如图3-56所示，将其中的“Sname”列也设置为“主键”。

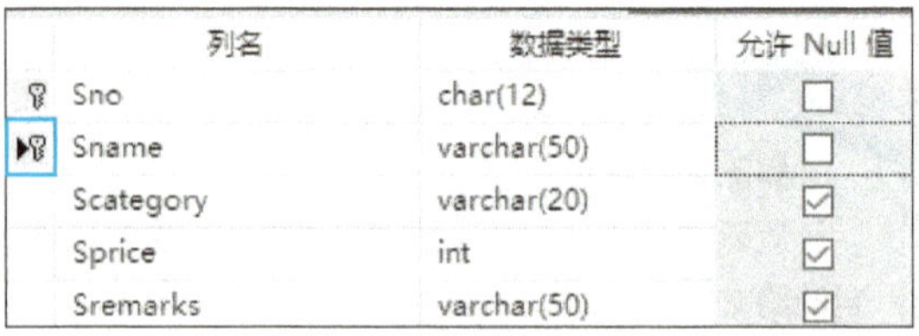

图 3-56 产品表设计结构

可以使用SQL语句新建销售表（xiaoshou3）。

```
USE test
GO
CREATE TABLE xiaoshou3
(
Xid char(12) ,                    --产品ID
Xname varchar(50),                --产品名称
Xsv int,                          --产品销量
PRIMARY KEY (Xid,Xname)           --主键约束
)
GO
```

执行上述操作后，就创建了表“xiaoshou3”，接下来介绍创建外键约束的步骤。

步骤01 进入表“xiaoshou3”的“设计”界面，在任意位置单击鼠标右键，选择“关系”选项，如图3-57所示。

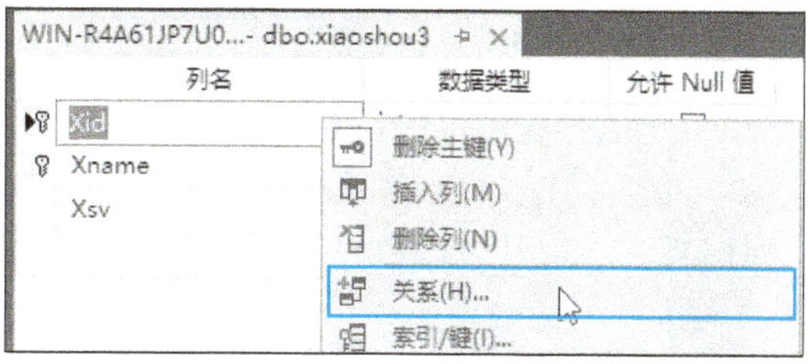

图 3-57　选择“关系”选项

步骤02 在打开的“外键关系”窗口中单击“添加”按钮，再单击“表和列规范”后的...按钮，如图3-58所示。

步骤03 单击“主键表”下拉按钮，选择表“product”，从下方的各行中，选择与外键表对应的数据列，完成后，单击“确定”按钮，如图3-59所示。

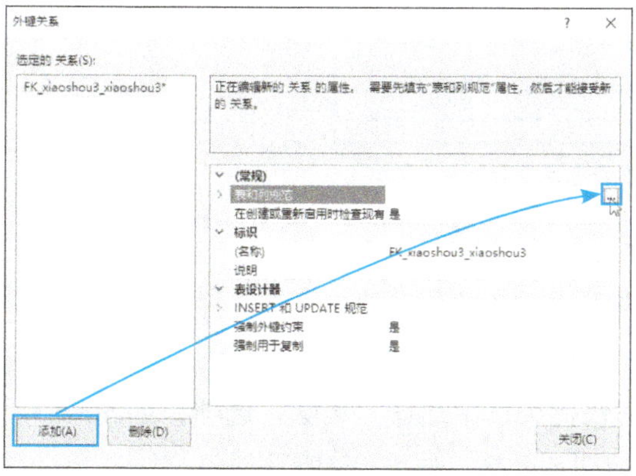

图 3-58　添加操作

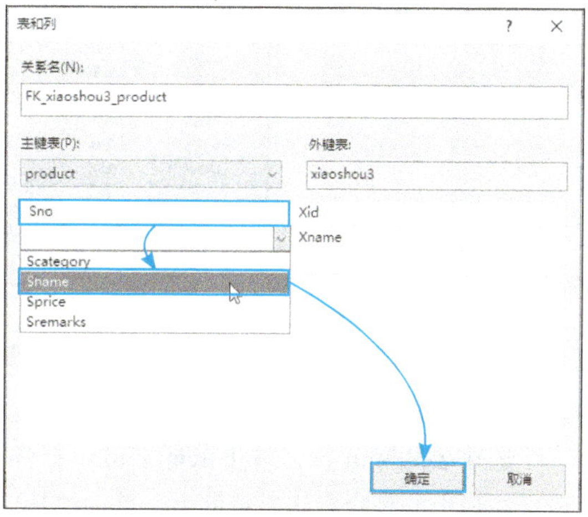

图 3-59　选择外键列

完成后保存退出即可。

知识点拨

删除外键约束

进入“外键关系”对话框，选择创建的外键关系后，单击“删除”按钮，就可以删除了。

■3.5.5 管理数据表数据

表创建以后，只是一个没有数据的空表，因此向表中添加数据是创建表之后首先要执行的操作。无论表中是否有数据，都可以根据需要向表中添加数据。当表中的数据不合适或者出现了错误时，可以更新表中的数据。如果不再需要表中的数据了，则可以删除这些数据。本节将介绍添加、修改和删除表中数据的方法。

1. 通过图形化工具管理数据

在SSMS中选择要编辑数据的表，如之前创建的表“product”，在其上单击鼠标右键，在弹出的快捷菜单中选择“编辑前200行”选项，如图3-60所示，即可显示该数据表中已经存储的前200行数据，最后有一个空行，如图3-61所示。

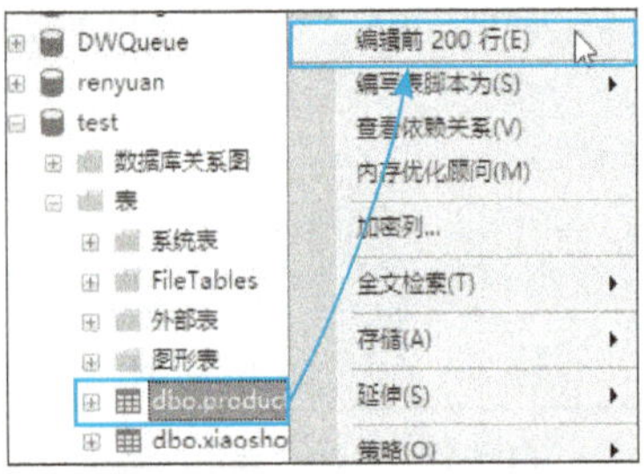

图 3-60 选择“编辑前 200 行”选项

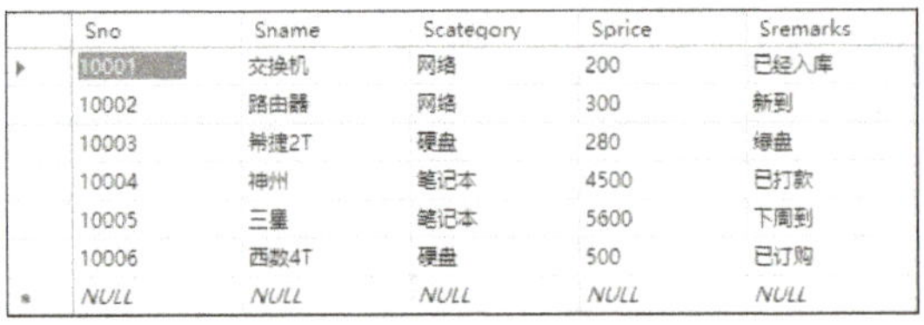

图 3-61 表信息显示

（1）添加记录。

将光标定位在空行，然后在空行里面添加数据，数据添加完成后，单击表格的其他单元格就会自动保存，如图3-62所示。

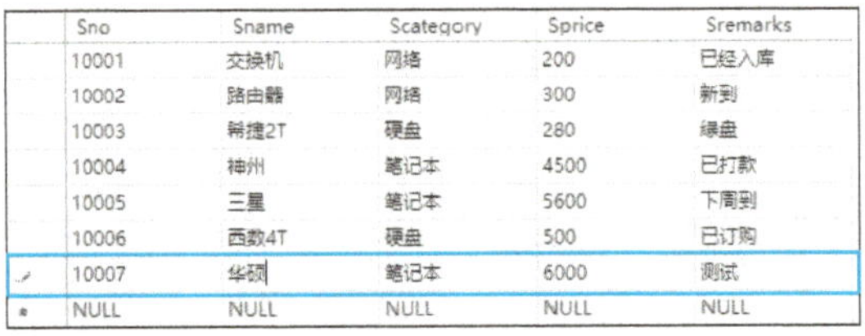

图 3-62 添加记录

（2）修改记录。

选中要修改的数据，直接修改即可，修改完毕后单击表格的其他单元格就会自动保存。

（3）删除记录。

选择要删除的行，单击鼠标右键，在弹出的快捷菜单中选择“删除”选项，如图3-63所示。在弹出的删除确认提示框中，单击“是”按钮即可删除，如图3-64所示。

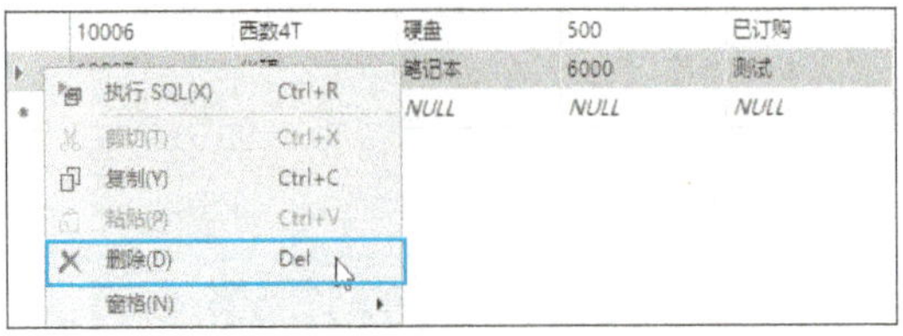

图 3-63 选择“删除”选项

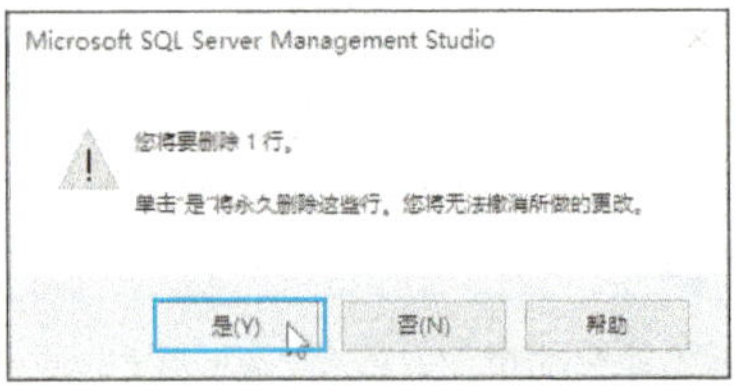

图 3-64 提示框

2. 用INSERT语句插入数据

可以使用INSERT语句添加数据，INSERT语句的基本格式如下。

```
INSERT INTO 表名 （列名1 ，列名2，……，列名n)
VALUES （值1，值2 ，……，值n)
```

其中，INSERT INTO后面要指定要插入数据的数据表名，并且同时指定表的列名称；VALUES子句指定要插入的具体数据。

【示例3.26】在表“product”中添加一条记录。

```
USE test
GO
INSERT INTO product(Sno, Sname, Scategory,Sprice,Sremarks)
VALUES ('10007', '华硕', '笔记本', 6000,'测试')
GO
```

执行完毕后，会显示执行结果，如图3-65所示，此时在表中增加了一条记录。

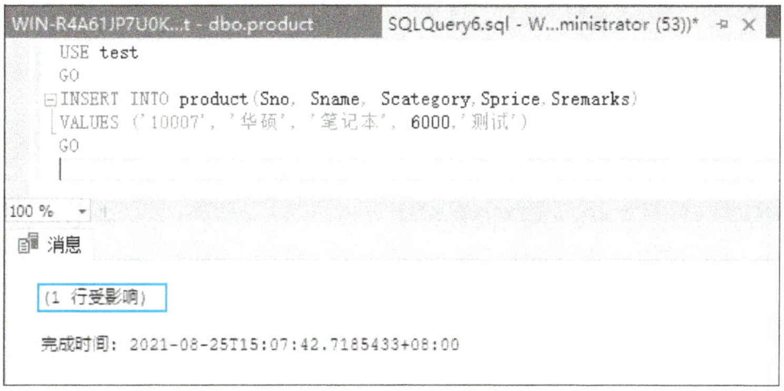

图 3-65 执行结果

另外，当完全按照表中字段的存储顺序安排VALUES子句中的值，并且值的个数和字段个数完全一致时，则可在INSERT INTO子句中省略数据表的列名。此时，INSERT语句的基本语法格式可以简化为如下形式。

```
INSERT INTO 表名
VALUES （值1，值2 ，……，值n)
```

例如，可以对【示例3.26】中的代码进行简化，简化结果如下所示。

```
USE test
GO
INSERT INTO product
VALUES ('10007', '华硕', '笔记本', 6000,'测试')
GO
```

注意事项：数据的输入

向表中插入数据时，数字数据可以直接插入，但是字符数据和日期数据要用英文单引号引起来，否则会有错误提示。

INSERT语句也可以一次添加多行数据，记录之间用“,”号隔开，语法格式如下。

```
INSERT INTO 表名 （列名1 ，列名2，……，列名n)
VALUES （值11，值12 ，……，值1n),
(值21，值22 ，……，值2n),
……
(值m1，值m2 ，……，值mn)
```

【示例3.27】在表“product”中添加多条记录。

```
USE test
GO
INSERT product
VALUES ('10008'，'无线网卡'，'网络'，150,'已经使用'),
('10009'，'网线'，'网络'，600,'已运往工地')
GO
```

执行无误后，结果如图3-66所示。

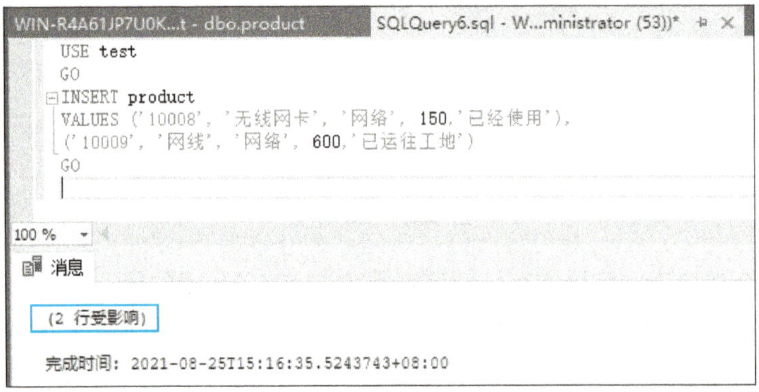

图 3-66　执行结果

INSERT语句还可以包含SELECT语句，实现一次添加多行数据。使用SELECT语句插入数据的基本语法形式如下。

```
INSERT INTO 表名 （列名1，列名2，……，列名n）
SELECT 语句
```

注意事项：插入多行数据的注意事项

使用INSERT INTO……SELECT形式插入多行数据时，需要注意以下两点。

（1）要插入的数据表必须已经存在。

（2）要插入数据的表结构必须和SELECT语句的结果集兼容，也就是说，两者的列的数量和顺序必须相同，列的数据类型也必须兼容。

3. 使用UPDATE语句更新数据

可以使用UPDATE语句更新表中已经存在的数据，该语句既可以一次更新一行数据，也可以一次更新多行数据。

UPDATE语句的基本语法格式如下所示。

```
UPDATE 表名
SET 列名1 =值1, 列名2 =值2, ……, 列名n =值n
WHERE 条件表达式
```

当执行UPDATE语句时，如果使用了WHERE子句，则表中所有满足WHERE条件的行都将被更新；如果没有指定WHERE子句，则表中所有的行都将被更新。

【示例3.28】将表“product”中课程编号为“10008”的产品名称修改为“网卡”。

```
USE test
GO
UPDATE product SET Sname = '网卡'
WHERE Sno='10008'
GO
```

执行结果如图3-67所示，有一行记录被更新。

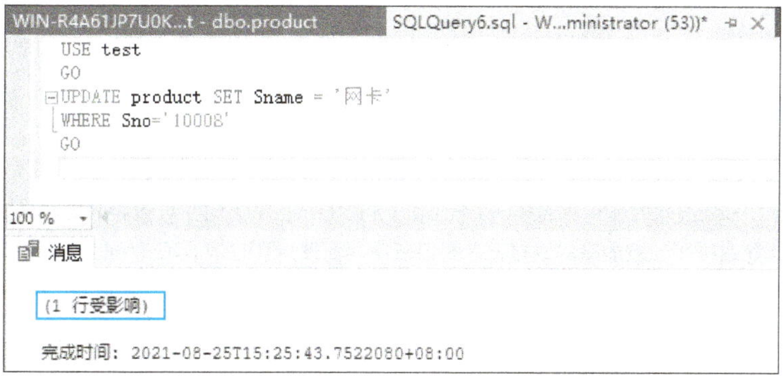

图 3-67 执行结果

4. 用DELETE语句删除数据

当表中的数据不再需要的时候，可以将其删除。一般情况下，可以使用DELETE语句删除表中的数据。该语句可以从一个表中删除一行或多行数据。

使用DELETE语句删除数据的基本语法格式如下。

```
DELETE FROM 表名
WHERE 条件表达式
```

在DELETE语句中，如果使用了WHERE子句，则表示从指定的表中删除满足WHERE条件的数据行；如果没有使用WHERE子句，则表示删除指定表中的全部数据。

【示例3.29】删除表“product”中编号为“10009”的记录。

```
USE test
GO
DELETE FROM product
WHERE Sno='10009'
GO
```

执行结果如图3-68所示，有一行记录被删除。

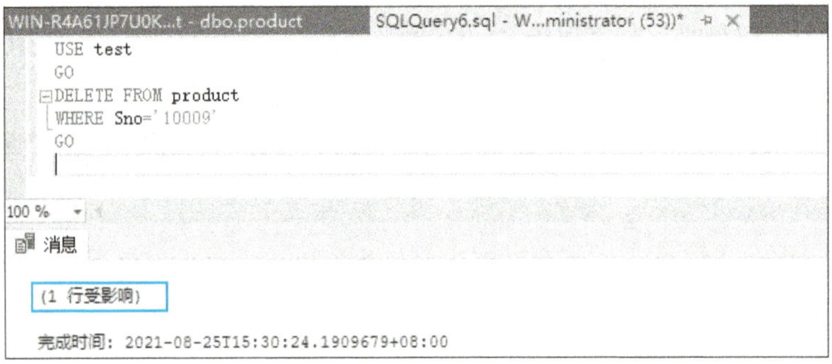

图 3-68　执行结果

知识点拨

删除表中内容

如果要删除表“product”中的所有记录，只需要把上面例子中的WHERE子句去掉即可。如果要删除表中的全部记录，还可以使用TRUNCATE TABLE语句，该语句的语法格式如下。

```
TRUNCATE TABLE 表名
```

TRUNCATE TABLE语句的作用相当于无WHERE子句的DELETE语句，可以将表中的数据全部删除。使用DELETE语句删除数据时，被删除的数据记录在日志中；而使用TRUNCATE TABLE语句删除数据时，系统将立即释放表中数据和索引所占的空间，并且这种数据变化不记录在日志中，所以TRUNCATE TABLE语句的执行速度更快。

你学会了吗？

课后作业

一、选择题

1. SQL Server 2019中不是系统数据库的是（　　）。

   A. model

   B. master

   C. pubs

   D. tempdb

2. SQL Server 2019中，删除数据库的命令是（　　）。

   A. drop table

   B. delete table

   C. remove table

   D. alter table

3. 不属于SQL Server 2019的数据类型是（　　）。

   A. float

   B. double

   C. bigint

   D. decimal

二、简答题

1. SQL Server 2019有几种创建表的方式，分别是什么?

2. SQL Server的基本数据类型有哪些?

3. 用SQL语句实现下列功能：

（1）创建一个数据库，名称为“学生选课数据库”。

（2）创建一个学生信息表（学号，姓名，性别、年龄、专业），并将“学号”设为主键。

（3）创建一个课程表（课程号，课程名，学分，先行课程名），要求设置“课程号”为主键，课程名、学分不能为空。

（4）创建一个选课表（ID，学号，课程号，分数），要求设置“学号”“课程号”为外键，ID自动编号。

学习体会

项目4 数据查询

内容概要

数据查询是数据库管理系统最重要的功能之一，即根据用户实际需求对数据进行筛选，并以特定格式显示。本项目将讲述有关数据查询的基础知识，包括查询工具的使用、简单查询、集合查询等基础查询，以及嵌套查询和连接查询等高级查询方法。通过对本项目内容的学习，读者可以掌握利用查询工具和SELECT语句进行简单查询、集合查询以及多表连接查询和嵌套查询等高级查询技术。

知识要点

查询工具的使用。

SELECT语句的使用。

嵌套查询。

集合查询。

连接查询。

4.1 查询工具的使用

Microsoft SQL Server 2019系统中的查询编辑器用于帮助用户编写SQL语句，SQL语句可以在编辑器中执行，用于完成数据查询等操作。本节将介绍如何利用查询编辑器完成数据查询以及如何改变查询结果显示格式的方法。

4.1.1 编辑查询

编辑查询语句之前，首先需要打开查询编辑器窗口。具体步骤如下。

步骤01 启动SSMS，并连接到SQL Server 2019。

步骤02 单击工具栏左上方的“新建查询”按钮，打开新的“查询编辑器”窗口。

步骤03 在“查询编辑器”窗口中输入以下代码。

```
USE test
GO
SELECT * FROM ygxxb
GO
```

输入代码的过程中，编辑器会根据输入的内容改变字体颜色，同时还会给出相应的提示信息列表供用户选择，用户可以选择也可以手动输入，完成后如图4-1所示。

步骤04 单击SQL编辑器工具栏上的“分析”按钮，对用户输入的语句进行分析，检查是否有语法错误，如果没有问题，则如图4-2所示。

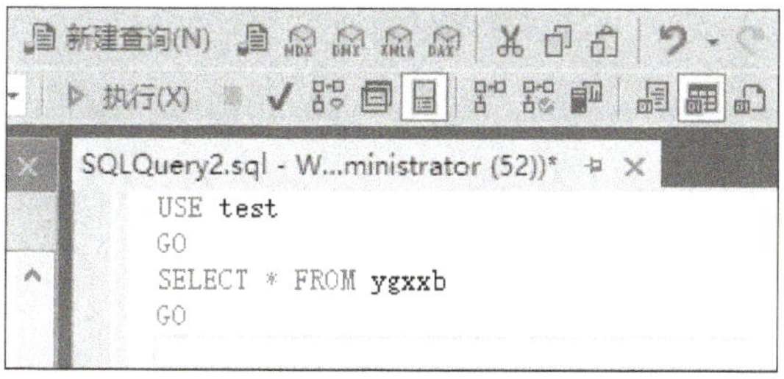

图 4-1 输入代码

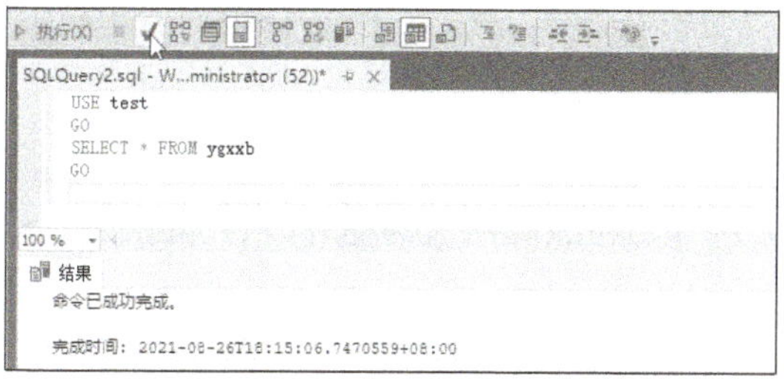

图 4-2 分析语句结果

步骤05 单击SQL编辑器工具栏上的“执行”按钮，执行用户输入的语句，结果如图4-3所示。可以看到，右侧的查询窗口自动划分为两个子窗口，上面的子窗口中为执行的查询语句，下面的“结果”子窗口中显示了查询语句的执行结果。

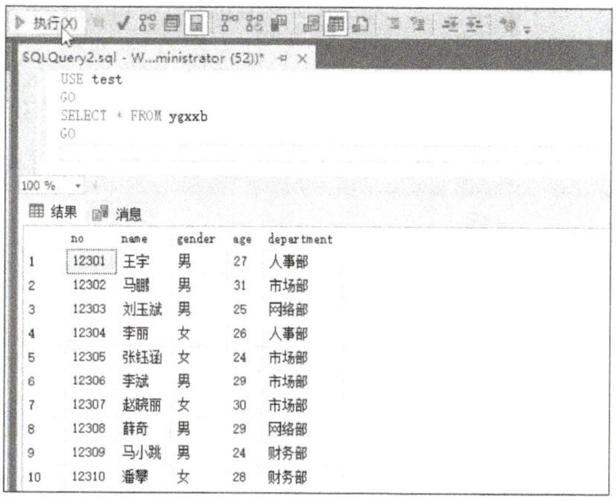

图 4-3 执行结果

知识点拨

快速启动查询、检查和执行

用户可以使用【Ctrl+N】组合键快速调出查询窗口，使用【Ctrl+F5】组合键快速进行输入语句的检查，使用【F5】键快速执行语句。

■4.1.2 查询结果的显示方法

查询窗口的工具栏中提供了两种不同的显示结果的格式，即“以文本格式显示结果”和“以网格显示结果”。用户在工具栏选中对应的显示方法，则代码执行后就可以查看到显示效果。如以文本格式显示的效果，如图4-4所示。

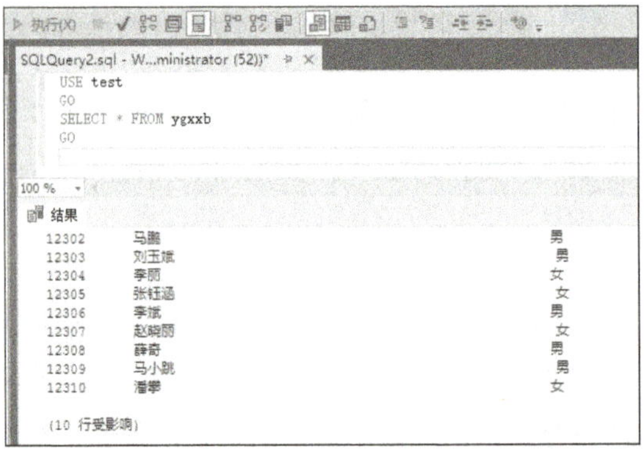

图 4-4 以文本方式显示结果

> **知识点拨**
>
> **此处 3 个按钮的作用**
>
> 第1个按钮是“以文本格式显示结果”，第2个按钮是“以网格显示结果”，第3个是“将结果保存到文件”。用户可以根据实际需要进行选择。

4.2 SELECT查询语句

SELECT语句功能非常强大，它能够以任意顺序、从任意数目的列中查询数据，并在查询过程中进行计算。SELECT语句有三个基本组成部分：SELECT子句、FROM子句和WHERE子句，其完整的语法格式如下。

```
SELECT [ ALL | DISTINCT ] < 目标列表达式 > [, < 目标列表达式 > ] …
FROM  < 表名或视图名 > [, < 表名或视图名 > ] …
[ WHERE  < 条件表达式 >]
[ GROUP BY  < 列名 1 > [ HAVING < 条件表达式 > ] ]
[ ORDER BY  < 列名 2 > [ ASC | DESC ] ]
```

SELECT子句说明要查询的数据列。

FROM子句说明要查询的数据来自哪个（些）对象（表或视图）。

WHERE子句说明查询的条件，即选择记录的条件。

GROUP BY子句用于对查询结果进行分组，利用它可以进行分组汇总。

HAVING子句用于限定分组必须满足的条件，必须在GROUP BY子句后出现。

ORDER BY子句用于对查询结果进行排序。

> **知识点拨**
>
> **查询输出**
>
> 在SELECT语句中，若有GROUP子句，则将查询结果按照<列名1>的值进行分组，将该属性列值相等的记录作为一个组；若GROUP子句带有HAVING短语，则只有满足指定条件的组才会输出；若有ORDER子句，则结果还要按照<列名2>的值进行升序或降序排列后再进行输出。

■4.2.1 选择列

在很多情况下，用户可能只对表中一部分列的值感兴趣，这时可以在SELECT子句的<目标列表达式>中指定要查询的列。

1. 选择指定的列

如果只需要查询表的部分列信息，在SELECT和FROM之间的<目标列表达式>中指定要查询的列即可，各列之间用逗号隔开。

【示例4.1】查询所有员工的编号、姓名、性别，输入代码如下。

```
USE test
GO
SELECT no,name,gender
FROM ygxxb
GO
```

在查询编辑器中输入上面的代码，执行结果如图4-5所示。

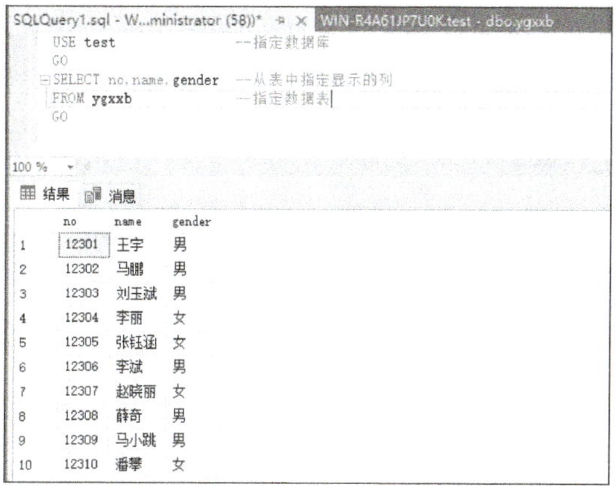

图 4-5 执行结果

2. 查询全部列

查询表的全部列时，有两种方法：第1种方法是在SELECT和FROM之间列出所有的列名；第2种方法是使用“*”来指代所有的列。

【示例4.2】查询所有员工的信息，输入代码如下。

```
SELECT no,name,gender,age,department
 FROM ygxxb
GO
```

与下面的代码等价。

```
SELECT * FROM ygxxb
GO
```

两种方法效果一样，执行结果如图4-6和图4-7所示。

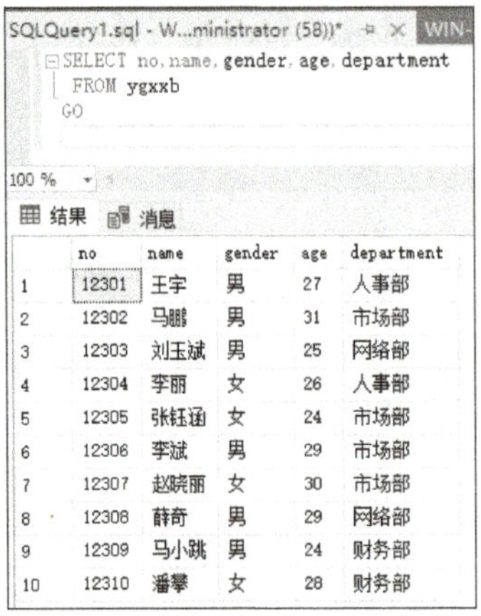

	no	name	gender	age	department
1	12301	王宇	男	27	人事部
2	12302	马鹏	男	31	市场部
3	12303	刘玉斌	男	25	网络部
4	12304	李丽	女	26	人事部
5	12305	张钰涵	女	24	市场部
6	12306	李斌	男	29	市场部
7	12307	赵晓丽	女	30	市场部
8	12308	薛奇	男	29	网络部
9	12309	马小跳	男	24	财务部
10	12310	潘攀	女	28	财务部

图 4-6 方法 1 执行结果

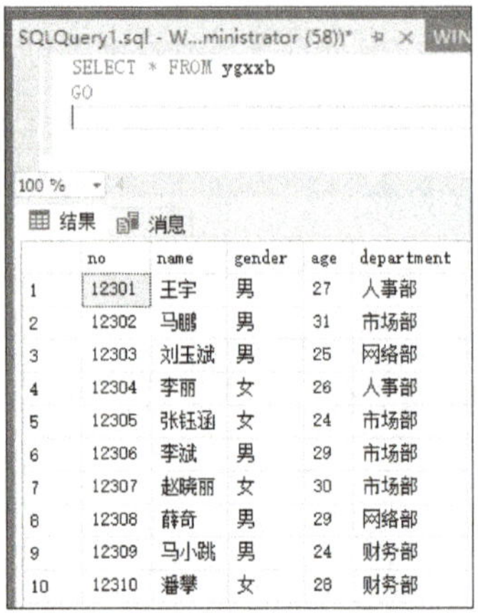

	no	name	gender	age	department
1	12301	王宇	男	27	人事部
2	12302	马鹏	男	31	市场部
3	12303	刘玉斌	男	25	网络部
4	12304	李丽	女	26	人事部
5	12305	张钰涵	女	24	市场部
6	12306	李斌	男	29	市场部
7	12307	赵晓丽	女	30	市场部
8	12308	薛奇	男	29	网络部
9	12309	马小跳	男	24	财务部
10	12310	潘攀	女	28	财务部

图 4-7 方法 2 执行结果

3. 为列设置别名

可以利用AS关键字为查询结果中的列设置别名，即结果中的列标题，以提高结果的可读性。

【示例4.3】查询所有员工的编号、姓名、性别，并为它们设置别名，输入代码如下。

```
USE test
GO
SELECT no AS 编号 ,name AS 姓名 ,gender AS 性别
FROM ygxxb
GO
```

在查询编辑器中输入上面的代码，执行结果如图4-8所示，可以发现结果的列标题发生了变化，列标题由英语单词变成了汉字。

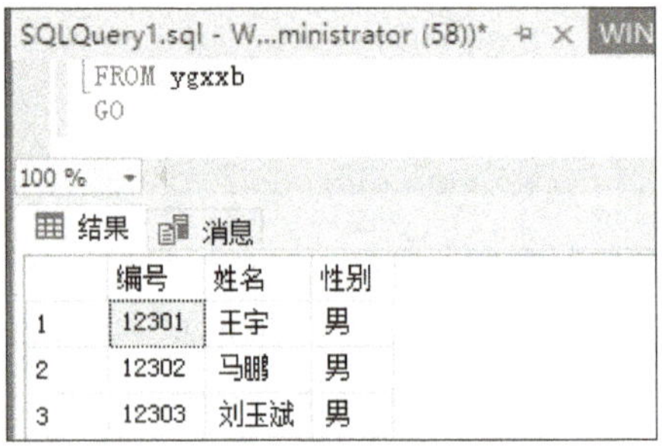

	编号	姓名	性别
1	12301	王宇	男
2	12302	马鹏	男
3	12303	刘玉斌	男

图 4-8 执行结果

4. 查询经过计算的列

在SELECT查询结果中，可根据需要使用算术运算符或逻辑运算符对查询结果进行处理。

【示例4.4】查询所有员工的编号和姓名，利用字符串运算符把它们连接在一起形成一个字符串表达式，并为表达式设置别名“员工信息”，输入代码如下。

```
USE test
GO
SELECT no + name  AS 学生信息
FROM ygxxb
GO
```

在查询编辑器中输入上面的代码，执行结果如图4-9所示。

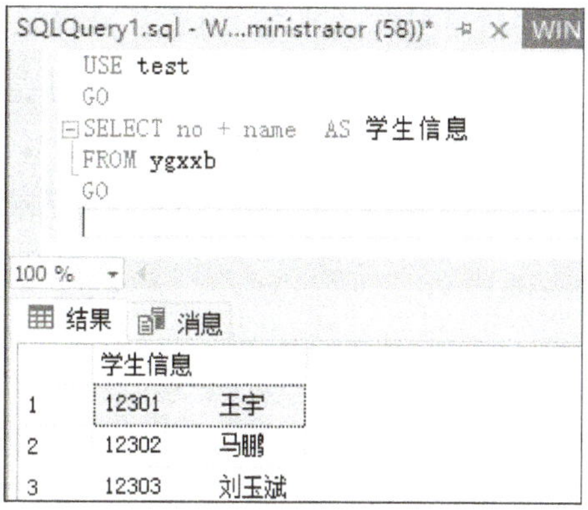

图 4-9 执行结果

■4.2.2 选择行

对行的选择操作主要包括以下几种操作。

1. 消除结果中的重复行（DISTINCT）

数据表中通常没有重复的行（记录），但当仅仅选择表的部分列时，就有可能在结果中出现重复的行。如果不想出现重复行，则可以使用关键字DISTINCT解决该问题。

【示例4.5】查询员工所在部门信息，输入代码如下。

```
USE test
GO
SELECT department FROM ygxxb                --没有使用DISTINCT进行过滤
GO
SELECT DISTINCT department FROM ygxxb       --使用DISTINCT进行过滤
GO
```

在查询编辑器中输入上面的代码，执行结果如图4-10所示。

通过对比这两个查询结果可以发现，在SELECT里面使用DISTINCT关键字可以过滤掉结果中重复的行。

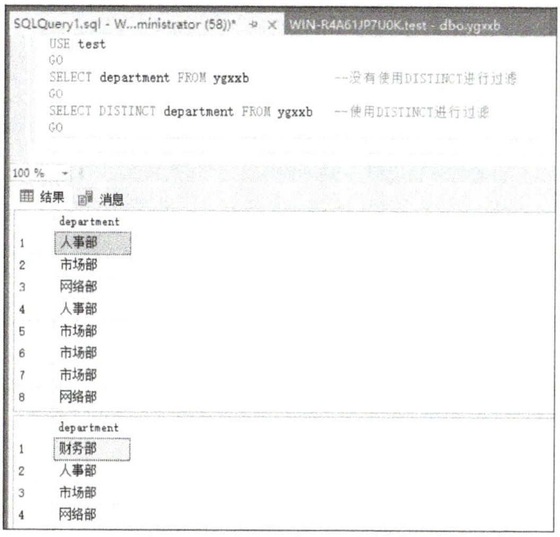

图 4-10 执行结果

2. 限制结果返回的行数（TOP N [PERCENT]）

可以使用TOP N [PERCENT]选项限制结果返回的行数，TOP N表示返回结果的前*N*条记录，TOP N [PERCENT]表示返回结果的前*N*%（上取整）条记录。

【示例4.6】查询员工信息表中的前3条记录，输入代码如下。

```
USE test
GO
SELECT TOP 3 * FROM ygxxb
GO
```

在查询编辑器中输入上面的代码，执行结果，如图4-11所示，只返回3条记录。

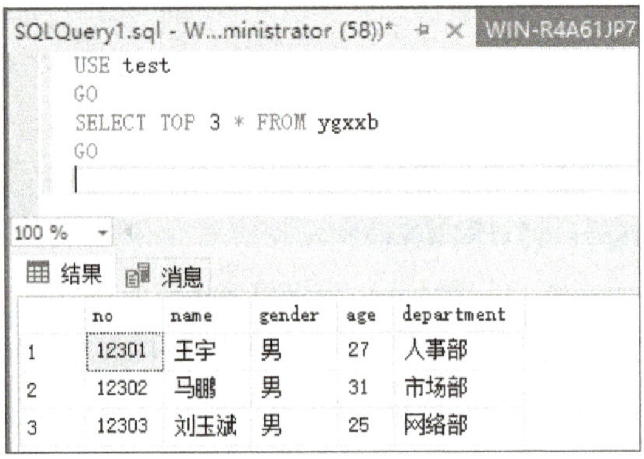

图 4-11 执行结果

4.2.3 WHERE子句

下面将主要介绍包含WHERE子句的简单查询，通过在WHERE子句中设置查询条件可以筛选符合条件的记录，也就是说，只有满足查询条件的记录才会出现在结果集中。在查询条件表达式中经常使用的运算符包括：比较运算符、逻辑运算符、字符匹配运算符（LIKE）、范围运算符（BETWEEN…AND…）、集合运算符（IN）和空值运算符（IS NULL）。下面将通过一些具体示例介绍每一种运算符的用法。

1. 使用比较运算符

比较运算符是查询条件中最常用的，是用于比较大小的运算符，主要包括以下几种运算符：=（等于），>（大于），<（小于），>=（大于或等于），<=（小于或等于），!=或<>（不等于）。

【示例4.7】查询员工编号为“12303”的员工信息。

```
USE test
GO
SELECT * FROM ygxxb
WHERE no = '12303'
GO
```

代码执行结果如图4-12所示，结果中只有学号为12303的学生信息。

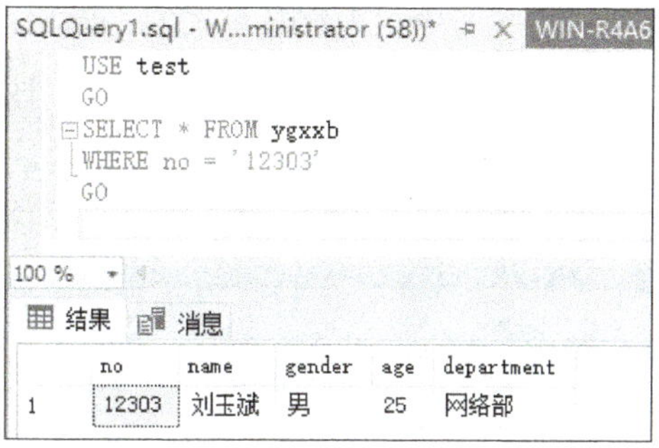

图 4-12　执行结果

2. 使用逻辑运算符

逻辑运算符主要包括：AND、OR和NOT，用于连接WHERE子句的多个查询条件。其中，AND运算符表示只有在所有的条件都为真时，才返回真。OR运算符表示只要有一个条件为真，就可以返回真。NOT运算符取反。当一个WHERE子句同时包含多个逻辑运算符时，其优先级从高到低依次为NOT、AND和OR。用户也可以通过括号改变优先级。

【示例4.8】查询编号小于“12306”且性别为“女”的员工信息。

```
USE test
GO
SELECT * FROM ygxxb
WHERE no < '12306' AND gender='女'
GO
```

代码执行结果如图4-13所示，结果中只有2条记录。

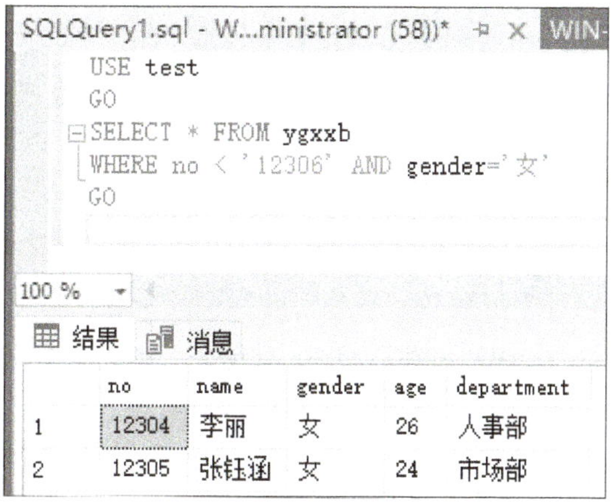

图 4-13　执行结果

3. 使用LIKE运算符

LIKE是模式匹配运算符，用于指出一个字符串是否与指定的字符串相匹配。使用LIKE运算符的语法格式如下。

```
[NOT] LIKE '匹配字符串' [ESCAPE '<转换字符>']
```

其中，方括号中的内容是可选的。例如，如果LIKE关键字前面有NOT关键字，表示该条件取反。ESCAPE子句用于指定转义字符。匹配字符串可以是一个完整的字符串，也可以包含通配符%、_、[]、[^]，这4种通配符的含义，如表4-1所示。

表 4-1　通配符

通配符	含 义
%	代表任意长度（长度可以为0）的字符串
_	代表任意单个字符
[]	指定范围或集合中的任意单个字符
[^]	不在指定范围或集合中的任意单个字符

知识点拨

带通配符的示例

需要强调的是，带有通配符的字符串必须使用单引号引起来。下面是一些带有通配符的示例。

- LIKE 'AB%' 返回以“AB”开始的任意字符串。
- LIKE '%ABC' 返回以“ABC”结束的任意字符串。
- LIKE '%ABC%' 返回包含“ABC”的任意字符串。
- LIKE '_AB' 返回以“AB”结束的且长度为 3 个字符的字符串。
- LIKE '[ACE]%' 返回以“A”“C”或“E”开始的任意字符串。
- LIKE 'L[^a]%' 返回以“L”开始、第 2 个字符不是“a”的任意字符串。

下面通过例子说明LIKE运算符的使用方法。

【示例4.9】查询姓名中包含“丽”字的员工信息。

```
USE test
GO
SELECT * FROM ygxxb
WHERE name LIKE '%丽%'
GO
```

代码执行结果如图4-14所示，姓名中包含“丽”字的员工都出现在了结果中。

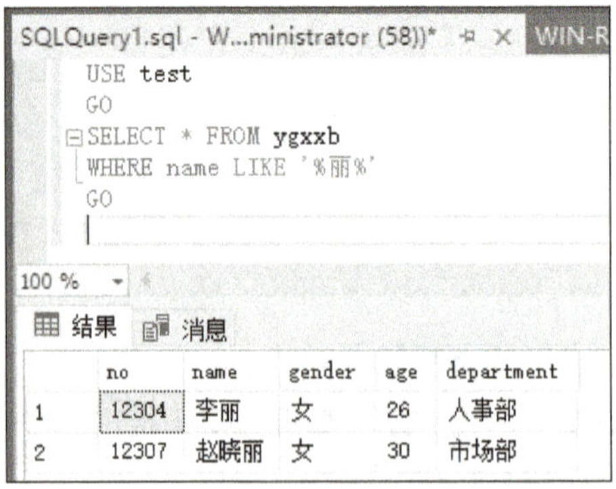

图 4-14　执行结果

4. 使用BETWEEN…AND…运算符

运算符BETWEEN…AND…和NOT BETWEEN…AND…可以用来实现查找列的值在或不在指定的范围内的功能。其中，BETWEEN后是范围的下限（包含下限），AND后是范围的上限（包含上限）。

【示例4.10】查询编号在“12306”与“12308”之间的员工信息。

```
USE test
GO
SELECT * FROM ygxxb
WHERE no BETWEEN '12306' AND '12308'
GO
```

代码执行结果如图4-15所示，编号在“12306”与“12308”之间的员工信息都出现在了结果中。

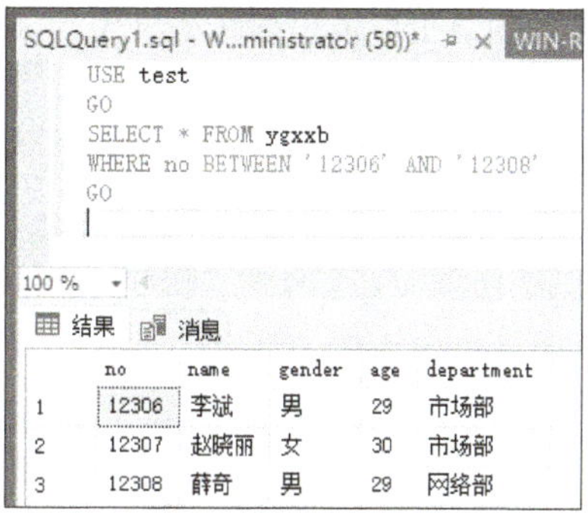

图 4-15 执行结果

5. 使用IN运算符

运算符IN可以用来表示列的值属于或不属于指定的集合，如果值属于指定的集合则返回true，否则返回false。

【示例4.11】查询编号为“12303”“12305”及“12307”的员工信息。

```
USE test
GO
SELECT * FROM ygxxb
WHERE no IN ( '12303' , '12305' ,' 12307')   --集合中有3个元素
GO
```

代码执行结果如图4-16所示，编号为“12303”“12305”或“12307”的员工记录都出现在了结果中。

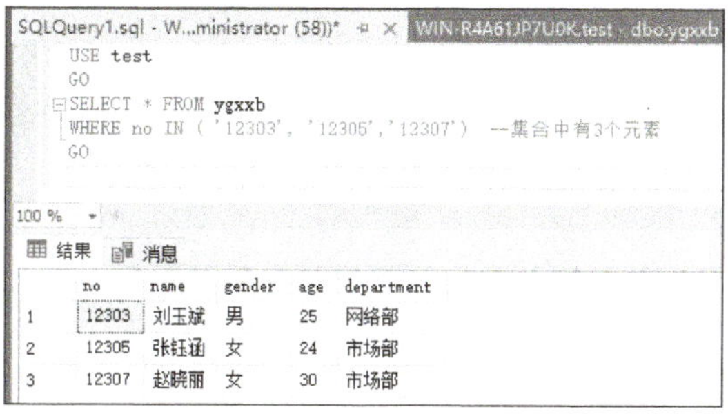

图 4-16 执行结果

6. 使用IS NULL运算符

运算符IS NULL可以判断表达式的值是否是NULL，如果是NULL则返回true，否则返回false。在表“ygxxb”中增加一条没有department记录的行。

【示例4.12】查询部门为NULL的员工信息。

```
USE test
GO
SELECT * FROM ygxxb
WHERE department IS NULL
GO
```

代码执行结果如图4-17所示，部门为NULL的新增加的员工记录出现在结果中。

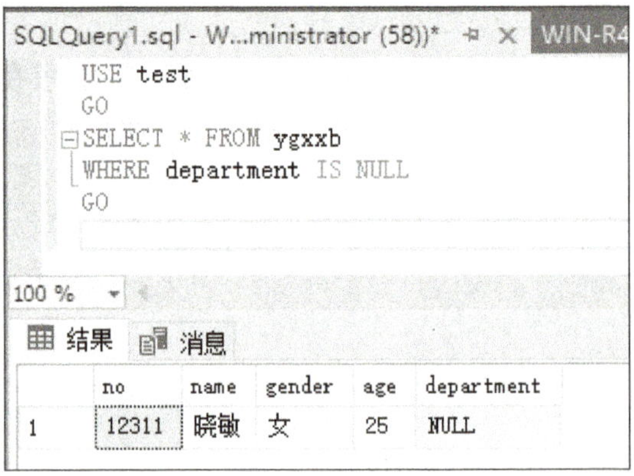

图 4-17 执行结果

■4.2.4 排序查询

使用ORDER BY子句可以按一个或多个属性列对数据进行排序。ORDER BY子句通常位于WHERE子句后面，默认的排序方式有两种，升序和降序，分别通过关键字ASC和DESC来指定。其中，ASC表示升序，DESC表示降序，缺省值为升序。若使用DESC关键字，则排序列为空值的记录最后显示。

【示例4.13】查询所有员工信息，并按姓名降序排列。

```
USE test
GO
SELECT * FROM ygxxb
ORDER BY name DESC
GO
```

代码执行结果如图4-18所示，姓名按照降序排列。

> **❗ 注意事项：排序的排列方式**
>
> 当基于多个列对数据进行排序时，出现在ORDER BY子句中的列的顺序是非常重要的，因为系统是按照排序列的先后进行排序的。如果第一个列的值相同，则依据第二个列的值排序，如果第二个也相同，则依据第三个排序，以此类推。另外，在执行多列排序时，每一个列都可以指定是升序还是降序。

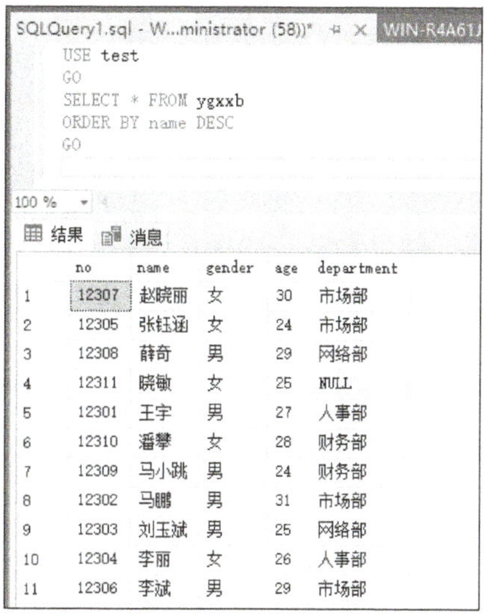

	no	name	gender	age	department
1	12307	赵晓丽	女	30	市场部
2	12305	张钰涵	女	24	市场部
3	12308	薛奇	男	29	网络部
4	12311	晓敏	女	25	NULL
5	12301	王宇	男	27	人事部
6	12310	潘攀	女	28	财务部
7	12309	马小跳	男	24	财务部
8	12302	马鹏	男	31	市场部
9	12303	刘玉斌	男	25	网络部
10	12304	李丽	女	26	人事部
11	12306	李斌	男	29	市场部

图 4-18　执行结果

【示例4.14】查询所有员工的信息，并按性别、姓名降序排列。

```
USE test
GO
SELECT * FROM ygxxb
ORDER BY gender DESC,name DESC
GO
```

代码执行结果如图4-19所示，首先按照性别进行了降序排列，如果性别相同，再根据姓名进行降序排列。

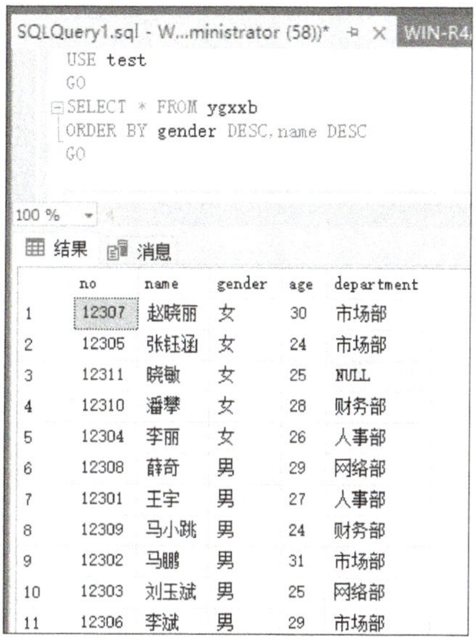

	no	name	gender	age	department
1	12307	赵晓丽	女	30	市场部
2	12305	张钰涵	女	24	市场部
3	12311	晓敏	女	25	NULL
4	12310	潘攀	女	28	财务部
5	12304	李丽	女	26	人事部
6	12308	薛奇	男	29	网络部
7	12301	王宇	男	27	人事部
8	12309	马小跳	男	24	财务部
9	12302	马鹏	男	31	市场部
10	12303	刘玉斌	男	25	网络部
11	12306	李斌	男	29	市场部

图 4-19　执行结果

4.2.5 分组查询

使用GROUP BY子句可以将查询结果按某个字段或多个字段进行分组，字段值相等的为一组。这样做的目的是为了细化聚合函数的作用对象，如果未对查询结果分组，聚合函数将作用于整个查询结果；而对查询结果分组后，聚合函数将分别作用于每个组。

【示例4.15】分组统计每一种性别的员工人数。

```
USE test
GO
```

```
SELECT gender AS 性别,COUNT(*) AS 员工人数
FROM ygxxb
GROUP BY gender
GO
```

代码执行结果如图4-20所示，按照“性别”的值把11位员工分成了2组，其中男6人、女5人。

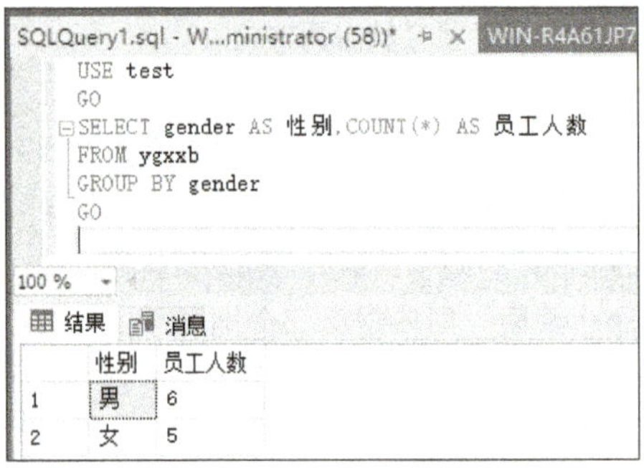

图 4-20 执行结果

【示例4.16】分组统计每一个员工的工资。

新建表“yggzb”，不要设置主键以方便统计。

```
USE test
GO
SELECT no AS 编号,SUM(jine) AS 总工资
FROM yggzb
GROUP BY no
GO
```

代码执行结果如图4-21所示。

如果分组后还要求按一定的条件对这些组进行筛选，最终只输出满足指定条件的组，则可以使用HAVING短语指定筛选条件。

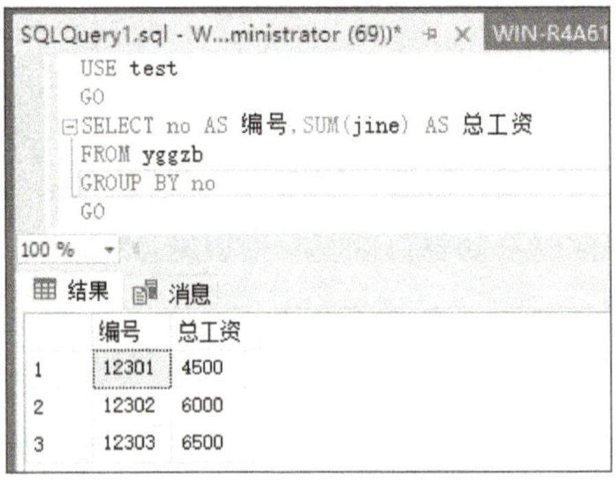

图 4-21 执行结果

【示例4.17】分组统计每一个员工的工资，并输出工资大于或等于6 000的人员记录。

```
USE test
GO
SELECT no AS 编号,SUM(jine) AS 总工资
FROM yggzb
GROUP BY no
HAVING SUM(jine) >= 6000
GO
```

代码执行结果如图4-22所示，可以发现结果集中只剩下了2条记录。

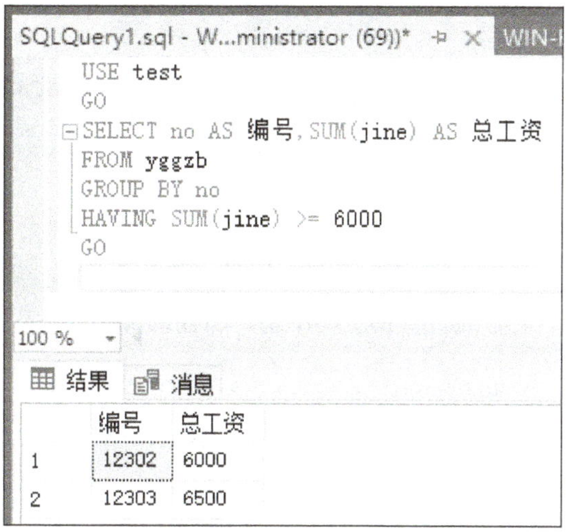

图 4-22 执行结果

> **知识点拨**
>
> **HAVING 短语与 WHERE 子句的区别**
>
> HAVING短语与WHERE子句的区别在于作用对象不同。WHERE子句作用于基表或视图，从中选择满足条件的记录。HAVING短语作用于分组，从分组中选择满足条件的组。

4.3 嵌套查询

在SQL语言中，将一个查询语句嵌套在另一个查询语句内部的查询称为嵌套查询，嵌套查询又称为子查询。在嵌套查询中，子查询的结果往往是一个集合。

例如，下面的SQL语句就是一个嵌套查询语句。

```
SELECT name
FROM ygxxb
WHERE no IN ( SELECT no
              FROM yggzb
              WHERE no = '12303' )
```

在本例中，内层查询语句“SELECT no FROM yggzb WHERE no = '12303'”嵌套在外层查询语句“SELECT name FROM ygxxb WHERE no IN”的WHERE子句中。外层查询语句又称为父查询，内层查询语句又称为子查询。

注意事项：使用子查询时的注意事项

SQL语言允许多层嵌套查询，即一个子查询中还可以嵌套其他子查询。在使用子查询时，需要注意以下几点。

- 子查询必须使用圆括号括起来。
- 子查询中不能使用ORDER BY子句。
- 如果子查询中使用了ORDER BY子句，则ORDER BY子句必须与TOP子句同时出现。
- 嵌套查询一般的求解方法是由里向外，即每个子查询要在上一级查询处理之前求解，子查询的结果用于建立其父查询要使用的查找条件。

■4.3.1 带IN的嵌套查询

IN是嵌套查询中最常使用的谓词，主要的使用方式如下。

```
WHERE <条件表达式>
IN （子查询）
```

【示例4.18】在员工信息表中，查询与“马小跳”相同部门的人员。

首先，查询“马小跳”所在的部门。

```
USE test
GO
SELECT department FROM ygxxb
WHERE name='马小跳'
GO
```

执行结果如图4-23所示。

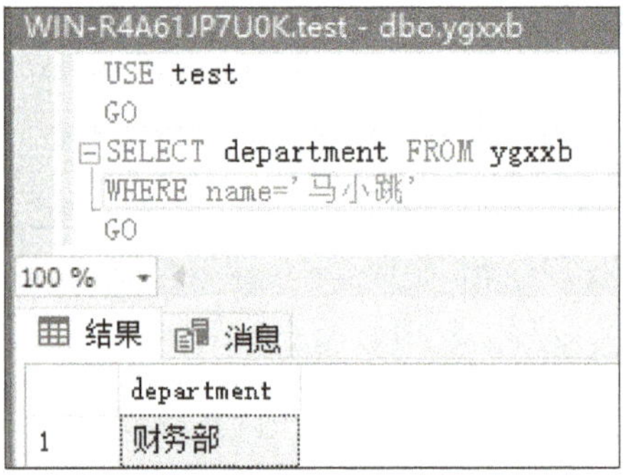

图 4-23　执行结果

根据结果，找到相同部门的所有人员信息。

```
USE test
GO
SELECT * FROM ygxxb
WHERE department='财务部'
GO
```

执行结果如图4-24所示。

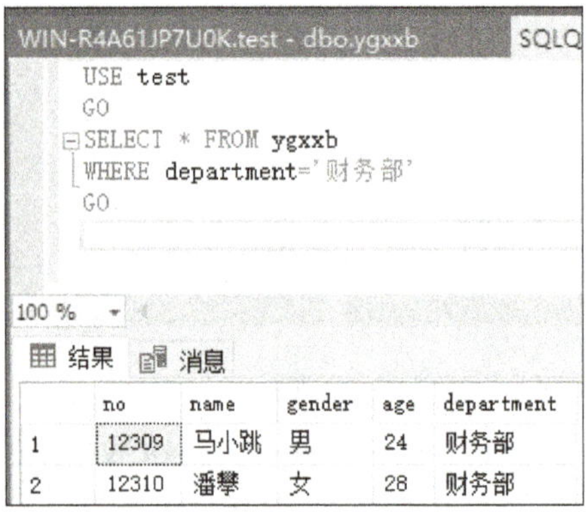

图 4-24　执行结果

使用嵌套查询的话就非常方便，代码如下。

```
USE test
GO
SELECT * FROM ygxxb
WHERE department IN
                  (SELECT department FROM ygxxb
                   WHERE name='马小跳')
GO
```

执行结果与上面步骤的结果相同，如图4-25所示。

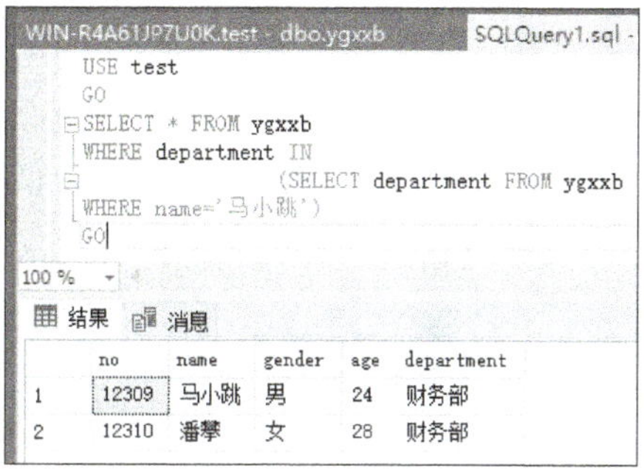

图 4-25　执行结果

【示例4.19】查询没有在工资表中的员工信息。

```
USE test
GO
SELECT *
FROM ygxxb
WHERE no NOT IN ( SELECT DISTINCT no FROM yggzb )
GO
```

查询结果如图4-26所示。

可以看出，当查询涉及多个表时，用嵌套查询逐步求解，层次清楚，易于构造，具有结构化程序设计的特点。

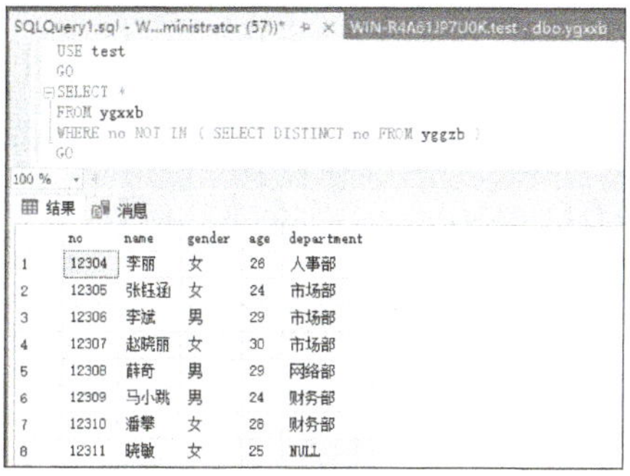

图 4-26　查询结果

■4.3.2　带比较运算符的嵌套查询

带有比较运算符的嵌套查询是指父查询与子查询之间用比较运算符进行连接。当用户能确切知道内层查询返回的是一个值时，可以用=、>、<、>=、<=、!=或<>等比较运算符。

例如，在【示例4.18】中，由于一个员工只有一个部门，也就是说子查询的结果是一个值，因此可以用“=”代替“IN”，修改后的代码如下。

```
USE test
GO
SELECT *
FROM ygxxb
WHERE department=(SELECT department FROM ygxxb WHERE name='马小跳')
GO
```

需要注意的是，子查询一定要跟在比较运算符之后。

■4.3.3 带ANY或ALL的嵌套查询

子查询返回单个值时，可以使用比较运算符，但返回多个值时，则要使用ANY或ALL谓词修饰符。而使用ANY或ALL谓词时，必须同时使用比较运算符，其语义如表4-2所示。

表 4-2 ANY 和 ALL 运算符

运算符	语义
>ANY	大于子查询结果中的某个值
>ALL	大于子查询结果中的所有值
<ANY	小于子查询结果中的某个值
<ALL	小于子查询结果中的所有值
>=ANY	大于等于子查询结果中的某个值
>=ALL	大于等于子查询结果中的所有值
<=ANY	小于等于子查询结果中的某个值
<=ALL	小于等于子查询结果中的所有值
=ANY	等于子查询结果中的某个值
=ALL	等于子查询结果中的所有值（通常没有实际意义）
!= (或< >)ANY	不等于子查询结果中的某个值
!= (或< >)ALL	不等于子查询结果中的任何一个值

为了方便介绍ANY和ALL的用法，下面创建两个数据表tb_1和tb_2。

```
USE test
GO
CREATE TABLE tb_1(id1 INT NOT NULL)
GO
CREATE TABLE tb_2(id2 INT NOT NULL)
GO
```

为表添加数据并查询表中数据，结果如图4-27所示。

```
   INSERT INTO tb_1
VALUES(1),(7),(9),(11)
   INSERT INTO tb_2 VALUES
(2),(4),(8),(16)
   GO
   SELECT * FROM TB_1
   SELECT * FROM TB_2
   GO
```

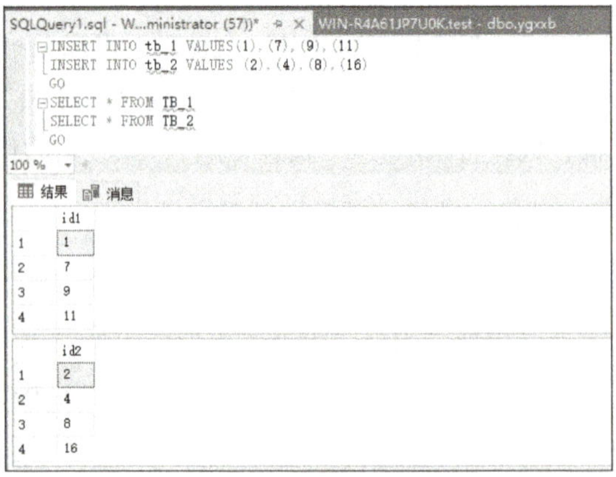

图 4-27 执行结果

【示例4.20】查询tb_1中id1的值，要求该值大于tb_2中的某一个id2的值。

```
USE test
GO
SELECT id1 FROM tb_1
WHERE id1 >ANY ( SELECT id2 FROM tb_2)
GO
```

查询结果如图4-28所示，可以发现只要id1大于id2的最小值2，就会出现在结果中。

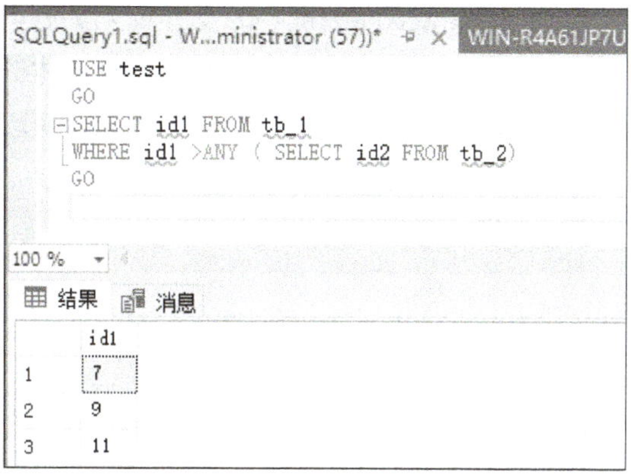

图 4-28　查询结果

【示例4.21】查询tb_1中id1的值，要求该值大于tb_2中的所有id2的值。

```
USE test
GO
SELECT id1 FROM tb_1
WHERE id1 >ALL ( SELECT id2 FROM tb_2)
GO
```

查询结果如图4-29所示，可以发现结果集为空，因为id1要大于id2的所有值，即必须大于id2的最大值16，但id1中没有比16大的值。

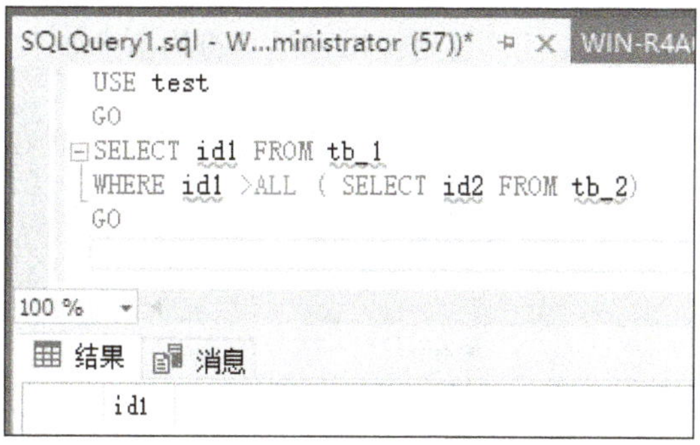

图 4-29　查询结果

4.3.4　带EXISTS的嵌套查询

EXISTS关键字后面的参数是一个任意的子查询，如果子查询有返回行（至少返回一行），那么EXISTS的结果为true，此时外层查询语句将执行查询；如果子查询没有返回任何行，那么EXISTS的结果为false，此时外层查询语句将不执行查询。

【示例4.22】如果员工工资表中存在值为'12303'的编号，则查询并显示所有员工的基本信息。

```
USE test
GO
SELECT * FROM ygxxb
WHERE  EXISTS  ( SELECT * FROM yggzb WHERE no ='12303')
GO
```

查询结果如图4-30所示。

由于带EXISTS关键字的子查询只关心内层查询是否有返回值，并不需要查看具体的返回值，因此在子查询的SELECT子句中可以使用星号（*）代替所有的列名。

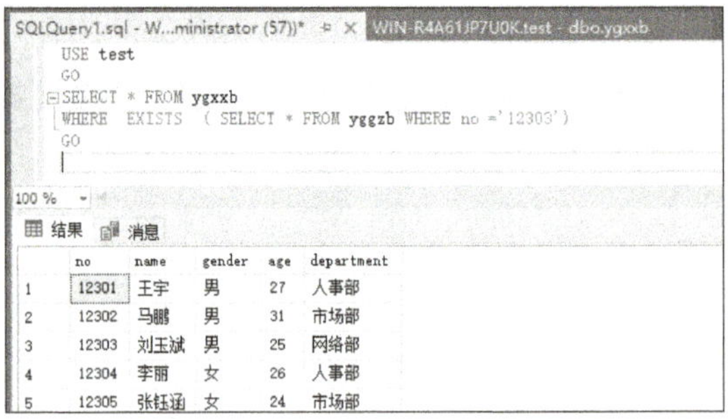

图 4-30　执行结果

4.4 集合查询

SELECT查询语句的结果集往往是一个包含了多行数据（记录）的集合。在数学领域中，集合之间可以进行并、交、差等运算。在Microsoft SQL Server 2019中，两个查询语句之间也可以进行集合运算，其中主要包括并运算UNION、交运算INTERSECT和差运算EXCEPT。

4.4.1　并运算（UNION）

UNION运算用于合并两个或多个SELECT语句的结果集。参与合并运算的SELECT语句必须拥有相同数量的列，且列的数据类型必须完全兼容。同时，每条SELECT语句中的列的顺序也必须相同。使用UNION运算符的格式如下。

```
SELECT 语句 1
UNION [ALL]
SELECT 语句 2
UNION [ALL]
…
SELECT 语句 n
```

注意：默认情况下，UNION运算符将从结果中删掉重复的行，但可以通过使用UNION ALL运算符保留所有的行。

【示例4.23】查询市场部和人事部的员工。

```
USE test
GO
SELECT * FROM ygxxb
WHERE department =' 市场部 '
```

```
UNION ALL
SELECT * FROM ygxxb
WHERE department ='人事部'
GO
```

查询结果如图4-31所示。

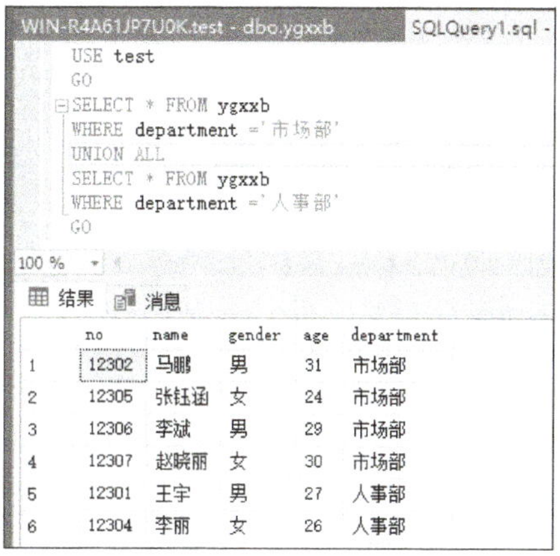

图 4-31　查询结果

■4.4.2　交运算（INTERSECT）

INTERSECT运算用于返回两个或多个查询语句的查询结果中共有的行。使用INTERSECT运算符的格式如下。

```
SELECT 语句 1
INTERSECT
SELECT 语句 2
INTERSECT
…
SELECT 语句 n
```

【示例4.24】查询市场部的男同事。

```
USE test
GO
SELECT * FROM ygxxb
WHERE department ='市场部'
INTERSECT
SELECT * FROM ygxxb
WHERE gender ='男'
GO
```

查询结果如图4-32所示。

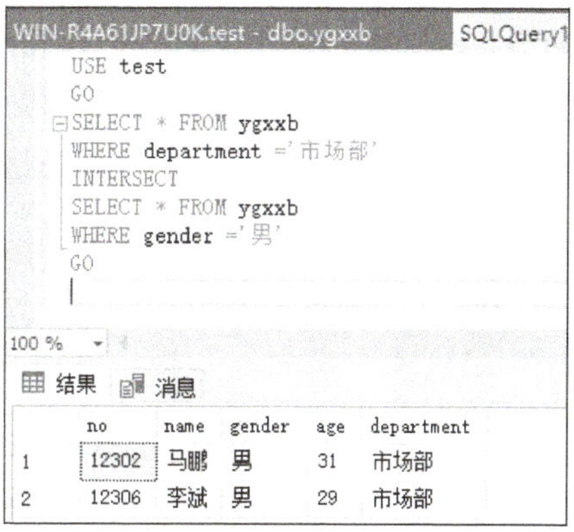

图 4-32　查询结果

■4.4.3　差运算（EXCEPT）

EXCEPT运算返回的是第一个查询语句的查询结果中有、但第二个查询语句的查询结果中没有的行。

【示例4.25】查询属于市场部且年龄大于29岁的人员信息。

```
USE test
GO
SELECT * FROM ygxxb
WHERE department ='市场部'
EXCEPT
SELECT * FROM ygxxb
WHERE age<=29                                   --排除掉年龄小于等于 29 的人
GO
```

查询结果如图4-33所示。

> **❗ 注意事项：集合运算的优先级**
>
> 集合运算的优先级：INTERSECT运算比UNION和EXCEPT运算的优先级高，而UNION和EXCEPT的优先级相等。

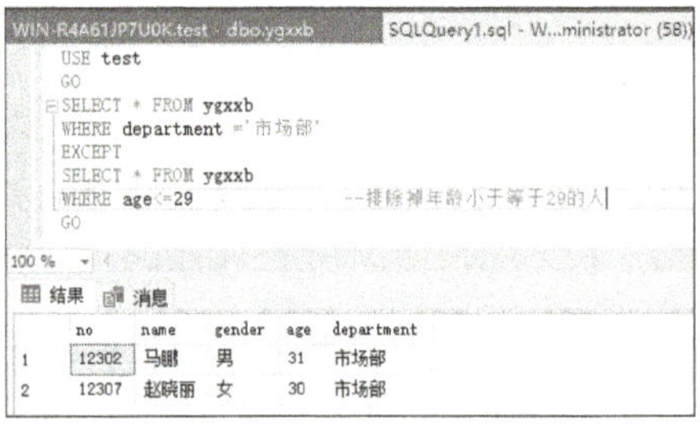

图 4-33　查询结果

4.5 连接查询

在关系数据库管理系统中，数据之间往往存在一定的联系，且分散存储在不同的数据表中。但是，在实际应用中往往需要同时从两个或两个以上的数据表中检索数据，并且每个表中的数据往往仍以单独的列出现在结果集中。实现从两个或两个以上表中检索数据且结果集中出现的列来自于两个或两个以上表中的检索操作称为连接技术。连接查询是关系数据库中非常重要的查询方式，包括交叉连接、内连接、外连接3种。

连接可以在SELECT语句的FROM子句或WHERE子句中建立，在FROM子句中指出连接时有助于将连接操作与WHERE子句中的搜索条件区分开来。所以，在T-SQL中推荐使用这种方法。在FROM子句中指定连接条件的语法格式如下。

```
SELECT <目标列表达式>
FROM <表1> 连接类型 <表2>
[ ON (连接条件) ]
```

其中连接类型可以是交叉连接（CROSS JOIN）、内连接（INNER JOIN）、外连接；ON子句指出连接条件，它由被连接表中的列和比较运算符、逻辑运算符等构成。在WHERE子句中指定连接条件的语法格式如下。

```
SELECT <目标列表达式>
FROM <表1>，<表2>, …
[ WHERE (连接条件) ]
```

连接可以对同一个表操作，也可以对多表操作。对同一个表操作的连接又称作自连接。

为了方便演示，制作两张新表：农产品产地表“ncc”和农产品价格表“ncj”。

■4.5.1 交叉连接查询

交叉连接也称为笛卡儿积，它返回两个表中所有数据行的全部组合，即结果集的数据行数等于两个表的数据行数之积，列为两个表的属性列之和。交叉连接的结果会产生很多没有意义的记录，而且进行该操作非常消耗时间。因此，该运算的实际意义不大。

交叉连接的语法格式如下。

```
SELECT 字段列表 FROM 表名1 CROSS JOIN 表名2
```

【示例4.26】查询农产品产地表和农产品价格表交叉连接产生的数据。

```
USE test
GO
SELECT *
FROM ncc CROSS JOIN ncj
GO
```

查询结果如图4-34所示。

其中，产地表有5条记录，价格表有5条记录，交叉连接后得到25条记录。需要注意的是，在进行多表连接时，如果引用的列有重名现象，则需要在列名前面加上表名，即用“表名.列名”的形式表示，以示区分。

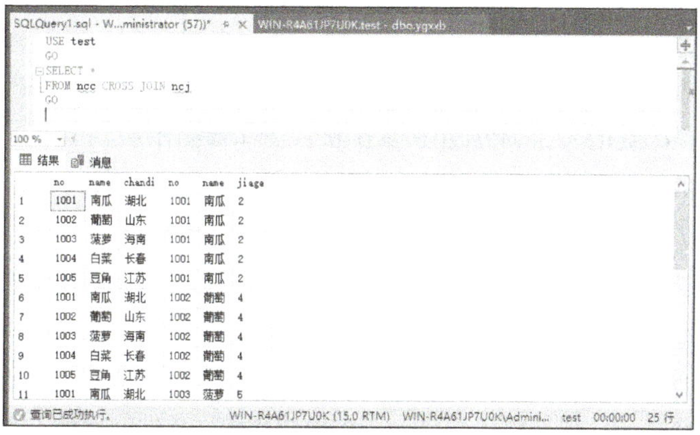

图 4-34 查询结果

■4.5.2 内连接查询

内连接（INNER JOIN）使用比较运算符比较被连接列的列值，并列出与连接条件相匹配的数据行。根据所使用的比较方式不同，内连接又分为等值连接、非等值连接和自连接。

1. 等值与非等值连接查询

连接查询中用来连接两个表的条件称为连接条件或连接谓词，它的一般格式如下。

```
表名1.列名1 比较运算符 表名2.列名2
```

可以使用的比较运算符有：>、>=、=、<、<=、!=（或<>），还可以使用BETWEEN…AND…之类的谓词。当连接运算符为等号（=）时，称为等值连接。而使用其他比较运算符就构成了非等值连接。

【示例4.27】查询产地表和价格表内连接产生的数据。

这两个表之间的联系通过共有属性no来实现，具体代码如下。

```
USE test
GO
SELECT ncc.no,ncc.name,chandi,ncj.no,ncj.name,jiage
FROM ncc
INNER JOIN
ncj
ON ncc.no = ncj.no
GO
```

查询结果如图4-35所示。

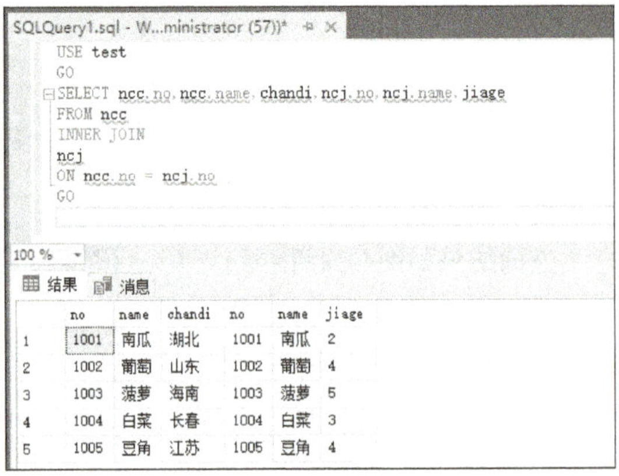

图 4-35 查询结果

本例中，SELECT子句、ON子句中的no，name属性名前都加上了数据表名作为前缀，这是为了避免混淆，因为在“ncc”表和“ncj”表中都有属性no和name。而其他属性名在参加连接的这两个表中是唯一的，所以可以省略前缀。

SQL SERVER 2019系统执行该连接操作的过程描述如下。

（1）在“ncc”表中找到第1条记录，然后从头开始扫描“ncj”表，逐一查找与“ncc”第1条记录的no相等的记录。

（2）如果在“ncj”表中找到了满足条件的记录，就将“ncc”表中的第1条记录与该记录拼接起来，形成结果表中的一条记录；然后，继续查找“ncj”表中剩下的记录，直到全部记录查找完毕；如果没有在“ncj”表中找到满足条件的记录，则“ncc”表中的第1条记录将不会出现在结果集中。

（3）接着查找“ncc”表中的第2条记录；再继续从头开始扫描“ncj”表，逐一查找满足连接条件的记录；找到后就将“ncc”表中的第2条记录与该记录拼接起来，形成结果表中的一条记录。

（4）重复以上操作，直到“ncc”表中的全部记录都处理完毕。

非等值连接就是连接条件中的关系运算符不是等号（=）。通常情况下，非等值连接没有多大意义，很少单独使用。它通常和等值连接一起组成复合条件，共同完成一组查询。

2. 自连接查询

连接不仅可以在不同的表之间进行，也可以在同一个表之间进行，这种连接称为自连接。由于连接的两个表其实是一个表，为了加以区分，需要为表起别名。

【示例4.28】查询农产品产地表自连接产生的数据。

```
USE test
GO
SELECT S1.no,S1.name,S1.chandi,
       S2.no,S2.name,S2.chandi
```

```
FROM ncc as S1
    INNER JOIN
      ncc as S2
ON   S1.no = S2.no
GO
```

查询结果如图4-36所示。

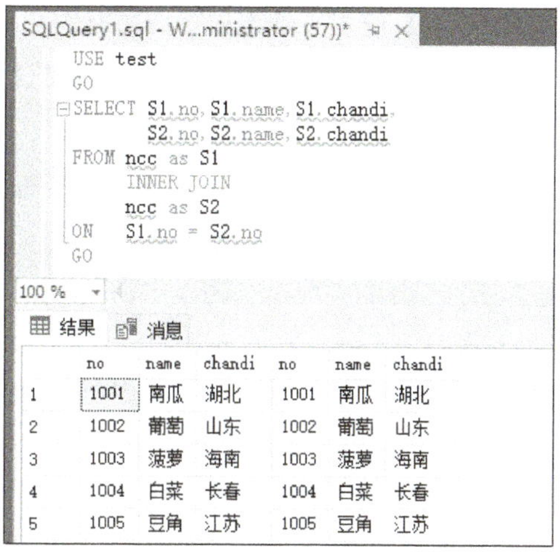

图 4-36 查询结果

■4.5.3 外连接查询

外连接有以下3种形式。

(1) 左外连接 (LEFT OUTER JOIN)。

左外连接的结果集将包含左边表的所有记录 (不管右边的表中是否存在满足连接条件的记录),以及右边表中满足连接条件的记录。

(2) 右外连接 (RIGHT OUTER JOIN)。

右外连接的结果集将包含右边表的所有记录 (不管左边的表中是否存在满足连接条件的记录),以及左边表中满足连接条件的记录。

(3) 全连接 (FULL OUTER JOIN)。

左外连接与右外连接结果集的并集。

【示例4.29】使用左外连接查询所有农产品的价格情况,包括没有价格的农产品。

为“ncc”表增加一条记录,然后启动查询。查询结果如图4-37所示。

```
USE test
GO
SELECT ncc.no, ncc.name,chandi,
      ncj.no, ncj.name,jiage
FROM ncc
     LEFT OUTER JOIN
   ncj
ON ncc.no = ncj.no
GO
```

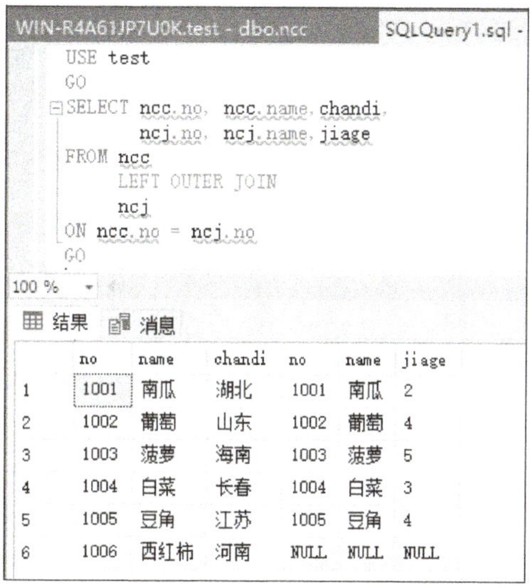

图 4-37 查询结果

【示例4.30】使用右外连接查询所有农产品的价格。

在“ncj”表中，新增一条记录，接着执行下列查询。

```
USE test
GO
SELECT ncc.no, ncc.name,chandi,
      ncj.no, ncj.name,jiage
FROM ncc
      RIGHT OUTER JOIN
    ncj
ON ncc.no = ncj.no
GO
```

查询结果如图4-38所示。

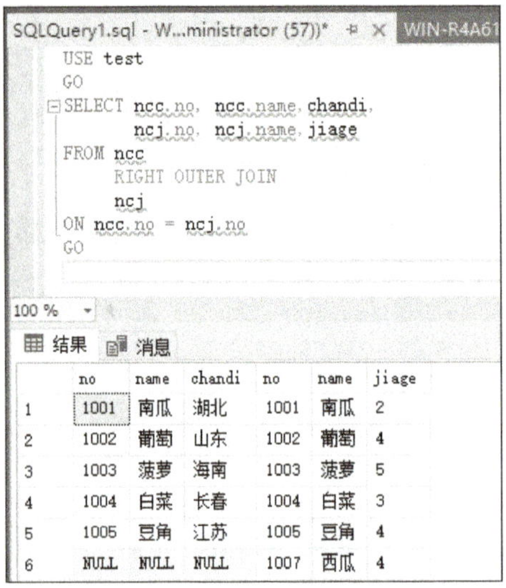

图 4-38 查询结果

【示例4.31】查询农产品的所有信息项。

具体要求：查询结果的列标题为名称、产地、价格、数量。新建一张名为“ncs”的表，填入数量。可以使用内连接的方式实现，具体代码如下。

```
USE test
GO
SELECT ncc.name as 名称 ,chandi as 产地 ,jiage as 价格 ,shuliang as 数量
FROM ncc
      INNER JOIN
    ncj
    ON ncc.no=ncj.no
    INNER JOIN
    ncs
      ON ncj.no = ncs.no
GO
```

查询结果如图4-39所示。

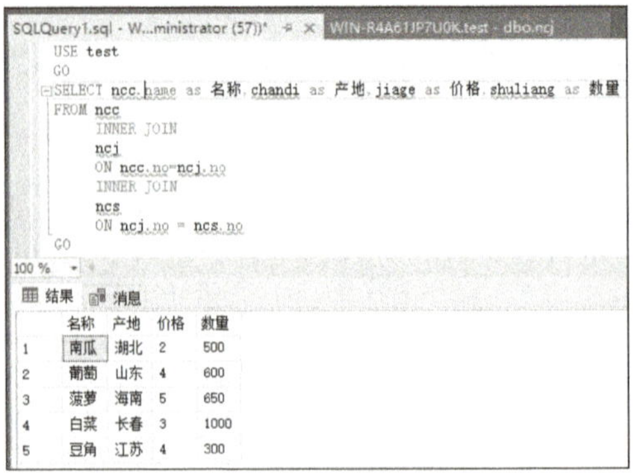

图 4-39 查询结果

4.6 使用聚合函数统计汇总查询

在SELECT语句中使用聚合函数进行统计，并返回统计结果，可以得到很多有价值的信息。常用的聚合函数包括COUNT()、SUM()、AVG()、MAX()和MIN()等。

（1）计数函数。

```
COUNT ( [ DISTINCT | ALL ] 列名称|* )
```

（2）求和函数。

```
SUM ( [ DISTINCT | ALL ] 列名称)
```

（3）求平均值函数。

```
AVG ( [ DISTINCT | ALL ] 列名称)
```

（4）求最大值函数。

```
MAX ( [ DISTINCT | ALL ] 列名称)
```

（5）求最小值函数。

```
MIN ( [ DISTINCT | ALL ] 列名称)
```

其中，DISTINCT短语指明在计算时取消指定列中的重复值，只处理唯一值；而ALL短语则指明不取消重复值，缺省情况下为ALL。

【示例4.32】统计员工信息表中的记录个数。

```
USE test
GO
SELECT COUNT (*) AS 记录个数 FROM ygxxb
GO
```

代码执行结果如图4-40所示。

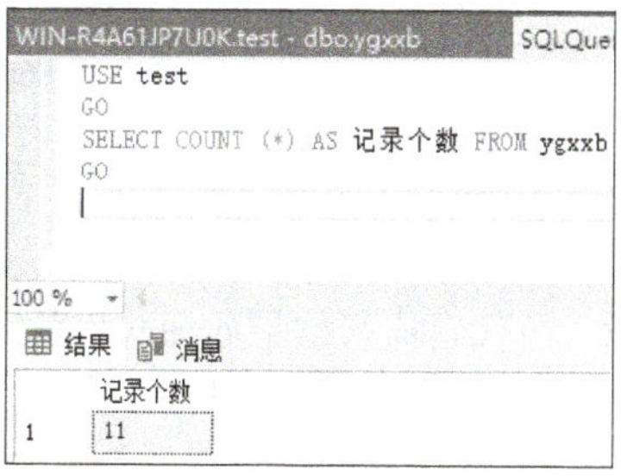

图 4-40 执行结果

【示例4.33】统计员工信息表中部门的个数。

```
USE test
GO
SELECT COUNT (DISTINCT department) AS 记录个数
FROM ygxxb
GO
```

代码执行结果如图4-41所示。

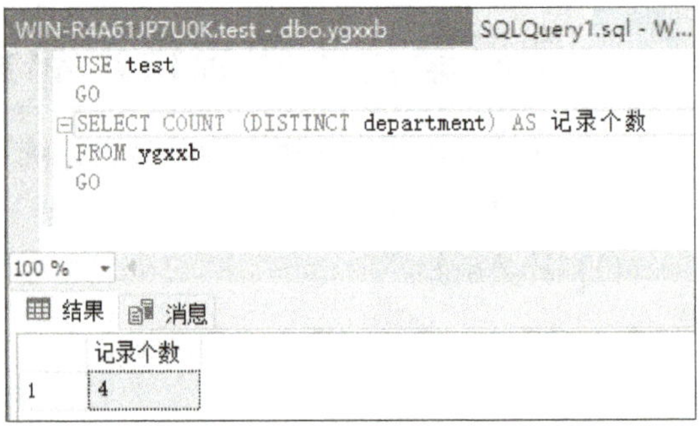

图 4-41　执行结果

【示例4.34】统计员工信息表中年龄最大和最小的人。

```
USE test
GO
SELECT MAX (age) AS 最大年龄 , MIN(age) AS 最小年龄
FROM ygxxb
GO
```

代码执行结果如图4-42所示。

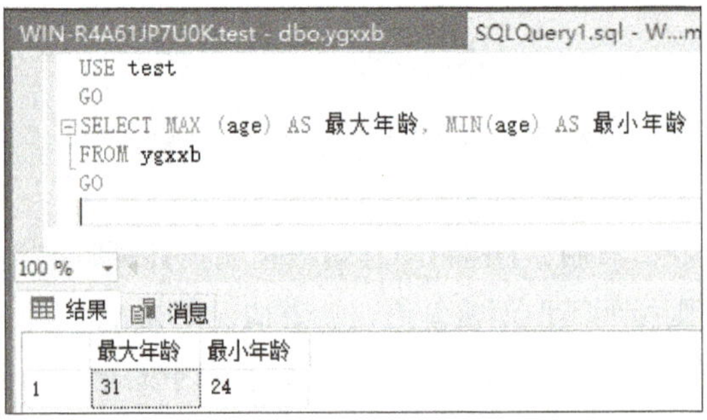

图 4-42　执行结果

【示例4.35】统计所有员工的年龄和以及平均年龄。

```
USE test
GO
SELECT SUM(age) AS 年龄和 , AVG(age) AS 平均年龄
FROM ygxxb
GO
```

代码执行结果如图4-43所示。

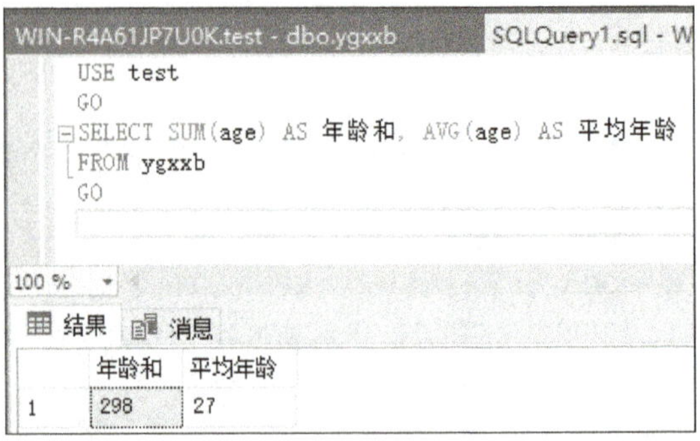

图 4-43　执行结果

课后作业

一、选择题

1. SQL Server 2019中执行SQL语句的快捷键是（　　）。

A. F5　　B. Ctrl+F5　　C. F4　　D. F2

2. SQL查询语句中为列设置别名的关键字是（　　）。

A. LIKE　　B. AS　　C. ALIAS　　D. ALTER

3. SQL中内链接查询分为（　　）。

A. 交叉连接，等值连接，左连接

B. 左连接，右连接，全连接

C. 等值连接，非等值连接，自连接

D. 左连接，右连接，自连接

4. 查询工资信息时，结果按降序排列，下列语句正确的是（　　）。

A. ORDER 工资 ASC

B. ORDER BY 工资 DESC

C. ORDER BY 工资

D. ORDER BY 工资 DISTINCT

二、简答题

1. SQL中可以执行并运算、交运算、差运算，这三种运算的格式和结果分别是什么?

2. SQL中连接查询分几种，其中最常用的是哪一种?

3. 用SQL语句实现下列功能：

已知有一个“学生课程”数据库，此数据库包含3张表：

学生表Students：由学号（Sno）、姓名（Sname）、性别（Ssex）、年龄（Sage）、所在系（Sdept）5个属性组成，记为Students(Sno,Sname,Ssex,Sage,Sdept)，其中Sno为主键。

课程表Course：由课程号（Cno）、课程名（Cname）、先修课程号（Cpno）、学分（Ccredit）4个属性组成，记为Course（Cno,Cname,Cpno,Ccredit），其中Cno为主键。

成绩表SGrade：由学号（Sno）、课程号（Cno）、成绩（Grade）3个属性组成，其中（Sno,Cno）为主键。

分别写出实现下列功能的SQL语句。

（1）查询出有不及格课程的学生学号。

（2）查询出“计算机系”的所有学生信息。

（3）查询“C语言程序设计”这门课程成绩在85分以上的所有同学信息。

（4）统计计算机系“赵”姓的男同学的人数。

（5）求出计算机系“数据结构”课程的平均分。

项目5 视图

内容概要

视图是除了表对象外最常用的一种数据库对象。它是保存在数据库中的SELECT查询，也称作虚拟表。本项目将通过具体实例介绍视图的概念、作用，以及创建、修改和删除视图的基本方法。

通过对本项目内容的学习，读者可以了解并掌握使用图形化工具和SQL命令创建视图、修改视图、删除视图的方法，以及通过视图操作数据的方法。

知识要点

视图的概念、分类及优点。

视图的创建、查看、修改和删除。

从视图中浏览、添加、修改、删除数据。

5.1 视图简介

视图是从一个或多个表中导出的逻辑表，它没有自己独立的数据实体，不需要像表一样物理存储在数据库中；但它的行为与表非常相似，可像使用表一样在查询语句中使用。

1. 视图的概念

视图是一个虚拟表，是从一个或多个表中导出的逻辑表。视图还可以在已经存在的视图的基础上定义。视图一经定义便存储在数据库中，通过视图看到的数据只是存放在基本表中的数据。对视图的操作与对表的操作一样，可以对其进行数据的添加、修改、删除和查询。通过视图对数据进行修改时，对应的基本表中的数据也会发生变化。同样地，基本表中的数据发生变化时，也会自动反映到视图中。

2. 视图的分类

在Microsoft SQL Server系统中，视图可以分成3种类型：标准视图、索引视图和分区视图。

（1）标准视图。

通常情况下的视图都是标准视图，它是一个虚拟表，没有数据，在数据库中仅保存其定义。

（2）索引视图。

如果希望提高多行数据的视图性能，可以创建索引视图。索引视图是被物理化的视图，它包含经过计算的物理数据。索引视图在数据库中不仅保存其定义，而且生成的记录也被保存。使用索引视图可以提高查询性能，但不适合应用于经常更新的基本数据表。

（3）分区视图。

通过使用分区视图，可以连接一台或多台服务器成员表中的分区数据，使得这些数据看起来就像是来自同一个表中一样。

3. 视图的优点

与直接从数据表中查询数据相比，视图有很多优点。例如，使查询简单化、提高数据的安全性、掩码数据库的复杂性以及为了向其他应用程序输出而重新组织数据等。

（1）查询简单化。

如果一个查询非常复杂，跨越多个数据表，那么可以通过将这个复杂查询定义为视图，从而简化用户对数据的访问，因为用户只需要查询视图即可。

（2）提高数据的安全性。

视图创建了一种可以控制的环境，即数据表中的一部分数据允许访问，而另一部分则不允许访问。那些没有必要的、敏感的或不适合的数据都从视图中被排除了，用户只能查询和修改视图中显示的数据。可以为用户只授予访问视图的权限，而不授予访问数据表的权限，从而提高数据库的安全性能。

（3）掩码数据库的复杂性。

视图把数据库设计的复杂性与用户的使用方式屏蔽开了。在设计数据库和数据表时，因为种种因素，通常命名的名字都是十分复杂和难以理解的。而视图可以将那些难以理解的列替换成数据库用户容易理解和接受的名称，从而为用户提供极大的便利。

（4）为向其他应用程序输出而重新组织数据。

可以创建一个基于连接两个或多个表的复杂查询的视图，然后把视图中的数据引出到另外一个应用程序中，以便对这些数据进行分析和使用。

5.2 创建视图

在Microsoft SQL Server中，可以通过两种方式完成视图的操作：一是使用图形界面方式，二是使用T-SQL命令。

5.2.1 使用图形界面创建视图

启动SSMS，并使用Windows或SQL Server身份验证建立连接后，就可以在图形界面下创建视图，其具体操作步骤如下。

步骤01 展开对象资源管理器中的数据库，在“视图”节点上单击鼠标右键，选择“新建视图”选项，如图5-1所示。

步骤02 弹出“添加表”对话框，在“表”选项卡中列出了用来创建视图的基本表。在本例中选择“ygxxb”选项，单击“添加”按钮，然后单击“关闭”按钮，如图5-2所示。

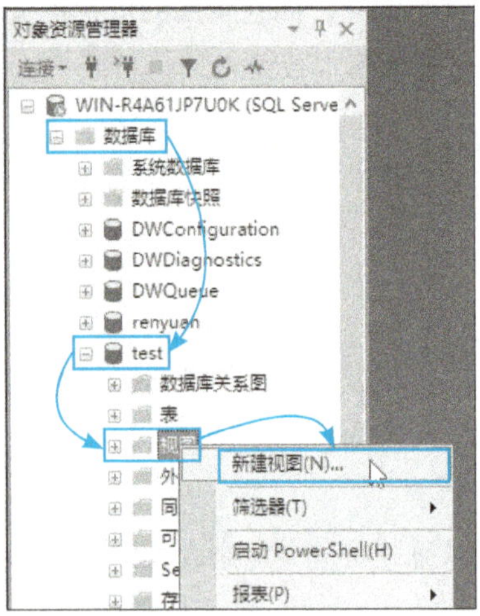

图 5-1 新建视图操作

图 5-2 添加表操作

注意事项：视图可以基于多个基本表

一个视图可以基于多个基本表，如果选择多个基本表，按住【Ctrl】键，然后分别选择列表中的数据表。

步骤03 在“关系图”窗格中，选中“no”“name”和“gender”列，如图5-3所示。

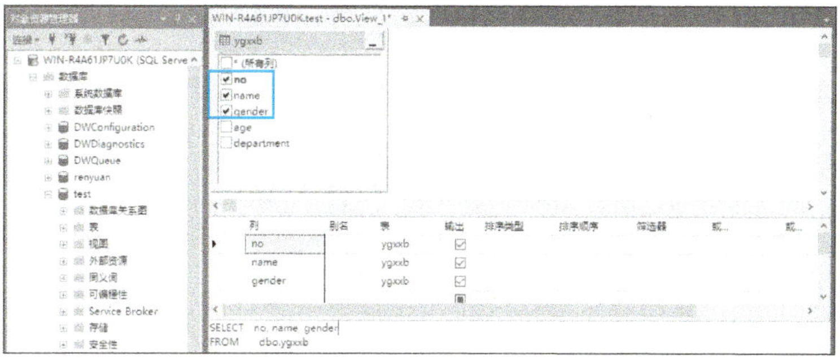

图 5-3 选择表中的列

知识点拨

4 个区域的作用

第一个区域是“关系图”窗格，在这里可以添加和删除数据表。第二个区域是“条件”窗格，在这里可以为列设置别名，设置排序类型、排序顺序和筛选条件。第三个区域是“SQL”窗格，在这里可以输入 SQL 执行语句。第四个区域是“结果”窗格，在这里可以查看执行结果。

步骤 04 在任意位置单击鼠标右键，选择“执行SQL”选项，如图5-4所示。在下方的“结果”窗格中将显示视图的执行结果，如图5-5所示。

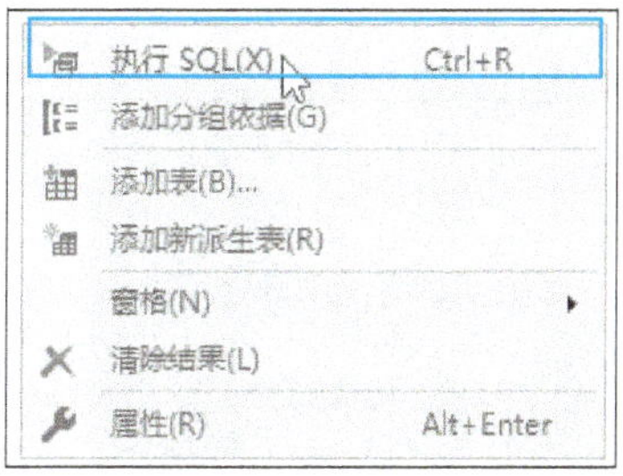

图 5-4 选择“执行 SQL”选项

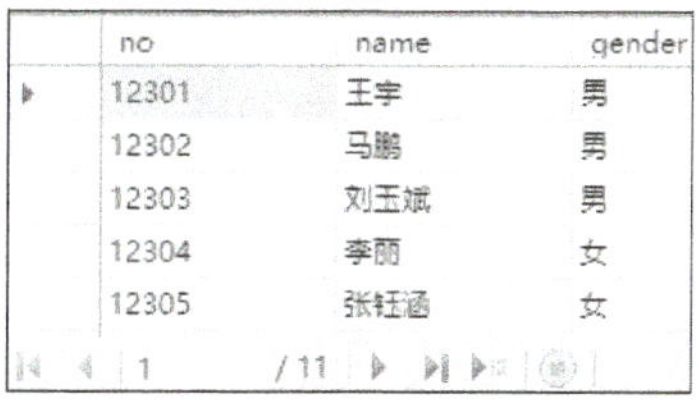

图 5-5 显示结果

步骤 05 单击工具栏的“保存”按钮，输入视图名称，单击“确定”按钮即可完成视图的创建，如图5-6所示。

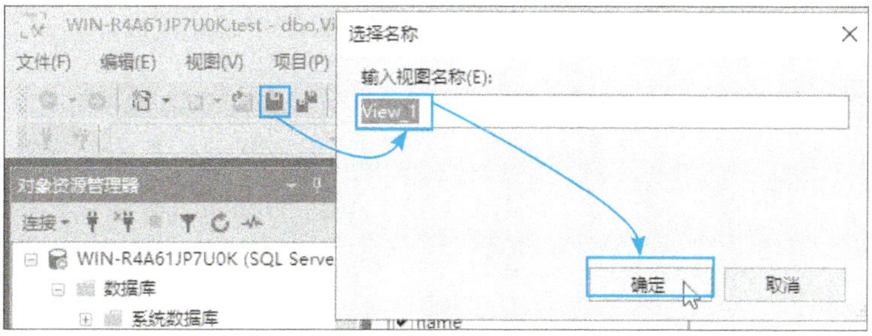

图 5-6 保存视图操作

■5.2.2 使用CREATE VIEW语句创建视图

可以使用CREATE VIEW语句来创建视图。CREATE VIEW语句的基本语法格式如下。

```
CREATE VIEW [ schema_name.]< view_name > [column_list ]
[ WITH < ENCRYPTION | SCHEMABINDING | VIEW_METADATA > ]
AS select_statement
[ WITH CHECK OPTION ]
```

- **schema_name**：视图所属的架构名称。
- **view_name**：视图的名称。
- **column_list**：视图中列使用的名称。如果未指定列名，则视图将获得与SELECT语句中的列相同的名称。
- **ENCRYPTION**：对视图定义进行加密。
- **SCHEMABINDING**：将视图绑定到基本表的架构。
- **VIEW_METADATA**：指定返回的元数据信息来自于视图而不是基本表。
- **AS**：视图要执行的操作。
- **select_statement**：定义视图的SELECT语句，该语句可以使用多个表和其他视图。
- **CHECK OPTION**：强制针对视图进行UPDATE、INSERT或DELETE操作时要保证更新、插入或删除的行满足视图定义中的谓词条件（即子查询中的条件表达式）。

注意事项：视图中使用SELECT语句的注意事项

视图定义中的SELECT语句不能包括下列内容。

- ORDER BY子句。如果包含ORDER BY子句的话，必须同时包含TOP子句。
- COMPUTE 或COMPUTE BY子句。
- INTO关键字。
- OPTION子句。

1. 创建简单视图

简单视图是指一个基于单个基本表的视图。

【示例5.1】创建一个包含所有员工的编号、姓名、性别信息的视图。

```
CREATE VIEW vw_ygxxb
AS
SELECT no, name, gender
FROM ygxxb
GO
```

执行结果如图5-7所示，新建的视图“vw_ygxxb”出现在“视图”节点的下面。

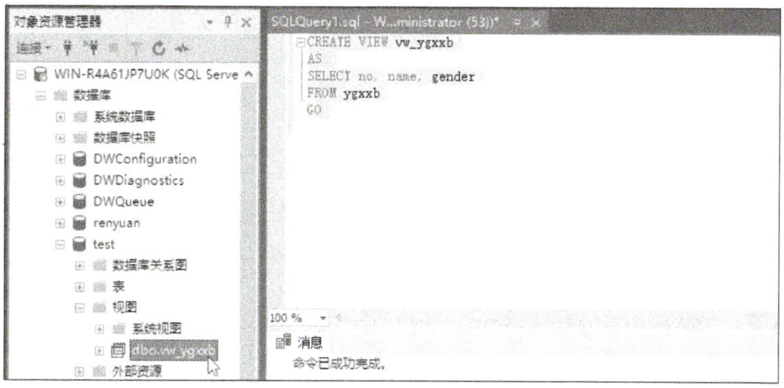

图 5-7　执行结果

2. 创建带有检查约束的视图

创建过程的示例如下。

【示例5.2】创建一个包含所有男性员工的视图，并要求通过该视图进行更新操作时只涉及到男性员工。

```
CREATE VIEW vw_nanyg
AS
SELECT  no, name, gender, age,department
FROM ygxxb
WHERE gender ='男'
WITH CHECK OPTION
GO
```

由于在创建视图“vw_nanyg”时加上了WITH CHECK OPTION子句，所以，以后对该视图进行插入、修改或删除操作时，系统会自动加上“gender ='男'”的条件。执行结果如图5-8所示。

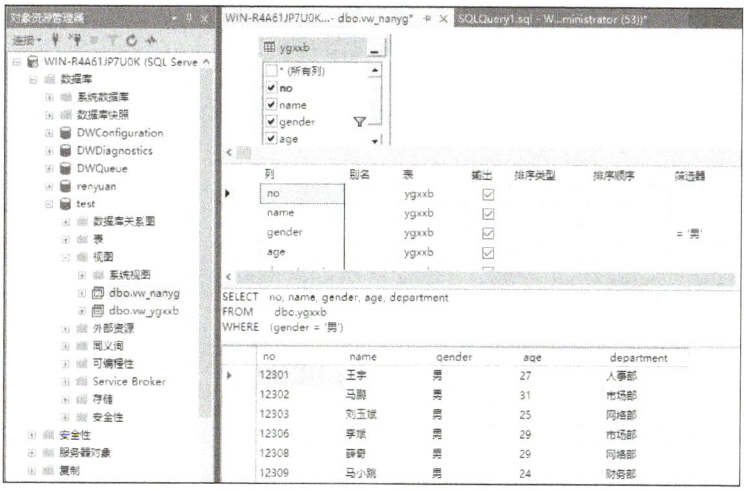

图 5-8　执行结果

3. 创建基于多表的视图

创建视图时不仅可以建立在单个表上，也可以建立在多个表上。

【示例5.3】创建表“ncc”“ncj”与表“ncs”实现内连接关系的视图。

```
CREATE VIEW vw_ncc
AS
SELECT ncc.no,name,chandi,ncj.jiage,ncs.shuliang
FROM  ncc INNER JOIN ncj
         ON ncc.no = ncj.no
         INNER JOIN ncs
         ON  ncc.Cno = ncs.Cno
GO
```

执行结果如图5-9所示。

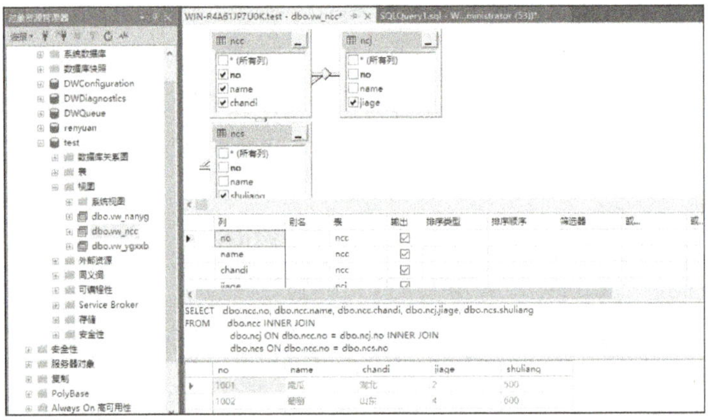

图 5-9　执行结果

4. 创建基于视图的视图

创建视图时，除了可以建立在一个或多个基本表上，还可以建立在一个或多个已定义好的视图上。

【示例5.4】创建价格在3元以上的蔬菜关系视图。

```
CREATE VIEW vw_3yuan
AS
SELECT no,name, chandi, jiage,shuliang
FROM vw_ncc
WHERE jiage > 3
GO
```

执行后可以查看结果，如图5-10所示。

5. 创建带表达式的视图

在视图定义的SELECT子句中，还可以出现聚合函数、GROUP BY等子句。

【示例5.5】为每位员工每项工资的平均值建立一个视图。

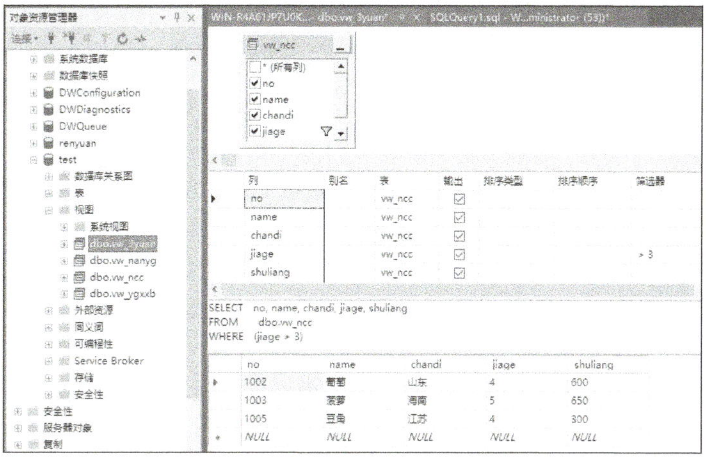

图 5-10 执行结果

```
CREATE VIEW vw_avggz(no,Avggz)
AS
SELECT no, AVG(jine)
FROM yggzb
GROUP BY no
GO
```

执行结果如图5-11所示。

注意事项：指定列名

在该视图的定义中，由于输出的列AVG (jine)没有列名，所以需要在视图名的后面为该列指定列名。

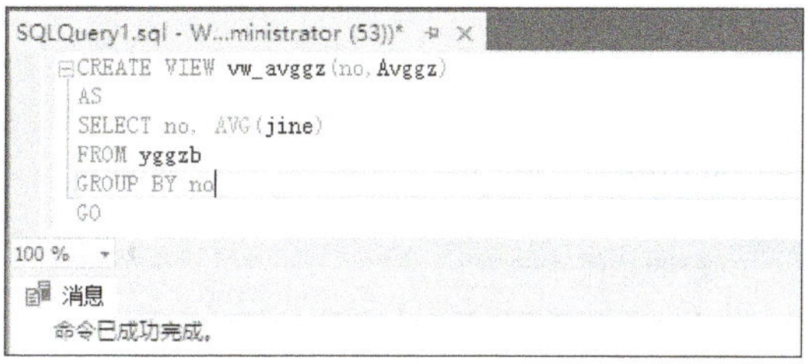

图 5-11 执行结果

5.3 查看视图

5.3.1 查看视图中的数据信息

创建视图的主要目的，就是通过对视图的操作来达到对数据表中数据的操作。通过视图操作数据，主要包括从视图中浏览数据、向视图中添加数据、修改视图中的数据和删除视图中的数据。

首先介绍从视图中浏览数据的方法，可以使用SELECT语句查看视图中的数据信息。

【示例5.6】查询视图“vw_ygxxb”中的数据信息。

```
USE test
GO
SELECT *
FROM vw_ygxxb
GO
```

注意事项：利用视图更新数据时的注意事项

由于视图是不实际存储数据的虚表，因此无论在什么时候更新视图的数据，实际上都是在修改视图所依赖的基本表中的数据。在利用视图更新基本表中的数据时，应注意以下几个问题。

- 创建视图的SELECT语句中如果包含GROUP BY子句，则不能修改。
- 更新基于两个或两个以上基表的视图时，每次修改数据只能影响其中的一个基表，也就是说，不能同时修改视图所基于的两个或两个以上的数据表。
- 不能修改视图中没有定义的基表中的列。
- 不能修改通过计算得到值的列、有内置函数的列和有统计函数的列。

代码执行结果如图5-12所示，因为前面的案例中，定义该视图为显示所有市场部的员工信息，所以查询时也只显示这些信息。

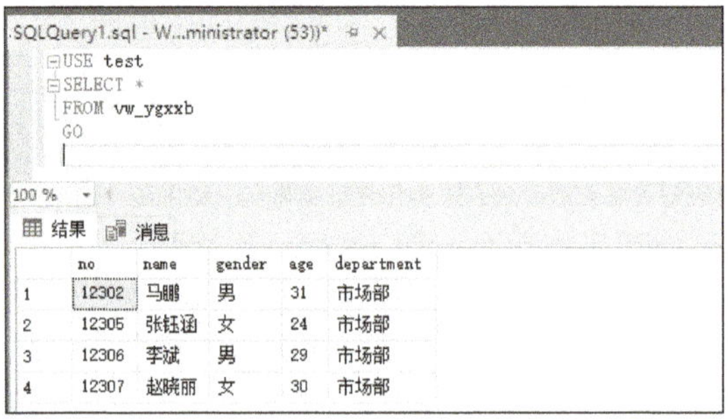

图 5-12 执行结果

知识点拨

查询过程

系统执行视图查询时，首先进行有效性检查，以确认查询中涉及的表、视图等是否存在。如果存在，则从数据字典中取出视图的定义，把定义好的查询和用户的查询结合起来，转换成等价的对基本表的查询。如【示例 5.6】的查询就相当于执行了下面的 SQL 语句：

```
SELECT no, name, gender, age,department
FROM ygxxb
WHERE department = '市场部'
GO
```

5.3.2 查看视图的定义信息

1. 在图形界面下查看视图信息

在Microsoft SQL Server Management Studio中，选择要查看的视图vw_allBank，右键单击，并在弹出的快捷菜单中执行“属性”命令，打开“视图属性”窗口，即可查看该视图的基本属性信息，如图5-13所示。

图 5-13 视图属性信息

2. 使用系统存储过程查看视图信息

使用系统存储过程查看视图的定义信息、文本信息和依赖对象信息。

（1）查看视图基本信息。

使用系统存储过程查看视图基本信息的语法格式如下。

```
EXEC sp_help view_name
```

其中，view_name为用户需要查看的视图的名称。

【示例5.7】查看视图“vw_allBank”的基本信息。执行结果如图5-14所示。

```
EXEC sp_help vw_allBank
```

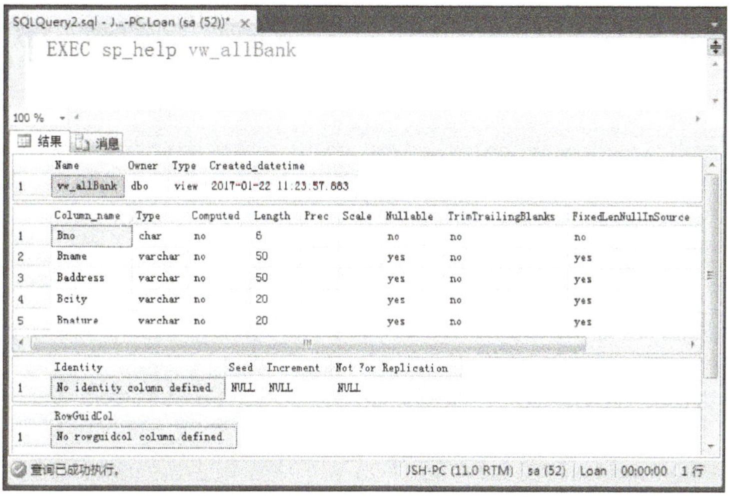

图 5-14 执行结果

（2）查看视图文本信息。

使用系统存储过程查看视图文本信息的语法格式如下。

```
EXEC sp_helptext view_name
```

其中，view_name为用户需要查看的视图的名称。

【示例5.8】查看视图“vw_allBank”的文本信息。执行结果如图5-15所示。

```
EXEC sp_helptext vw_allBank
```

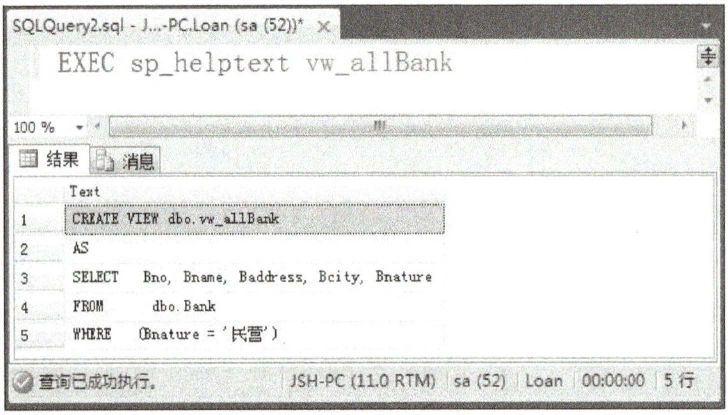

图 5-15 执行结果

（3）查看视图依赖对象。

使用系统存储过程查看视图依赖对象信息的语法格式如下。

```
EXEC sp_depends view_name
```

其中，view_name为用户需要查看的视图的名称。

【示例5.9】查看视图“vw_allBank”的依赖对象信息。执行结果如图5-16所示。

```
EXEC sp_depends vw_allBank
```

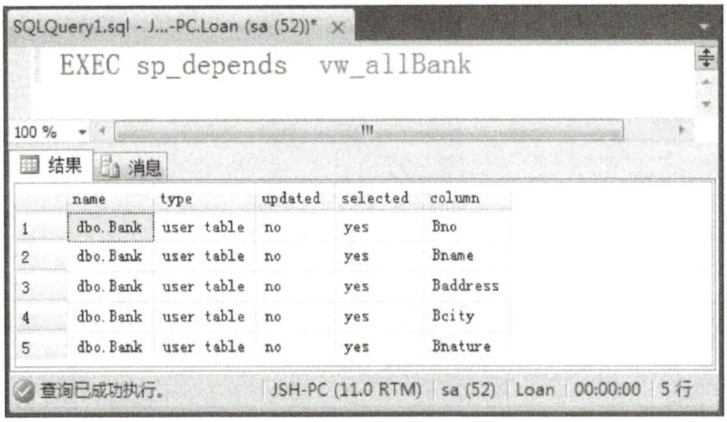

图 5-16 执行结果

5.4 修改视图

5.4.1 使用图形界面修改视图

使用图形界面方式修改视图的具体操作步骤为：展开对象资源管理器，打开指定的服务器实例，选中“数据库”节点，打开指定的数据库。展开“视图”节点，选中要修改的视图，例如“View_1”。在节点上单击鼠标右键，选择“设计”选项，如图5-17所示，出现视图修改窗格，该对话框与创建视图的窗格相同，可以按照创建视图的方法修改视图，如图5-18所示。

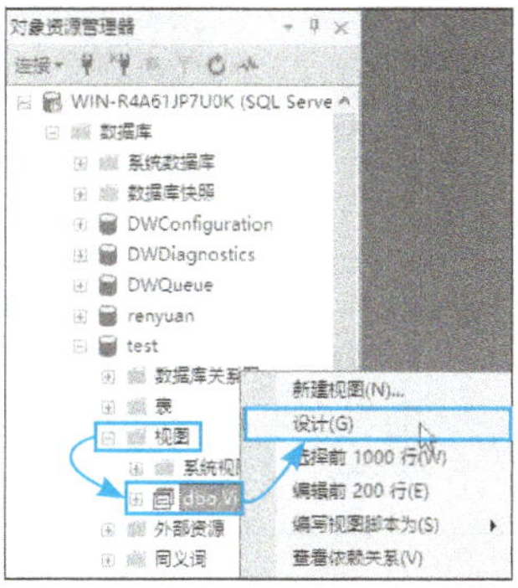

图 5-17 打开视图设计操作

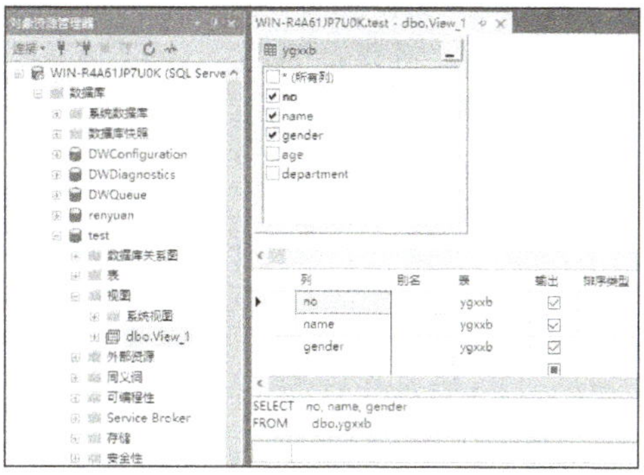

图 5-18 修改视图

5.4.2 使用ALTER VIEW语句修改视图

使用ALTER VIEW语句可以修改视图的定义，但必须拥有使用视图的权限。当用该语句修改视图时，视图原有的权限不会发生变化。ALTER VIEW语句不仅可以修改普通视图，还可以修改加密存储的视图。

ALTER VIEW语句的语法格式与CREATE VIEW语句的语法格式基本相同。下面通过具体的实例介绍如何使用T-SQL命令修改视图。

【示例5.10】将“vw_ygxxb”视图修改为只显示市场部员工的视图。

```
ALTER VIEW vw_ygxxb
AS
SELECT no, name, gender,age,department
FROM ygxxb
WHERE department = '市场部'
GO
```

执行结果如图5-19所示。

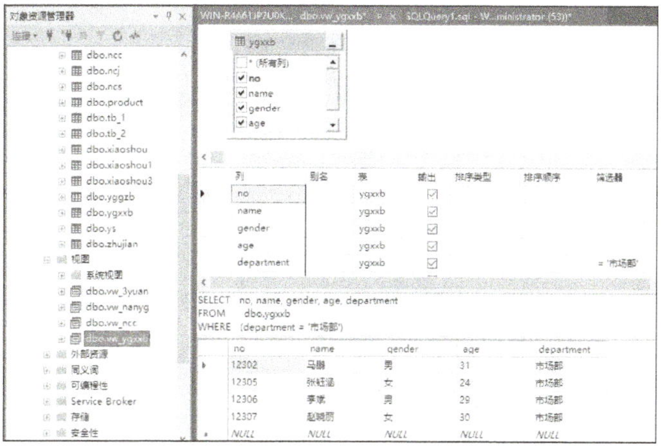

图 5-19 执行结果

5.4.3 使用存储过程sp_rename修改视图

使用系统存储过程“sp_rename”，可以更改当前数据库中视图的名称。其语法格式如下。

```
sp_rename 'old_view_name' , 'new_view_name'
```

【示例5.11】使用存储过程“sp_rename”把视图“vw_nanyg”重命名为“vw_nyg”。

```
EXEC sp_rename vw_nanyg, vw_nyg
```

执行结果如图5-20所示。

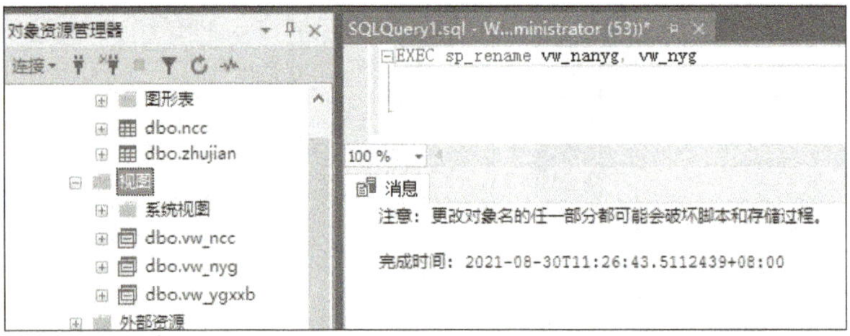

图 5-20 执行结果

5.5 删除视图

5.5.1 使用图形界面删除视图

以界面方式删除视图的具体步骤如下。

步骤01 在SSMS中，展开节点并选择要删除的视图，单击鼠标右键，选择“删除”选项，如图5-21所示。

步骤02 在弹出的“删除对象”对话框中，单击“确定”按钮，完成删除，如图5-22所示。

图 5-21 删除视图操作

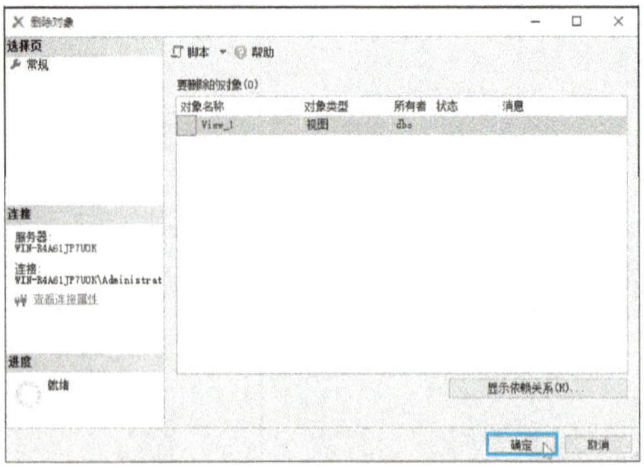

图 5-22 “删除对象”对话框

■5.5.2 使用DROP VIEW语句删除视图

对于不再使用的视图，可以使用DROP VIEW语句删除视图。该语句还可以用于删除多个视图，只需在各视图名称之间用逗号隔开即可。DROP VIEW语句的语法格式如下。

```
DROP VIEW view_name
```

【示例5.12】同时删除视图“vw_3yuan”和“vm_avggz”，代码如下。

```
USE test
GO
DROP VIEW vw_3yuan,vm_avggz
GO
```

执行结果如图5-23所示。

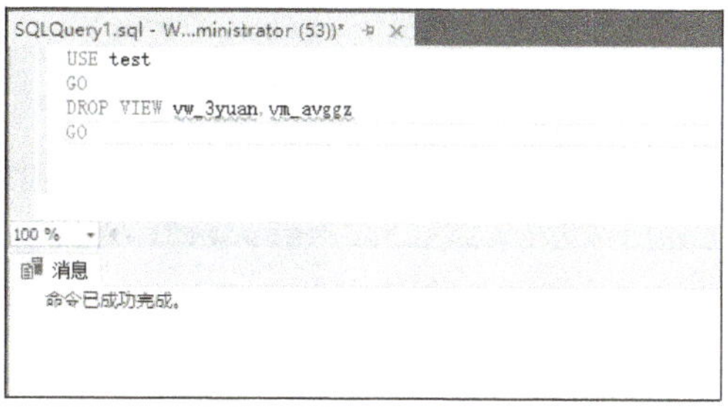

图 5-23 执行结果

5.6 通过视图更新数据

■5.6.1 向视图中添加数据

向视图中添加数据的步骤如下。

【示例5.13】通过视图“vw_ygxxb”插入一个新的员工记录。

输入的SQL语句如下，执行结果如图5-24所示。

```
USE test
GO
INSERT INTO vw_ygxxb(no, name,
gender, age,department)
VALUES('12312','苏慧','女',27,'
市场部')
GO
SELECT * FROM ygxxb
GO
```

查看执行结果，可以发现在“ygxxb”表中已经多了一条新员工的记录。

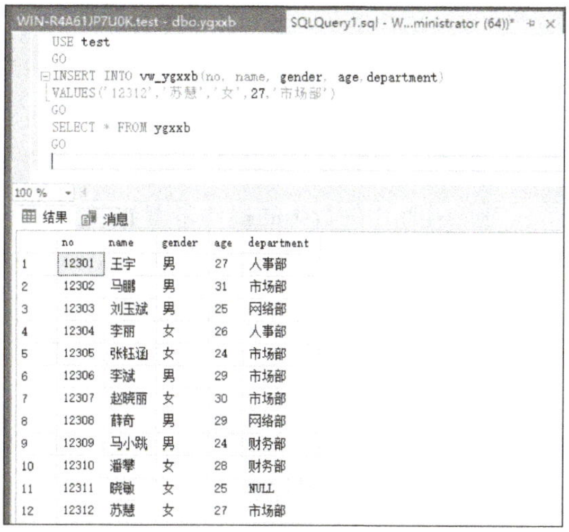

图 5-24 执行结果

■5.6.2 修改视图中的数据

修改视图中的数据步骤如下。

【示例5.14】通过视图“vw_ygxxb”修改表中的记录，将编号为“12312”的员工的年龄修改为25。输入的SQL语句如下，执行结果如图5-25所示。

```
USE test
GO
UPDATE vw_ygxxb
SET age =25
WHERE no='12312'
GO
SELECT * FROM ygxxb
GO
```

查看执行结果，可以发现编号为“12312”的员工的年龄已被修改为25。

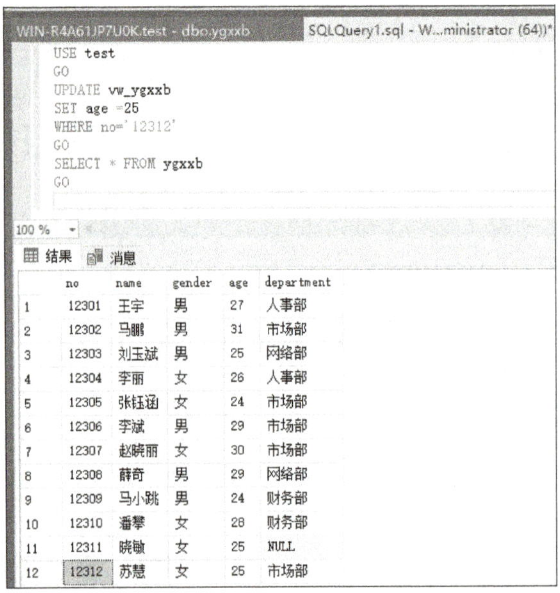

图 5-25　执行结果

5.6.3　删除视图中的数据

删除视图中的数据的操作步骤如下。

【示例5.15】通过视图“vw_ygxxb”删除编号为“12312”的员工信息。

输入的SQL语句如下，执行结果如图5-26所示。

```
USE test
GO
DELETE FROM vw_ygxxb
WHERE no='12312'
GO
SELECT * FROM ygxxb
GO
```

查看执行结果，可以发现编号为“12312”的员工记录已经被删除。

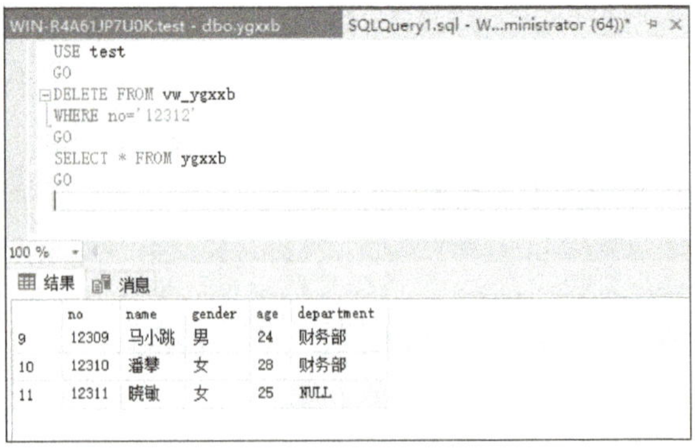

图 5-26　执行结果

课后作业

一、选择题

扫码解锁
◎ 配套资源
◎ 入门精讲
◎ 高阶开发
◎ 理论体系

1. 标准视图在数据库中存储的是（　　）。

A. 表中的数据

B. 视图的定义

C. 数据+定义

D. 定义+索引

2. 下列语句中，可以修改视图的命令是（　　）。

A. CREATE VIEW

B. ALTER VIEW

C. ALTER INDEX

D. ALTER TABLE

3. SQL Server 2019中视图可以分为（　　）。

A. 标准视图

B. 索引视图

C. 结构视图

D. 分区视图

4. 视图是一种常用的数据对象，它提供（　　）和（　　）数据的另一种途径，可以简化数据库操作。

A. 查看，存放

B. 检索，更新

C. 查看，检索

D. 插入，更新

二、简答题

1. 使用视图有什么优点？

2. SQL Server 2019中，对视图进行操作的方式有几种，分别是什么？

3. 使用SQL命令方式操作视图，请写出创建视图、修改视图、删除视图常用的命令及其格式。

学习体会

项目6 索引

内容概要

索引是一种单独的存储结构，它是从逻辑上对数据库表中一列或多列的值进行排序。利用索引可以加快从表中查找数据的速度，提高数据库系统的性能。本项目将对索引的基本概念和特点，索引的创建、修改、删除、优化的方法进行介绍。通过对本项目内容的学习，读者可以了解并掌握使用图形化工具和SQL命令创建、修改、删除和优化索引的方法。

扫码解锁
- 配套资源
- 入门精讲
- 高阶开发
- 理论体系

知识要点

认识索引。

索引的分类。

索引的创建、查看、修改、删除和设置。

全文索引。

6.1 认识索引

在关系数据库中，索引是一种单独的存储结构；它从逻辑上对数据库表中一列或多列的值进行排序；它包含了某个表中一列或若干列值的集合，以及相应的指向表中物理标识这些值的数据页的指针清单（即存储位置）。索引的作用相当于图书的目录，可根据目录中的页码快速找到所需的内容。

索引提供指向存储在表的指定列中的数据值的指针，然后根据用户指定的排序方式对这些指针排序。查询时先使用索引找到特定值，然后顺着指针找到包含该值的行。这样可以使对应于表的SQL语句执行得更快，可快速访问数据库表中的特定信息。

使用索引的优点有以下几个方面。

- 大大加快数据的检索速度。
- 创建唯一性索引，保证数据库表中每一行数据的唯一性。
- 加速表和表之间的连接。
- 在使用分组和排序子句进行数据检索时，可以显著减少查询中分组和排序的时间。

当表中有大量记录时，若要对表进行查询，一种搜索信息的方式是全表搜索，将所有记录一一取出，和查询条件进行一一对比，然后返回满足条件的记录，这样做会消耗大量数据库系统时间，并造成大量磁盘I/O操作；另一种是在表中建立索引，然后在索引中找到符合查询条件的索引值，最后通过保存在索引中的ROWID（相当于图书页码）快速找到表中对应的记录。

使用索引的缺点有以下几个方面。

- 索引需要占用物理空间，每一个索引都需要占用一定的空间。如果创建大量的索引，索引所需空间可能比实际数据所需空间还要大。
- 创建和维护索引需要消耗时间，并且需要消耗的时间随着数据量的增加而增加。
- 当对表中的数据进行增加、删除和修改的时候，索引也要动态地维护，从而降低了数据的维护速度。

6.2 索引的分类

在SQL Server中提供的索引类型主要包括：聚集索引、非聚集索引、唯一索引、包含性索引、索引视图、全文索引、空间索引、筛选索引和XML索引。按照存储结构划分，索引可分为聚集索引和非聚集索引两大类。

6.2.1 聚集索引

聚集索引根据数据行的键值在表或视图中排序并存储这些数据行。索引定义中包含聚集索引列。每个表只能有一个聚集索引，因为数据行本身只能按一个顺序排序。

只有当表包含聚集索引时，表中的数据行才按照排序顺序存储。如果表具有聚集索引，则该表称为聚集表。如果表没有聚集索引，则其数据行存储在一个称为堆的无序结构中。

6.2.2 非聚集索引

非聚集索引具有独立于数据行的结构。非聚集索引包含非聚集索引键值，并且每个键值项都有指向包含该键值的数据行的指针。

从非聚集索引中的索引行指向数据行的指针称为行定位器。行定位器的结构取决于数据页是存储在堆中还是聚集表中。对于堆而言，行定位器是指向行的指针。对于聚集表而言，行定位器是聚集索引键。

知识点拨

两种索引的区别

实际上，可以把索引理解为一种特殊的目录。

例如，汉语字典的正文本身就是一个聚集索引。要查“安”字，就会很自然地翻开字典的前几页，因为“安”的拼音是“an”。而按照拼音排序汉字的字典是以英文字母“a”开头并以“z”结尾的，那么“安”字就自然地排在字典的前部。如果翻完了所有以“a”开头的部分仍然找不到这个字，那么就说明字典中没有这个字。同样地，如果查“张”字，那也会将字典翻到最后部分，因为“张”的拼音是“zhang”。也就是说，字典的正文部分本身就是一个目录，不需要再去查其他目录来找到需要找的内容。通常把这种正文内容本身就是一种按照一定规则排列的目录称为“聚集索引”。

如果认识某个字，可以快速地从字典中查到这个字。但如果遇到不认识的字，不知道它的发音，那么就不能按照刚才的方法找到要查的字，而是需要根据“偏旁部首”去查要找的字，然后根据这个字后的页码直接翻到某页去找到要找的字。但结合“部首目录”和“检字表”而查到的字的排序并不是真正的正文的排序方法，如查“张”字，可以看到在查部首之后的检字表中“张”的页码是A页；检字表中“张”的上面是“驰”字，但页码却是B页；“张”的下面是“弩”字，页码是C页。很显然，这些字并不是真正地分别位于“张”字的上下方，现在看到的连续的“驰、张、弩”三字实际上就是它们在非聚集索引中的排序，是字典正文中的字在非聚集索引中的映射。

6.2.3 其他索引

除了上面两种常见的索引外，还有以下几种索引。

1. 唯一索引

唯一索引可以确保索引列不包含重复的值。例如，如果在Enterprise表的Ename列上创建了唯一索引，则该数据表中任何两个企业都不可以具有相同的名称。唯一索引既可以是聚集索引，也可以是非聚集索引。

2. 包含性索引

包含性索引是一种非聚集索引。在SQL Server中可以通过包含索引键列和非键列来扩展非聚集索引。通过包含非键列，可以创建覆盖更多查询的非聚集索引，提高查询效率。

3. 索引视图

普通视图就是一段逻辑语句，对系统性能没有任何提升，也不能创建索引。而索引视图是把视图里查询出来的数据在数据库上建立快照，它和物理表一样可创建索引、主键约束等，其性能会有质的提升。缺点是会占用磁盘空间，会降低其所依赖的基本表的增、删、改、查的操作效率。

4. 全文索引

全文索引适用于检索字段中是否包含或不包含指定的关键字，有点像搜索引擎的功能，其内部的索引结构采用的是与搜索引擎相同的倒排索引结构。其原理是对字段中的文本进行分词，然后为每一个出现的单词记录一个索引项。这个索引项中保存了所有出现过该单词的记录的信息，也就是说在索引中找到这个单词后，就知道哪些记录的字段中包含这个单词了，因此适合用于大文本字段的查找。

5. 空间索引

作为一种辅助性的空间数据结构，空间索引介于空间操作算法和空间对象之间。它通过筛选作用，将大量与特定空间操作无关的空间对象排除，从而提高空间操作速度和效率。

6. 筛选索引

筛选索引是一种经过优化的非聚集索引，尤其适用于涵盖从定义完善的数据子集中选择数据的查询。筛选索引使用筛选谓词对表中的部分行进行索引。

7. XML索引

XML索引分为主索引和辅助索引。在XML列上可以创建一个主索引和若干个辅助索引，其中辅助索引可以是PATH型、VALUE型以及PROPERTY型。如果要在某列上创建XML辅助索引，那么该列必须要先拥有XML主索引。关于这一点，可以将XML主索引理解为一棵树的树干，辅助索引理解为树上的枝叶。

6.3 索引的操作

索引设计不合理或缺少索引都会对数据库和应用程序的性能造成不良影响。高效的索引对获得良好的系统性能非常重要。在设计索引时，应考虑以下几个原则。

（1）在查询条件表达式中经常用到的列上创建索引。

（2）不要在包括大量重复数据的列上创建索引。

（3）如果索引包含多个列，则应考虑列的顺序。用于联接或搜索条件的列放在前面，其他列基于非重复级别进行排序。

（4）数据量很小的表最好不要使用索引。由于数据量很小，在表中直接查询所需的时间可能比遍历索引的时间还要短，索引可能不会产生优化效果。

（5）索引数量不宜太多。一个表中如果有大量的索引，不仅占用大量的磁盘空间，而且会影响数据增、删、改操作的效率。

6.3.1 创建索引

可以使用CREATE INDEX语句来创建索引。CREATE INDEX语句所涉及到的选项数量众多，但很多并不常用，在下面的语法格式中仅列出一些常用的选项。

```
CREATE [UNIQUE][CLUSTERED|NONCLUSTERED] INDEX index_name
ON {TABLE|VIEW}(column [ASC|DESC][,…n])
[INCLUDE ( column_name [ ,…n ] ) ]
[WITH (IGNORE_DUP_KEY | DROP_EXISTING)]
```

参数说明如下。

- **UNIQUE**：表示为表或视图创建唯一索引。唯一索引不允许两行具有相同的索引键值。视图的聚集索引必须唯一。
- **CLUSTERED**：表示创建一个聚集索引，索引键值的逻辑顺序决定表中对应行的物理顺序。一个表或视图只允许有一个聚集索引。
- **NONCLUSTERED**：表示创建一个非聚集索引。非聚集索引数据行的物理排序独立于索引排序。每个表都最多可包含999个非聚集索引。对于索引视图，只能为已定义唯一聚集索引的视图创建非聚集索引。
- **index_name**：指定索引名称。索引名称在表或视图中必须唯一，但在数据库中不必唯一。索引名称必须符合标识符的规则。
- **[ASC | DESC]**：确定特定索引列的升序或降序排序方式。默认值为升序方式ASC。
- **IGNORE_DUP_KEY**：指定对唯一聚集索引或唯一非聚集索引执行多行插入操作时，出现重复键值的错误响应。默认值为OFF，OFF表示发出错误消息，并回滚整个INSERT事务。ON表示发出警告信息，只有违反了唯一索引的行插入时才会失败，不回滚事务。
- **DROP_EXISTING**：指定应删除并重建已命名的先前存在的聚集索引或非聚集索引。默认值为OFF，OFF表示如果指定的索引名已经存在，则会显示一条错误信息。ON表示删除并重新创建现有索引。

注意事项：创建索引

如果在创建表时，已经指定了主键约束，那么系统会自动地对主键创建一个聚集索引，如本数据库实例“test”中的“ygxxb”表中的no字段就有了聚集索引。用户既不能再对该主键创建聚集索引，也不能做删除（如果在已经有外键约束和数据的情况下）；也不能对“ygxxb”表上的其他字段再创建聚集索引，因为一个表中最多只能创建一个聚集索引。

【示例6.1】创建唯一的、非聚集索引“INDEX_ygxxb_name”。

在“ygxxb”表的name列上创建一个唯一的、非聚集索引。

```
USE test
GO
CREATE UNIQUE NONCLUSTERED INDEX
INDEX_ygxxb_name
ON dbo.ygxxb(name)
GO
```

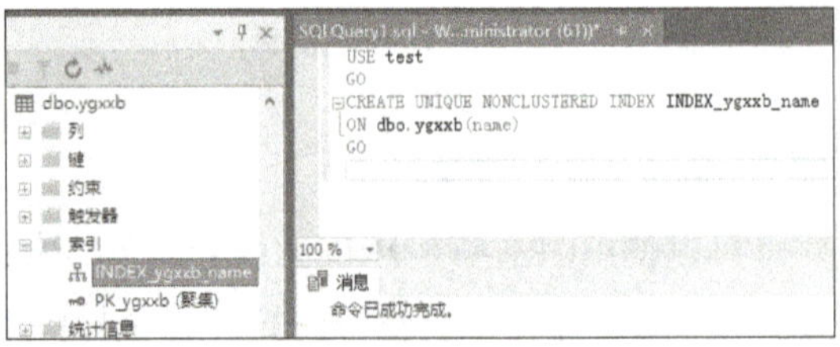

图 6-1 执行结果

执行结果如图6-1所示。

【示例6.2】创建非聚集组合索引“INDEX_ygxxb_name_gender”。

在“ygxxb”表的name、gender列上创建非聚集组合索引。

```
USE test
GO
CREATE NONCLUSTERED INDEX INDEX_
ygxxb_name_gender
ON dbo.ygxxb (name, gender)
GO
```

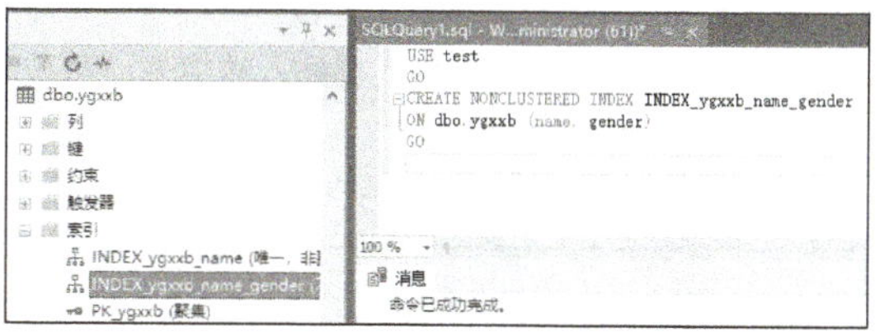

图 6-2 执行结果

执行结果如图6-2所示。

【示例6.3】使用IGNORE_DUP_KEY选项。

本示例首先在该选项设置为ON时在临时表中插入多行，然后在该选项设置为OFF时执行相同操作，对比IGNORE_DUP_KEY选项的影响。单个行被插入#Test表，在执行第2个INSERT语句时将导致出现重复值。表中的行计数会返回插入的行数。

```
USE test
GO
CREATE TABLE #Test (C1 int, C2 nchar(50));
GO
CREATE UNIQUE INDEX AK_Index ON #Test (C1)
    WITH (IGNORE_DUP_KEY = ON);
GO
INSERT INTO #Test VALUES (1, '张伟');
INSERT INTO #Test VALUES (1, '刘毅封');
GO
DROP TABLE #Test;
GO
```

执行结果如图6-3所示。

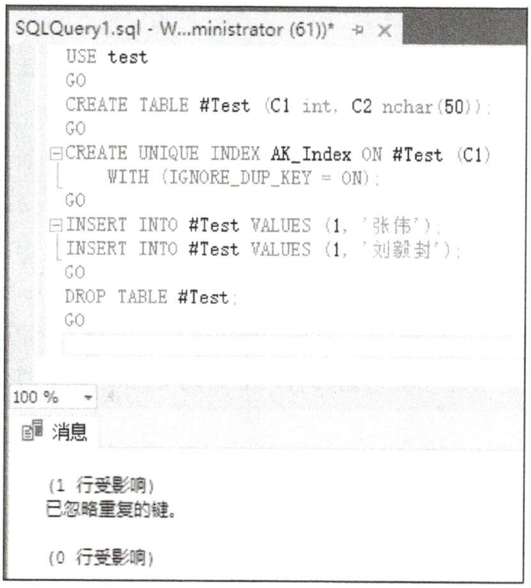

图 6-3 执行结果

再次执行相同语句，但将IGNORE_DUP_KEY设置为OFF。

```
USE test
GO
CREATE TABLE #Test (C1 int, C2
nchar(50));
GO
CREATE UNIQUE INDEX AK_Index ON
#Test (C1)
    WITH (IGNORE_DUP_KEY = OFF);
GO
INSERT INTO #Test VALUES (1, '李想');
INSERT INTO #Test VALUES (1, '张德傲');
GO
DROP TABLE #Test;
GO
```

执行后结果如图6-4所示。

> **❗ 注意事项：只插入了一行**
>
> 重复键值所在行不能成功插入数据表，系统会发出警告并忽略重复行，但不会回滚整个事务，所以只成功插入了一行。

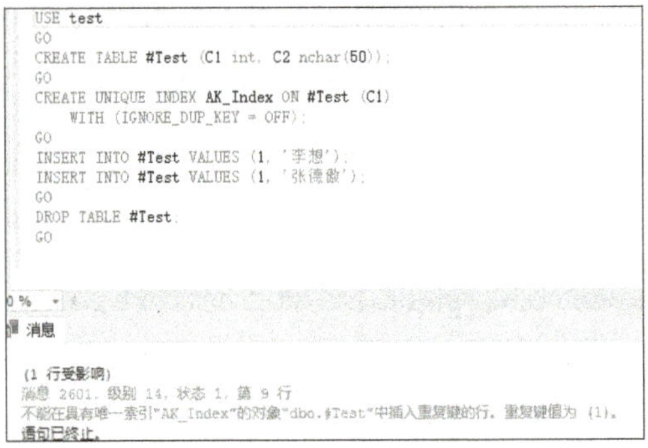

图 6-4 执行结果

【示例6.4】使用DROP_EXISTING选项删除和重新创建索引。

本示例使用DROP_EXISTING选项在“ygxxb”表的name列上删除并重新创建现有索引。

```
USE test
GO
CREATE NONCLUSTERED INDEX INDEX_ygxxb_name
ON dbo.ygxxb (name)
WITH (DROP_EXISTING = ON)
GO
```

【示例6.5】为视图创建索引。

本示例将创建一个视图，并为该视图创建索引。

```
USE test
GO
IF OBJECT_ID('dbo.v_CourseInfo') IS NOT NULL
  DROP VIEW dbo.v_CourseInfo;
GO

CREATE VIEW dbo.v_CourseInfo
with SCHEMABINDING
AS
SELECT Cno, Cname, Cnature
FROM dbo.Course
GO

CREATE UNIQUE CLUSTERED INDEX idx_Course
ON dbo.v_CourseInfo(Cno)
GO
```

【示例6.6】创建具有包含性（非键）列的索引。

本示例创建具有一个键列（Cno）和两个非键列（Cname, Cnature）的非聚集索引。

```
USE test
GO
CREATE NONCLUSTERED INDEX idx_id_name
ON dbo.v_CourseInfo(Cno, Cname, Cnature)
GO
```

6.3.2 查看索引信息

可以使用系统存储过程查看索引信息。

系统存储过程sp_helpindex可以返回某个表或视图中的索引信息，语法格式如下。

```
sp_helpindex [@objname] 'name'
```

参数说明如下。

- **[@objname] 'name'**：用户定义的表或视图的限定或非限定名称。

【示例6.7】使用系统存储过程sp_helpindex查看“ygxxb”表中的索引信息。

```
USE test
GO
EXEC sp_helpindex ygxxb
GO
```

执行结果如图6-5所示。

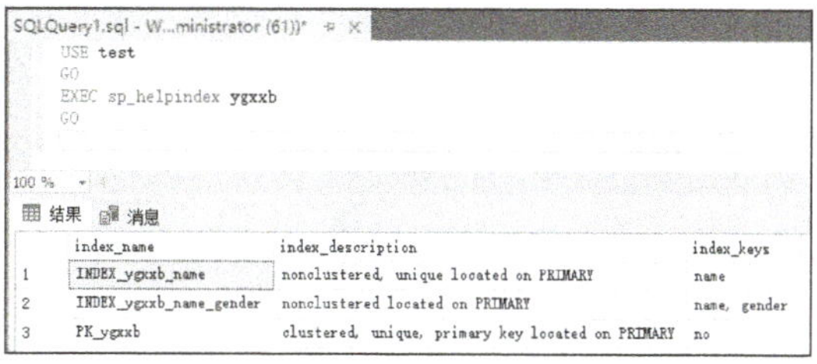

图 6-5 执行结果

> **知识点拨**
>
> **其他查看索引信息的方法**
>
> 还可以利用系统表sysobjects和sysindexes查看索引信息。首先根据表名在系统表sysobjects中找到该表的ID号，然后再根据ID号在系统表sysindexes找到该表的索引信息。

【示例6.8】利用系统表查看“ygxxb”表中的索引信息。

```
USE test
GO
SELECT ID,NAME FROM SYSINDEXES
    WHERE ID=(SELECT ID FROM
SYSOBJECTS WHERE NAME='ygxxb')
GO
```

执行结果如图6-6所示。

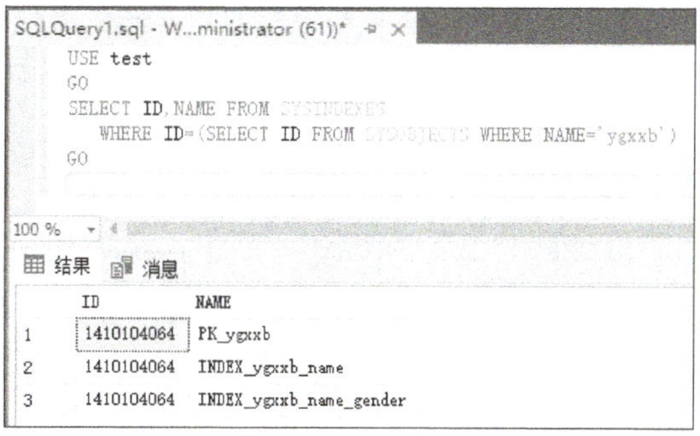

图 6-6 执行结果

6.3.3 索引的修改

可以使用ALTER INDEX语句修改已经存在的索引，语法格式如下。

```
重新生成索引：ALTER INDEX index_name ON table_or_view_name REBUILD
重新组织索引：ALTER INDEX index_name ON table_or_view_name REORGANIZE
禁用索引：ALTER INDEX index_name ON table_or_view_name DISABLE
```

下面通过一些具体的实例说明如何修改索引。

1. 禁用索引

禁用索引可防止用户访问该索引，对于聚集索引，还可防止用户访问基本表数据。索引定义保留在元数据中，非聚集索引的索引统计信息仍保留。对视图禁用非聚集索引或聚集索引会以物理方式删除索引数据。禁用表的聚集索引可以防止对数据的访问，数据仍保留在表中，但在删除或重新生成索引之前，无法对这些数据执行DML操作。

【示例6.9】禁用索引。

```
USE test
GO
ALTER INDEX INDEX_ygxxb_name ON ygxxb DISABLE
GO
```

【示例6.10】启用索引。

```
USE test
GO
ALTER INDEX INDEX_ygxxb_name ON ygxxb REBUILD
GO
```

2. 重新组织和重新生成索引

无论何时对基础数据执行插入、更新或删除操作，SQL Server都会自动维护索引。随着时间的推移，这些修改可能会导致索引中的信息分散在数据库中（含有碎片）。碎片非常多的索引可能会降低查询性能，导致应用程序响应缓慢。可以通过重新组织索引或重新生成索引来修复索引碎片。

重新组织索引是通过进行物理重新排序，从而对表或视图的聚集索引和非聚集索引的叶级别进行碎片整理，提高索引扫描的性能。重新生成索引将删除该索引并创建一新索引。

【示例6.11】重新组织表“ygxxb”的索引“INDEX_ygxxb_name”。

```
USE test
GO
ALTER INDEX INDEX_ygxxb_name ON ygxxb REORGANIZE
GO
```

【示例6.12】重新生成表“ygxxb”中的全部索引。

```
USE test
GO
ALTER INDEX ALL ON ygxxb REBUILD
GO
```

3. 重命名索引

重命名索引将用提供的新名称替换当前的索引名称。指定的名称在表或视图中必须是唯一的。可以使用系统存储过程sp_rename重命名索引，语法格式如下。

```
sp_rename 'object_name' , 'new_name' [ ,'object_type']
```

- **object_name**：用户对象或数据类型的当前限定或非限定名称。
- **new_neme**：指定对象的新名称。
- **object_type**：要重命名的对象的类型。

【示例6.13】重命名索引。

```
EXEC sp_rename 'dbo.ygxxb.INDEX_ygxxb_name', 'idx_name', 'INDEX'
```

6.3.4 删除索引

当一个索引不再被需要时，可以将其从数据库中删除，以回收它使用的磁盘空间。可以使用DROP INDEX语句删除索引，语法格式如下。

```
DROP INDEX index_name ON {table|view}[,…n]
```

- **index_name**：索引名称。
- **table**：索引所在的表名称。

【示例6.14】从“ygxxb”表中删除“idx_name”索引。

```
USE test
GO
DROP INDEX idx_name ON dbo.ygxxb
GO
```

6.3.5 设置索引选项

索引的属性选项包括索引属性常规页、用于为索引选择列的对话框、索引属性存储页、索引属性空间页、索引属性筛选器页等。可以在T-SQL中修改索引的属性。

设置某一个索引选项的代码如下。

```
USE test;
GO
ALTER INDEX INDEX_ygxxb_name ON ygxxb(
    STATISTICS_NORECOMPUTE = ON, IGNORE_DUP_KEY = ON,
    ALLOW_PAGE_LOCKS = ON ) ;
GO
```

设置某个表上的所有索引选项的代码如下。

```
USE test;
GO
ALTER INDEX ALL ON ygxxb WITH (FILLFACTOR = 80, SORT_IN_TEMPDB = ON,
STATISTICS_NORECOMPUTE = ON);
GO
```

6.4 索引的分析与维护

实际上索引的维护主要包括页拆分和碎片两个方面。这两个问题都和页密度有关，虽然两者的表现形式在本质上有所区别，但是故障排除工具是一样的，因为处理是相同的。

对于非常小的表（比64 KB小得多），一个区中的页面可能属于多于一个的索引或表，这被称为混合区。如果数据库中有太多的小表，混合区帮助SQL Server节约磁盘空间。

随着表（或索引）增长并且请求超过8个页面，SQL Server创建专用于该表（或索引）的区并且从该区中分配页面。这样的一个区被称为统一区，它可以为多达8个相同表或索引的页面请求服务。

当数据库增长、页拆分或删除数据时，就会产生碎片。从增长的方面看，平衡树处理得很不错。但是对于删除操作，它并没有太大的作用。最终可能会出现这种情况：一个页上有一条记录，而另一个页上有几条记录。在这种情况下，一个页上保存的数据量只是它能够保存的总数据量的一小部分。

知识点拨

碎片的影响

碎片会造成空间的浪费，SQL Server每次会分配一个区段，如果一个页上只有一条记录，则仍然会分配整个区段。散布在各处的数据会造成数据检索时的额外系统开销。为了获取需要的10行记录，SQL Server不是只加载一个页，而是可能必须加载10个页来获取相同的信息。并不只是读取行导致了这一结果，在读取行前，SQL Server必须先读取页，更多的页意味着更多的工作量。

但是碎片也不只是有坏处，如一个插入非常频繁的表就很喜欢碎片，因为在插入数据时几乎不用担心页拆分的问题。所以大量的碎片意味着较差的读取性能，但同时也意味着极好的插入性能。

碎片分外部碎片和内部碎片两种。外部碎片指的是页拆分而产生的碎片，如向表中插入一行，而这一行导致现有的页空间无法容纳新插入的行，则导致页拆分。内部碎片是页拆分后，导致索引页的数据并不满，有空行。

SQL Server提供了一种特殊的元数据函数sys.dm_db_index_physical_stats，它有助于确定数据库中的页和区段有多满，然后用该信息作出一些维护数据库的决策。

该函数语法如下。

```
sys.dm_db_index_physical_stats(
    {<database id> | NULL | 0 | DEFAULT},
    { <object id> | NULL | 0 | DEFAULT },
    { <index id> } | NULL | 0 | -1 | DEFAULT },
    { <partition no> | NULL | 0 | DEFAULT },
    { <mode> | NULL | DEFAULT }
)
```

不要过分关注小表的sys.dm_db_index_physical_stats输出。对于少于8个页面的小表或者索引，SQL Server使用混合区。例如，如果一个表仅包含两个页面，SQL Server从一个混合区中分配两个页面，而不是分配一个区给该表。混合区也可以包含其他小表或索引的页面。

跨越多个混合区的页面分布可能导致在表或索引中有大量的外部碎片，而实际上这是SQL Server的设计，因而是可接受的。

碎片的解决方法如下。

1. 删除索引并重建

该方法主要有以下缺点，不建议在生产数据库，尤其是非空闲时间采用这种技术。

- **索引不可用：**在删除索引期间，索引不可用。
- **阻塞：**卸载并重建索引会阻塞表上所有的其他请求，也可能被其他请求所阻塞。
- **删除聚集索引：**会导致对应的非聚集索引重建两次（删除时重建，建立时再重建，因为非聚集索引中有指向聚集索引的指针）。
- **唯一性约束：**用于定义主键或者唯一性约束的索引不能使用DROP INDEX语句删除。而且，唯一性约束和主键都可能被外键约束引用。在主键卸载之前，所有引用该主键的外键必须首先被删除。尽管可以这么做，但这是一种冒险而且费时的碎片整理方法。

2. 使用DROP_EXISTING语句重建索引

为了避免重建两次索引，使用DROP_EXISTING语句重建索引。因为这个语句是原子性的，不会导致非聚集索引重建两次，但同样这种方式也会造成阻塞。该方法有以下缺点。

- **阻塞：**与卸载重建方法类似，这种技术也导致并面临来自其他访问该表（或该表的索引）的查询阻塞问题。
- **使用约束的索引：**与卸载重建不同，具有DROP_EXISTING子句的CREATE INDEX语句可以用于重新创建使用约束的索引。如果该约束是一个主键或与外键相关的唯一性约束，在CREATE语句中不能包含UNIQUE。
- **具有多个碎片化的索引的表：**随着表数据产生碎片，索引常常也碎片化。如果使用这种碎片整理技术，表上所有索引都必须单独确认和重建。

3. 使用ALTER INDEX REBUILD语句重建索引

使用这个语句同样也是重建索引，但是通过动态重建索引而不需要卸载并重建索引。是优于前两种方法的，但依旧会造成阻塞。可以通过ONLINE关键字减少锁，但会造成重建时间加长。该方法主要的缺点如下。

- **阻塞：**这种方法依然有阻塞问题。
- **事务回滚：**ALTER INDEX REBUILD完全是一个原子操作，如果它在结束前停止，所有到那时为止进行的碎片整理操作都将丢失，可以通过ONLINE关键字减少锁，但会造成重建时间加长。

4. 使用ALTER INDEX REORGANIZE

这种方式不会重建索引，也不会生成新的页，仅仅是整理叶级数据，不涉及非叶级。当遇到加锁的页时跳过，所以不会造成阻塞。但同时，整理效果会差于前三种。

重建索引能够解决碎片的问题，但是重建索引的代码一来需要经常操作，二来会造成数据阻塞，影响使用。在数据比较少的情况下，重建索引会很快，但是当索引比较大的时候，如超过100 MB，那么重建索引的时间会非常长。

填充因子的作用是控制索引叶子页面中的空闲空间数量，说白了就是预留一些空间给INSERT和UPDATE使用。如果知道表上有很多的INSERT查询或者索引键列上有足够的UPDATE查询，可以预先使用填充因子来增加索引叶子页面的空闲空间以最小化页面分割。如果表是只读的，可以创建一个高填充因子来减少索引页面的数量。

默认的填充因子为0，这意味着页面将被100%充满。如何设置填充因子的值并没有一个公式或者理念可以准确地设置。使用填充因子虽然可以减少更新或者插入时的分页，但同时因为需要更多的页，所以降低了查询的性能和占用更多的磁盘空间。

当读写比例大于100：1时，不要设置填充因子为100%填充；当写的次数大于读的次数时，设置为50%～70%填充；当读写比例位于两者之间时，设置为80%～90%填充。

6.5 全文索引

在可以对某一表运行全文查询之前，数据库管理员必须对该表创建全文索引。全文索引包括表中一个或多个基于字符的列。这些列可以具有以下任何数据类型：char、varchar、nchar、nvarchar、text、ntext、image、xml、varbinary(max)和FILESTREAM。每个全文索引都对表中的一个或多个列创建索引，并且每个列都可以使用特定语言。

每个表只允许有一个全文索引。若要对某个表创建全文索引，该表必须具有一个唯一且非Null的列。创建全文索引的列的数据类型是varbinary、varbinary(max)、image或xml要求指定的类型列。类型列是用来存储每行中文档的文件扩展名（.doc、.pdf、xls等）的表列。创建和维护全文索引的过程称为“填充”（也称为“爬网”）。全文索引填充有3种类型：完全填充、基于更改跟踪的填充和基于时间戳的增量式填充。

6.5.1 使用CREATE FULLTEXT INDEX创建全文索引

CREATE FULLTEXT INDEX语句的语法格式如下。

```
CREATE FULLTEXT INDEX ON table_name
    [ ( { column_name
                [ TYPE COLUMN type_column_name ]
                [ LANGUAGE language_term ]
                [ STATISTICAL_SEMANTICS ]
          } [ ,…n]
        ) ]
      KEY INDEX index_name
      [ ON <catalog_filegroup_option> ]
      [ WITH [ ( ] <with_option> [ ,…n] [ ) ] ]
[;]
<catalog_filegroup_option>::=
 {
      fulltext_catalog_name
 | ( fulltext_catalog_name, FILEGROUP filegroup_name )
```

```
  | ( FILEGROUP filegroup_name, fulltext_catalog_name )
  | ( FILEGROUP filegroup_name )
  }
<with_option>::=
  {
    CHANGE_TRACKING [ = ] { MANUAL | AUTO | OFF [, NO POPULATION ] }
  | STOPLIST [ = ] { OFF | SYSTEM | stoplist_name }
  | SEARCH PROPERTY LIST [ = ] property_list_name
  }
```

主要参数如下。

- **table_name**：包含全文索引中的一列或多列的表或索引视图的名称。
- **column_name**：全文索引中包含的列的名称。只能为char、varchar、nchar、nvarchar、text、ntext、image、xml 或varbinary类型的列编制索引，以供全文搜索使用。
- **LANGUAGE language_term**：存储在 column_name 中的数据所采用的语言。language_term是可选的，可以将其指定为与语言区域设置标识符（LCID）对应的字符串、整数或十六进制值。如果未指定任何值，则使用SQL Server 实例的默认语言。
- **STATISTICAL_SEMANTICS**：创建作为统计语义索引一部分的附加关键短语和文档相似性索引。
- **KEY INDEX index_name**：table_name的唯一键索引的名称。KEY INDEX必须是唯一的单键列，不可为Null。为全文唯一键选择最小的唯一键索引。为获得最佳性能，建议全文键使用整数数据类型。
- **fulltext_catalog_name**：用于全文索引的全文目录。数据库中必须已存在该目录，此子句为可选项。如果未指定，则使用默认目录。如果默认目录不存在，SQL Server将返回错误。
- **FILEGROUP filegroup_name**：针对指定的文件组创建指定的全文索引。该文件组必须已存在。如果未指定 FILEGROUP 子句，则全文索引位于与基表或视图相同的文件组中（对于非分区表），或者位于主文件组中（对于分区表）。
- **CHANGE_TRACKING [=] { MANUAL | AUTO | OFF [，NO POPULATION] }**：指定是否由SQL Server对全文索引所覆盖的表列所做的更改（更新、删除或插入）传播到全文索引。通过WRITETEXT 和 UPDATETEXT所做的数据更改不会反映到全文索引中，也不能使用更改跟踪方法拾取。
- **MANUAL**：指定必须通过调用ALTER FULLTEXT INDEX … START UPDATE POPULATION T-SQL语句手动填充。可以使用SQL Server代理来定期调用此T-SQL语句。
- **AUTO**：指定当基表中的数据修改时，所跟踪的更改将会自动传播（自动填充）。尽管是自动传播更改，但这些更改可能不会立即反映到全文索引中。默认值为 AUTO。
- **OFF [，NO POPULATION]**：指定 SQL Server不保留对索引数据更改的列表。如果未指定 NO POPULATION，则SQL Server创建索引后将对其进行完全填充。

- **STOPLIST ［ = ］｛ OFF ｜ SYSTEM ｜ stoplist_name ｝**：将全文非索引字表与索引关联起来，不使用属于指定非索引字表的任何标记填充索引。如果未指定 STOPLIST，则SQL Server会将系统全文非索引字表与索引关联起来。
- **OFF**：指定没有与全文索引关联的非索引字表。
- **SYSTEM**：指定应对此全文索引使用默认的全文系统STOPLIST。
- **stoplist_name**：指定要与全文索引关联的非索引字表的名称。
- **SEARCH PROPERTY LIST ［ = ］ property_list_name**：将搜索属性列表与索引相关联。
- **property_list_name**：指定要与全文索引关联的搜索属性列表的名称。

6.5.2 使用ALTER FULLTEXT INDEX更改全文索引

语法格式如下。

```
ALTER FULLTEXT INDEX ON table_name
    { ENABLE
    | DISABLE
    | SET CHANGE_TRACKING [ = ] { MANUAL | AUTO | OFF }
    | ADD ( column_name
              [ TYPE COLUMN type_column_name ]
              [ LANGUAGE language_term ]
              [ STATISTICAL_SEMANTICS ]
              [,…n]
          )
       [ WITH NO POPULATION ]
    | ALTER COLUMN column_name
       { ADD | DROP } STATISTICAL_SEMANTICS
       [ WITH NO POPULATION ]
    | DROP ( column_name [,…n] )
       [ WITH NO POPULATION ]
    | START { FULL | INCREMENTAL | UPDATE } POPULATION
    | {STOP | PAUSE | RESUME } POPULATION
    | SET STOPLIST [ = ] { OFF| SYSTEM | stoplist_name }
       [ WITH NO POPULATION ]
    | SET SEARCH PROPERTY LIST [ = ] { OFF | property_list_name }
       [ WITH NO POPULATION ]
    }
[;]
```

其参数介绍可见创建全文索引CREATE FULLTEXT INDEX的参数说明。

6.5.3 使用DROP FULLTEXT INDEX删除全文索引

语法格式如下。

```
DROP FULLTEXT INDEX ON table_name
```

知识点拨

删除全文索引的权限要求

用户必须对表或索引视图具有ALTER权限，或者是sysadmin固定服务器角色、db_owner固定数据库角色或db_ddladmin固定数据库角色的成员。

6.5.4 全文目录

全文目录是指一组全文索引的逻辑概念。全文目录是虚拟对象，并不属于任何文件组。创建全文目录的操作步骤如下。

步骤01 在对象资源管理器中，展开服务器，展开“数据库”，然后展开要在其中创建全文目录的数据库“test”。

步骤02 展开“存储”，在“全文目录”节点上单击鼠标右键，选择“新建全文目录”选项，如图6-7所示。

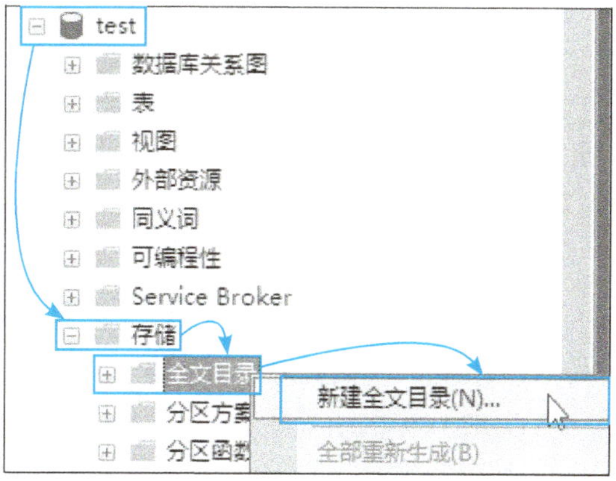

图 6-7 选择“新建全文目录”选项

步骤03 在“新建全文目录”对话框中，指定要重新创建的目录信息。有关详细信息，请参阅新建全文目录（常规页）。最后单击“确定”按钮，如图6-8所示。

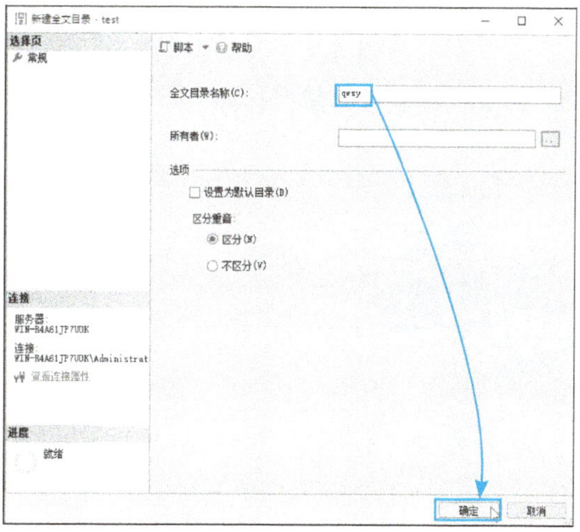

图 6-8 设置全文目录名称

知识点拨

全文目录

每创建一个新目录，全文目录的ID值就会递增1。T-SQL函数FULLTEXTCATALOGPROPERTY可用来获取与全文索引相关的各种属性的值，可用于全文搜索的管理和故障排除。

课后作业

一、选择题

1. 为数据表创建索引的目的是（　　）。

A. 提高查询的检索性能

B. 分类

C. 创建唯一索引

D. 创建主键

2. 在创建表时既可以用（　　）来创建唯一索引，也可以用（　　）来创建唯一索引。

A. 设置主键约束，设置唯一约束

B. CREATE TABLE，CREATE INDEX

C. 设置主键约束，CREATE INDEX

D. 以上都可以

3. 删除索引的命令是（　　）。

A. DELETE INDEX

B. DROP INDEX

C. CREATE INDEX DISABLE

D. ALTER INDEX

二、简答题

1. 索引的优缺点各是什么？

2. 索引分为哪些类？聚集索引与非聚集索引的区别是什么？

3. 如何创建唯一索引？如何查看索引？

学习体会

项目7 SQL 语言编程基础

内容概要

T-SQL是标准化SQL语言的增强版，是微软公司SQL Server数据库管理系统中采用的SQL语言。本项目主要介绍T-SQL语言的数据类型、变量、运算符、表达式、流程控制和批处理等知识以及SQL Server中提供的系统函数，如聚合函数、数学函数、字符串函数、日期时间函数、转换函数等。在程序设计中，合理并充分地使用系统函数可以大大提高编程效率，使程序更加简练易懂。

通过本项目内容的学习，读者可以理解T-SQL语言的基本概念，并掌握使用T-SQL语言定义变量、实现程序流程控制和批处理的方法，以及了解SQL函数的种类并掌握常用函数的使用方法。

知识要点

T-SQL简介。

常量和变量。

注释符、运算符和通配符。

流程控制语句和批处理。

函数的种类和使用方法。

7.1 T-SQL简介

SQL是20世纪70年代由IBM公司开发，作为IBM关系数据库原型System R的原型关系语言，主要用于关系数据库中的信息检索。由于SQL简单易学，目前已成为关系数据库系统中使用最广泛的语言。SQL有3个主要标准：ANSI SQL、SQL2和SQL99。T-SQL是微软公司在遵循SQL标准的基础上，经过进一步发展，应用于SQL Server数据库系统的结构化查询语言。T-SQL除了具有强大的查询功能外，还可以控制DBMS为用户提供其他功能，它包含的语句众多，按其功能不同，大致分为以下4类。

（1）数据控制语言（Data Control Language，DCL）。

用于安全性管理，可确定哪些用户可以查看或者修改数据，包含GRANT、DENY、REVOKE等语句。

（2）数据定义语言（Data Definition Language，DDL）。

用于执行数据库的任务、创建和管理数据库以及数据库中的各种对象，包含CREATE、ALTER、DROP等语句。

（3）数据操纵语言（Data Manipulation Language，DML）。

用于在数据库中操纵各种对象、检索和修改数据，包含SELECT、INSERT、UPDATE、DELETE等语句。本部分语言中，根据对数据的影响情况又可以细分为数据操纵和数据查询语言。数据操纵语言是指对数据库数据产生变更影响的语言，包含INSERT、UPDATE、DELETE等语句。数据查询语言是指从数据库中获取满足指定条件的数据，而对原始数据不会产生变更影响的语言，主要是各种SELECT语句。

（4）附加语言元素。

附加语言元素是SQL Server后台编程的语法基础，主要包括数据类型、常量和变量、运算符、函数、流程控制和注释等。

上述分类中，数据定义语言DDL、数据操纵语言DML、数据控制语言DCL在其他各项目中有讲述，本项目重点讨论的是附加语言元素，主要包括数据类型、常量和变量、运算符和表达式、流程控制及批处理等内容。

7.2 数据类型、常量和变量

在SQL Server 2019中，每个字段、变量、表达式都有一个对应的数据类型。数据类型是一种属性。T-SQL中可以使用的数据类型和标准化SQL中的数据类型基本相同。

常量是表示特定数据值的符号，如'SQL Server 2019'表示一个字符串常量，1表示一个整型常量，1.0表示浮点数常量。在SQL Server 2019中，要求字符串常量需要使用一对单引号('')，数值型常量直接使用数值，日期时间型常量需要使用一对单引号（''）。

变量对应内存中的一块存储空间。变量的值在程序执行过程中可以随时发生变化。在SQL Server 2019中，变量可用于批处理和脚本中，用来计算循环的次数；也可以保存数据值以供控制流语句测试；还可用于保存存储过程或函数返回的数据值。

7.2.1 常量

常量，即常数，是在程序运行中值不变的量，它可以是任何数据类型。常量分为字符型常量、数值型常量、日期时间型常量、货币型常量等。

1. 字符型常量

字符型常量又分为两种：ASCII字符串常量和Unicode字符串常量。

（1）ASCII字符串常量。

用单引号括起来，由ASCII字符组成。如果在字符常量中已经包含了一个单引号，那么可以使用两个单引号表示这个带单引号的字符，例如，"你好"表示为'你好'。

（2）Unicode字符串常量。

其格式与ASCII字符串常量相似，但它前面有一个前缀N，而且前缀N必须是大写的，例如，N'SQL Server'、N'张三'、N'计算机科学与技术'。

2. 数值型常量

数值型常量包含整型常量和实数型常量两种。

整型常量用来表示整数，可细分为二进制整型常量、十六进制整型常量和十进制整型常量。二进制整型常量以数字0或1表示；十六进制整型常量由前缀“0x”后跟十六进制数组成；十进制整型常量即不带小数点的十进制数。

实数型常量用来表示带小数部分的数，可以有定点数和浮点数两种表示方式，其中，浮点数使用科学记数法来表示，如0.3E-2。

3.日期时间型常量

日期时间型常量使用特定格式的字符日期值表示，并且用单引号括起来。例如，2020年5月1日可以表示为'May 1,2020'、'05/01/2020' 或 '20200501'。

4.货币型常量

货币型常量以数字字符串表示，其中前缀为可选的小数点和可选的货币符号。货币型常量不使用引号括起，如$888.88、¥66.66。

7.2.2 变量

T-SQL中的变量分为局部变量和全局变量两种类型。局部变量由用户定义和维护，而全局变量由系统定义和维护。

在SQL Server 2019系统中，变量的命名规则如下。

- 第一个字符必须是字母、数字、下画线或@符号。
- 变量名不能是T-SQL语言的系统保留字（如IF、ELSE、CONTINUE等），包括大写和小写形式。
- 变量名中不允许出现空格或其他特殊字符。

1. 局部变量

局部变量是用户可自定义的变量，它的作用范围仅在程序内部，通常用来储存从表中查询到的数据，或当作程序执行过程中暂存变量使用。

局部变量必须以@开头，而且必须先用DECLARE命令说明后才可使用，其说明形式如下。

```
DECLARE  @变量名 变量类型 [, @变量名 变量类型……]
```

其中，变量类型可以是SQL Server 2019支持的所有数据类型，也可以是用户自定义的数据类型。

在T-SQL中，不能像在一般的程序语言中一样使用“变量=变量值”给变量赋值，而是必须使用SELECT或SET命令设定变量的值，其语法如下。

```
SELECT @局部变量 = 变量值
SET @局部变量 = 变量值
```

【示例7.1】声明两个整型变量x和y，设置x的值为20、y的值为10，然后计算并显示x、y、2x+3y、x*y和x/y的值。

程序代码如下。

```
declare @x int,@y int                    --声明两个整型变量
set @x=20                                --为变量 x 赋值
set @y=10                                  --为变量 y 赋值
select @x,@y,2*@x+3*@y,@x*@y,@x/@y       --计算并显示表达式的值
```

执行结果如图7-1所示。

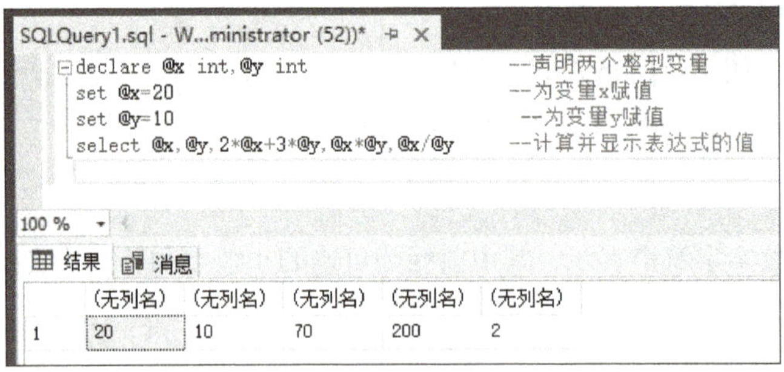

图 7-1 执行结果

【示例7.2】声明一个字符串@testvar，然后将一个字符串值放在该变量中，再输出该变量的值。

程序代码如下。

```
DECLARE @testvar  nchar(20)
SET  @testvar = 'Hello World。'
SELECT @testvar
GO
```

执行结果如图7-2所示。

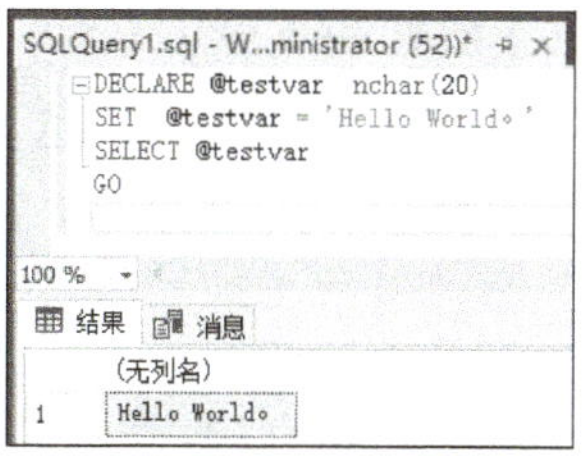

图 7-2 执行结果

2. 全局变量

全局变量是SQL Server系统内部事先定义好的变量，不需要用户定义，其作用范围并不局限于某一程序，而是任何程序均可随时调用。全局变量通常存储一些SQL Server的配置值和效能统计数据，用户可在程序中用全局变量测试系统的设定值或T-SQL命令执行后的状态值。

【示例7.3】 显示截至到当前日期和时间为止试图登录SQL Server 2019的次数。

程序代码如下。

```
SELECT GETDATE()  AS  '当前的日期和时间',
@@CONNECTIONS AS '试图登录的次数'
```

执行结果如图7-3所示。

> **注意事项：使用全局变量应注意**
>
> 在使用全局变量时应该注意以下几点。
>
> - 全局变量是在服务器级定义的。
> - 用户只能使用预先说明及定义的全局变量。
> - 引用全局变量时，必须以标记符"@@"开头，局部变量的名称不能与全局变量的名称相同，否则会在应用中出错。
> - 局部变量名称不能与全局变量的名称相同，否则会在应用程序中出现不可预测的结果。

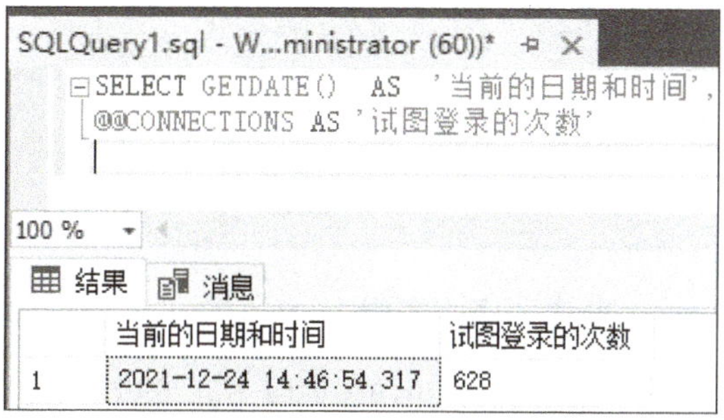

图 7-3 执行结果

7.3 注释符、运算符和通配符

注释符是一些说明性的文字，作为对代码的功能或实现方式的解释和提示。运算符是参与各种运算的符号。通配符是查询数据时，用来指定模糊搜索条件的符号。

7.3.1 注释符

注释是程序代码中不执行的文本字符串，注释通常用于描述程序名称、作者姓名和主要代码更改的日期；注释也可描述复杂的计算或解释编程方法；暂不需要执行的代码也可注释掉。

在T-SQL 中可使用以下两类注释符。

（1）--（双连字符）：单行注释，可以注释双连字符到行尾的代码。

（2）/* …… */（正斜杠和星号字符对）：多行注释，从开始注释对（/*）到结束注释对（*/）之间的所有内容均视为注释，可以跨越多行。

【示例7.4】添加注释符。

程序代码如下。

```
DECLARE @testvar  nchar(20)
/*
下面第 1 行给变量赋值
     第 2 行输出变量值
*/
set  @testvar = 'Hello World.'
SELECT @testvar
GO
```

执行结果如图7-4所示。

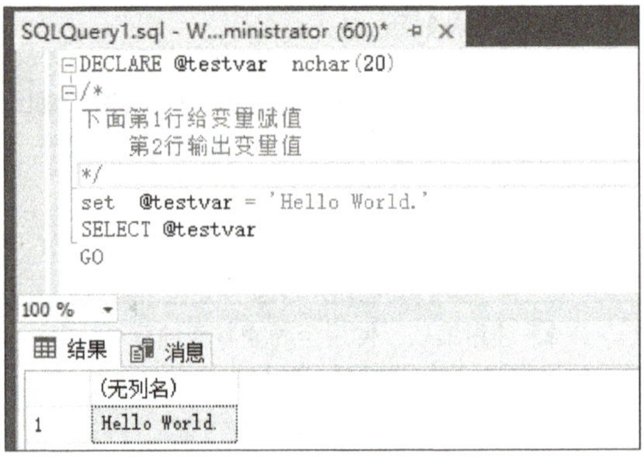

图 7-4　执行结果

7.3.2　运算符

SQL Server 2019提供以下几类运算符：算术运算符、赋值运算符、位运算符、关系运算符、逻辑运算符、字符运算符和一元运算符。

1. 算术运算符

算术运算符用于对两个表达式执行数学运算，这两个表达式可以是数值数据类型的一个或多个数据类型。有：+（加）、-（减）、*（乘）、/（除）、%（取余）。其中+（加）和-（减）运算符也可用于对datetime和smalldatetime类型值进行算术运算。

2. 赋值运算符

=（等号）是T-SQL中唯一的赋值运算符。

3. 位运算符

位运算符用于将两个整数值转换为二进制数，对每个位执行AND、OR或NOT操作并得出结果，然后再将结果转换为整数。常用的位运算符有：&（位与）、|（位或）、^（位异或）。位运算符的操作数可以是整数或二进制字符串数据类型类别中的任何数据类型（image数据类型除外），但两个操作数不能同时是二进制字符串数据类型类别中的某种数据类型。

4. 关系运算符

关系运算符用于测试两个表达式是否相同，可以用于除了text、ntext或image数据类型外的所有表达式。

关系运算符有：=（等于）、>（大于）、<（小于）、>=（大于或等于）、<=（小于或等于）、<>（不等于）、!=（不等于）、!<（不小于）、!>（不大于）。返回值为TRUE、FALSE、UNKNOWN三种。

知识点拨

关系运算符使用说明

- 两个数值型数据比较时，按照值的大小直接比较。
- 两个日期时间型数据比较时，按照年、月、日的先后顺序比较。
- 两个字符型数据比较时，英文字母按照 ASCII 码值大小比较，汉字按照拼音先后顺序比较。

5. 逻辑运算符

逻辑运算符用于对某些条件进行测试，以获得其真实情况。逻辑运算符和比较运算符一样，返回Boolean数据类型值TRUE或FALSE。T-SQL中的逻辑运算符如表7-1所示。

表 7-1　逻辑运算符

运算符	含义
ALL	如果一组的比较都为TRUE，结果就为TRUE
AND	只有两个条件表达式都为TRUE，结果才为TRUE
ANY	如果一组的比较中有任何一个为TRUE，结果就为TRUE
BETWEEN	如果操作数在某个范围之内，结果就为TRUE
EXISTS	如果子查询包含一些行，结果就为TRUE。
IN	如果操作数等于表达式列表中的一个，结果就为TRUE
LIKE	如果操作数与一种模式相匹配，结果就为TRUE
NOT	对任何其他布尔运算符的值取反
OR	只要两个条件表达式中有一个为TRUE，结果就为TRUE
SOME	如果在一组比较中，有些为TRUE，结果就为TRUE

下面通过一些具体的示例来了解运算符的用法。

【示例7.5】逻辑运算符IN的使用方法。

程序代码如下。

```
USE test
GO
SELECT Sno, Sname, Sprice
FROM product
WHERE Scategory IN ('网络')
GO
```

执行结果如图7-5所示。

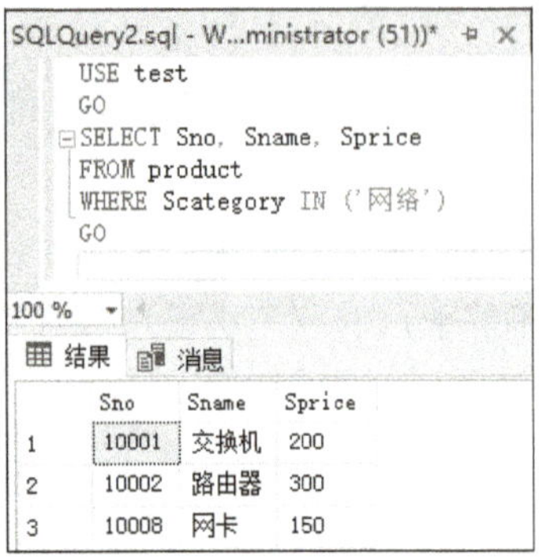

图 7-5 执行结果

【示例7.6】逻辑运算符BETWEEN的使用方法。

程序代码如下。

```
USE test
GO
SELECT Sno, Sname, Sprice
FROM product
WHERE Sprice BETWEEN 500 AND 5000
GO
```

执行结果如图7-6所示。

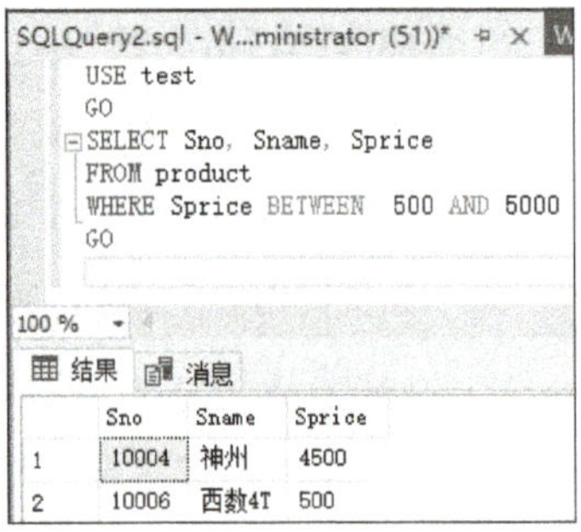

图 7-6 执行结果

6. 字符运算符

+（加号）是字符运算符，可以用它将字符串串联起来。

7. 一元运算符

一元运算符有：+（正）、-（负）、~（位非）。

+（正）和-（负）运算符可以用于numeric数据类型类别中任一数据类型的任意表达式。~（位非）运算符只能用于整数数据类型类别中任一数据类型的表达式。

8. 运算符的优先级

当运算符的级别不同时，先对较高级别的运算符进行运算，然后再对较低级别的运算符进行运算。当一个表达式中运算符的级别相同时，一般按照从左到右的顺序进行运算。当表达式中有括号时，应先对括号内的表达式进行求值；若表达式中有嵌套的括号，则首先对嵌套最深的表达式求值。如表7-2所示中显示了运算符的优先级。

表 7-2 运算符的优先级

级别	运算符
1	~（位非）
2	*（乘）、/（除）、%（取模）
3	+（正）、-（负）、+（加）、+（连接）、-（减）、&（位与）
4	=、>、<、>=、<=、<>、!=、!>、!<（比较运算符）
5	^（位异或）、|（位或）
6	NOT
7	AND
8	ALL、ANY、BETWEEN、IN、LIKE、OR、SOME
9	=（赋值）

7.3.3 通配符

通配符主要用于LIKE运算符中，用来比较字符串是否与指定模式相匹配。T-SQL中的通配符及说明如表7-3所示。

表 7-3 通配符及说明

通配符	说明
%	代表0个或多个字符
_	代表单个字符
[ ]	指定范围（如[a-f]、[0-9]或集合[abcdef]中的任何单个字符）
[^]	指定不属于范围（如[^a-f]、[^0-9]或集合[^abc]中的任何单字符）

7.3.4 表达式

表达式由常量、变量和运算符组成，可以对其求值以获取结果。例如，可以将表达式用作要在查询中检索的数据的一部分，也可以用作查找满足一组条件的数据时的搜索条件。

简单表达式可以是常量、变量、列名或标量函数、子查询、CASE语句、NULLIF或COALESCE函数。复杂表达式是由运算符连接的一个或多个简单表达式。

两个表达式可以由一个运算符组合起来，只要它们具有该运算符支持的数据类型，并且满足至少下列一个条件。

- 两个表达式有相同的数据类型。
- 优先级低的数据类型可以隐式转换为优先级高的数据类型。
- CAST函数能够显式地将优先级低的数据类型转化成优先级高的数据类型，或者转换为一种可以隐式地转化成优先级高的数据类型的过渡数据类型。

- 如果没有支持的隐式或显式转换，则两个表达式将无法组合。

表达式结果可以从以下两种情形来看。

（1）简单表达式的结果。

对于由单个常量、变量、标量函数或列名组成的简单表达式，其数据类型、排序规则、精度、小数位数和值就是它所引用的元素的数据类型、排序规则、精度、小数位数和值。

（2）复杂表达式的结果。

用比较运算符或逻辑运算符组合两个表达式时，生成的数据类型为Boolean，并且值为下列类型之一，TRUE、FALSE或UNKNOWN；由多个符号和运算符组成的复杂表达式的计算结果为单值结果。

7.4 流程控制语句和批处理

T-SQL提供了多种流程控制语句，可实现对T-SQL语句、语句块和存储过程的流程控制。

7.4.1 IF…ELSE

IF…ELSE语句的语法如下。

```
IF 条件表达式
{SQL 语句块 1}
[ELSE
{SQL 语句块 2}]
```

如果IF关键字后面的条件表达式的值为TRUE，那么程序就执行SQL语句块1，否则执行SQL语句块2；如果没有ELSE语句，则向后执行其他语句。另外，IF语句允许嵌套使用。

【示例7.7】检测年龄是否符合规范。

程序代码如下。

```
DECLARE @age int
SET @age = 22
IF @age >=30
  SELECT '年龄超限' AS '年龄合规判定'
ELSE
  SELECT '年龄合规' as '年龄合规判定'
```

执行结果如图7-7所示。

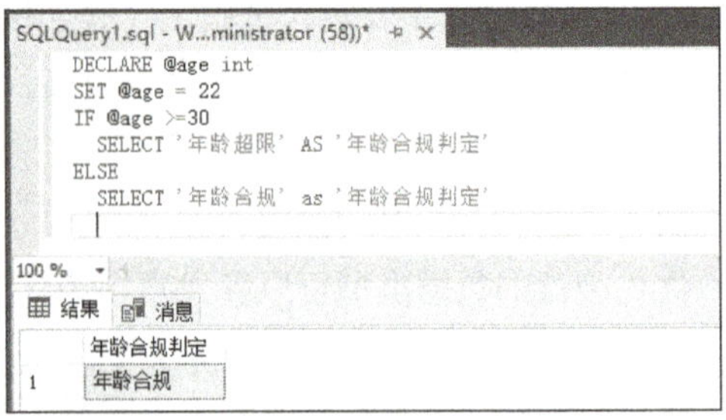

图 7-7　执行结果

7.4.2 BEGIN…END

BEGIN…END的语法如下。

```
BEGIN
     {SQL 语句或语句块 }
END
```

注意事项：BEGIN…END使用注意

在BEGIN…END内的所有代码被视为一个单元执行。BEGIN…END允许嵌套使用。

7.4.3 WHILE…CONTINUE…BREAK

WHILE语句的语法如下。

```
WHILE 条件表达式
BEGIN
   {SQL 语句或语句块 }
   [BREAK
   {SQL 语句或语句块 }]
   [CONTINUE
   {SQL 语句或语句块 }]
END
```

当WHILE命令之后的条件表达式值为TRUE时，重复执行SQL语句或语句块。CONTINUE命令可以让程序跳过CONTINUE命令之后的语句，回到WHILE循环内的第1行命令。BREAK命令则让程序跳出当前的WHILE循环，将执行出现在END关键字之后的语句。

WHILE语句允许嵌套。在循环嵌套时，BREAK只能跳出当前的WHILE循环，进入外层WHILE循环。

【示例7.8】判断一个正整数是不是素数。

程序代码如下。

```
DECLARE @i int,@x int
SET @i=2
SET @x=23
WHILE @i<=SQRT(@X)
BEGIN
  IF ( @x % @i = 0 )
    BREAK
  ELSE
    SET @i=@i+1
END
PRINT @x
IF @i>SQRT(@x)
  PRINT '是一个素数。'
```

```
ELSE
  PRINT '不是一个素数。'
```

执行结果如图7-8所示。

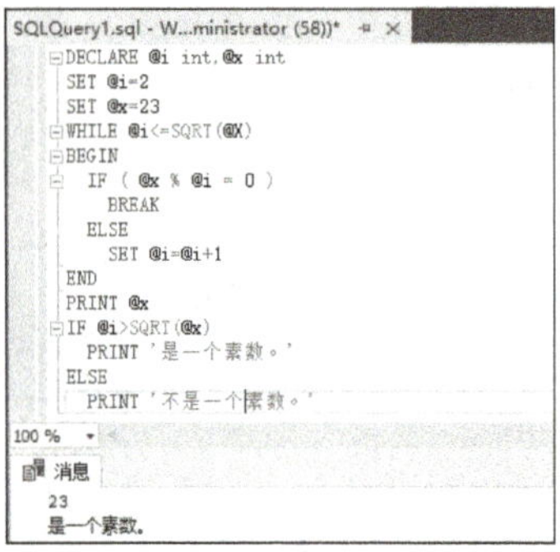

图 7-8 执行结果

■7.4.4 CASE

根据不同条件表达式返回对应的结果；如果所有条件都不满足，则返回ELSE分支的结果。CASE具有以下两种格式。

- 简单CASE函数将某个表达式与一组简单表达式进行比较以确定结果。
- CASE搜索函数计算一组布尔表达式以确定结果。

两种格式都支持可选的ELSE参数。

（1）简单CASE函数格式如下。

```
CASE 输入表达式
    WHEN {值表达式1} THEN {结果表达式1}
    WHEN {值表达式2} THEN {结果表达式2}
    …
    WHEN {值表达式n} THEN {结果表达式n}
    ELSE {结果表达式n+1}
END
```

【示例7.9】根据用户的选项信息，提供相应的位置信息。

程序代码如下。

```
DECLARE @commodity varchar
SET @commodity = 'B'
SELECT CASE @commodity
  WHEN 'A' THEN '本座2层254室。'
  WHEN 'B' THEN '本座1层231室。'
  WHEN 'C' THEN '本座3层323室。'
  WHEN 'D' THEN '本座1层101-105室。'
  WHEN 'E' THEN '本座4层。'
  ELSE '输入有误，请重新输入。'
END
```

执行结果如图7-9所示。

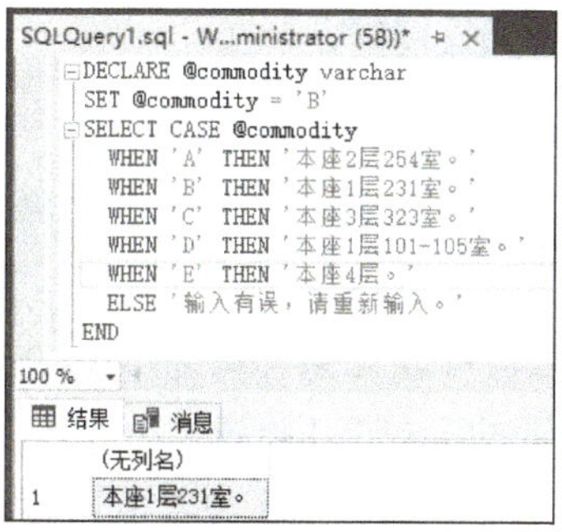

图 7-9 执行结果

(2) 搜索函数表达式的语法格式如下。

```
CASE
    WHEN 条件表达式1  THEN 结果表达式1
    …
    WHEN 条件表达式n  THEN 结果表达式n
    [ELSE 结果表达式n+1]
END
```

【示例7.10】根据降雨量划分等级。

程序代码如下。

```
DECLARE @rainfall int
SET @rainfall = 79
SELECT CASE
  WHEN @rainfall<=10 THEN '小雨'
  WHEN @rainfall>10 AND @rainfall<=25 THEN '中雨'
  WHEN @rainfall>25 AND @rainfall<=50 THEN '大雨'
  WHEN @rainfall>50 AND @rainfall<=100 THEN '暴雨'
  WHEN @rainfall>=100 AND @rainfall<=200 THEN '大暴雨'
  ELSE '特大暴雨'
END
```

执行结果如图7-10所示。

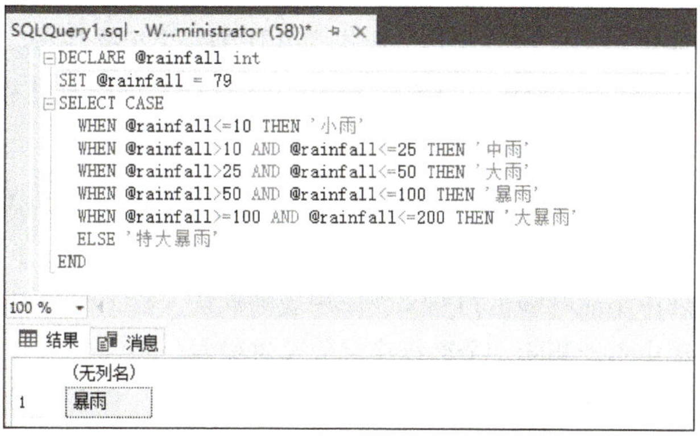

图 7-10 执行结果

7.4.5 RETURN

RETURN语句的语法格式如下。

```
RETURN [ 整数值 ]
```

RETURN语句可以无条件终止查询、存储过程或批处理。在存储过程或批处理中，RETURN语句后面的语句都不执行。

当在存储过程中，可以指定整数值返回。如果未指定值，默认返回0值。一般情况下，没有发生错误时返回值为0。任何非0值表示有错误发生。

【示例7.11】使用RETURN语句实现退出功能。

程序代码如下。

```
DECLARE @x int
SET @x=5
IF @x>0
  PRINT 'return 之前的语句'
RETURN
PRINT 'return 之后的语句'
```

执行结果如图7-11所示。

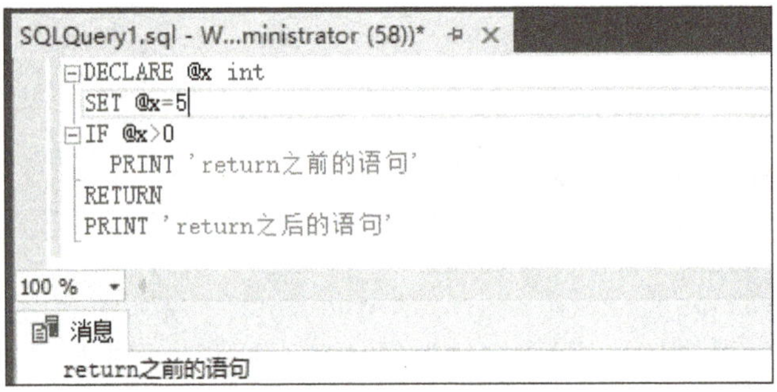

图 7-11 执行结果

7.4.6 批处理

批处理是一个SQL语句集，这些语句一起提交并作为一个组来执行。批处理结束的符号是"GO"。由于批处理中的多个语句是一起提交给SQL Server的，所以可以节省系统开销。使用批处理的限制如下。

- CREATE DEFAULT、CREATE PROCEDURE、CREATE RULE、CREATE TRIGGER和CREATE VIEW语句不能在批处理中与其他语句组合使用。
- 在同一个批处理中不能既绑定到列又被使用规则默认。
- 在同一个批处理中不能删除一个数据库对象又重建它。
- 在同一个批处理中不能改变一个表再立即引用其新列。

7.4.7 其他命令

除了前面介绍的命令外，还有一些常用的命令，具体如下。

- **BACKUP和RESTORE**：备份和恢复数据库。
- **USE**：指定当前数据库。
- **EXECUTE（EXEC）**：执行SQL语句或存储过程。
- **PRINT**：打印字符串，其他类型变量需要先使用CONVERT转换为字符串才能使用PRINT。
- **WAITFOR**：用于在达到指定时间或时间间隔之前，或者指定语句至少修改或返回之前，延迟（或称阻止）执行批处理、存储过程或事务。

【示例7.12】使用WAITFOR语句实现等待8秒后显示“Hello World!”。

程序代码如下。

```
WAITFOR DELAY '00:00:08'
PRINT 'Hello World！ '
```

执行结果如图7-12所示。

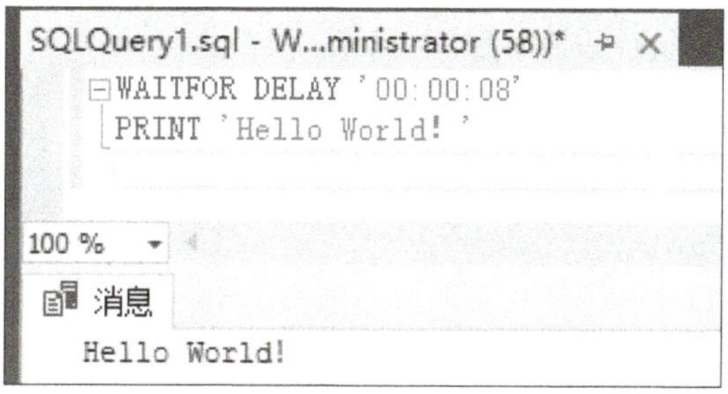

图 7-12 执行结果

- **SHUTDOWN**：立即停止SQL Server服务，其语法格式如下。

```
SHUTDOWN [ WITH NOWAIT ]
```

- **WITH NOWAIT**：可选参数，不对每个数据库执行检查点操作，在尝试终止全部用户进程后即退出。服务器重新启动时，将针对未完成事务执行回滚操作。

7.5 SQL函数的使用

SQL Server提供了大量的系统函数，使用这些函数可以极大地提高工作效率。下面介绍一些常见的函数及其使用方法。

7.5.1 聚合函数

聚合函数对一组值执行计算并返回单一的值。聚合函数经常与SELECT语句的GROUP BY子句一同使用，用于数据的统计，如统计不同产品的销售量、统计每门课程的最高成绩、统计学生的平均年龄等。

聚合函数只能在以下位置作为表达式使用。

- SELECT语句的选择列表（子查询或外部查询）。
- COMPUTE或 COMPUTE BY子句。
- HAVING子句。

下面介绍几种常见的聚合函数。

1. COUNT函数

COUNT 函数的功能是：返回指定组中的项数，返回值为整型。其语法格式如下。

```
COUNT({[[ALL|DISTINCT]expression]|*})
```

参数说明如下。

- **ALL**：对所有的值进行计算，此参数为默认值。
- **DISTINCT**：去掉重复值后，计算总数。
- *****：指定应该计算所有行，返回表中的总行数。
- **expression**：表达式。

【示例7.13】查询产品表的总行数。

```
USE test
GO
SELECT COUNT(*) FROM product
GO
```

执行结果如图7-13所示。

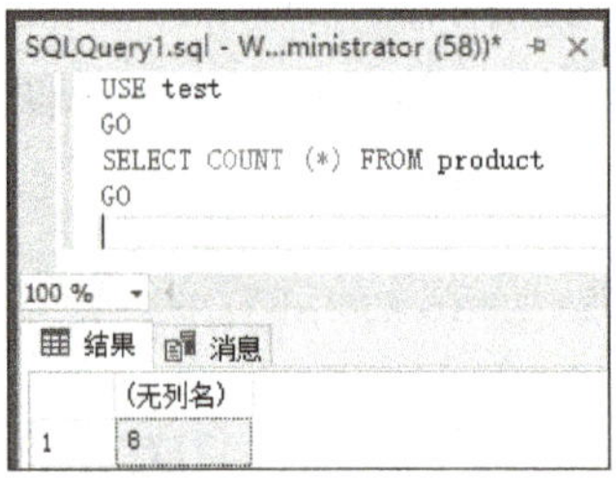

图 7-13　执行结果

2. MAX函数

MAX函数的功能是：返回表达式的最大值（忽略空值）。其语法格式如下。

```
MAX([ALL|DISTINCT]expression)
```

参数说明，参见COUNT函数的参数说明。

【示例7.14】查询产品表中最贵的价格。

```
USE test
GO
SELECT MAX(Sprice) FROM product
GO
```

执行结果如图7-14所示。

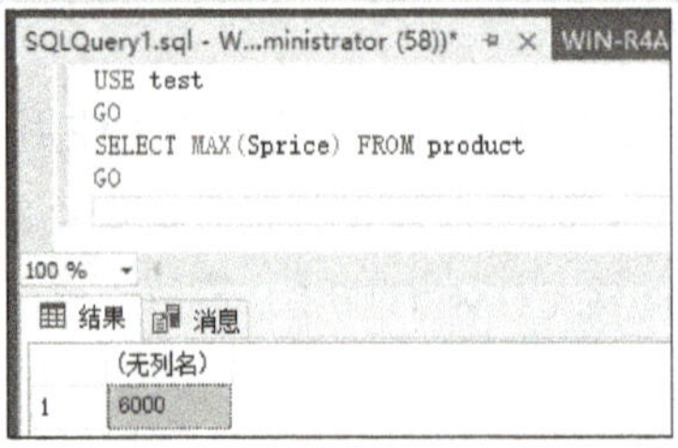

图 7-14　执行结果

3. MIN函数

MIN函数的功能是：返回表达式的最小值（忽略空值）。其语法格式如下。

```
MIN([ALL|DISTINCT]expression)
```

参数说明，参见COUNT函数的参数说明。

【示例7.15】查询产品表中最便宜的价格。

```
USE test
GO
SELECT MIN(Sprice) FROM product
GO
```

执行结果如图7-15所示。

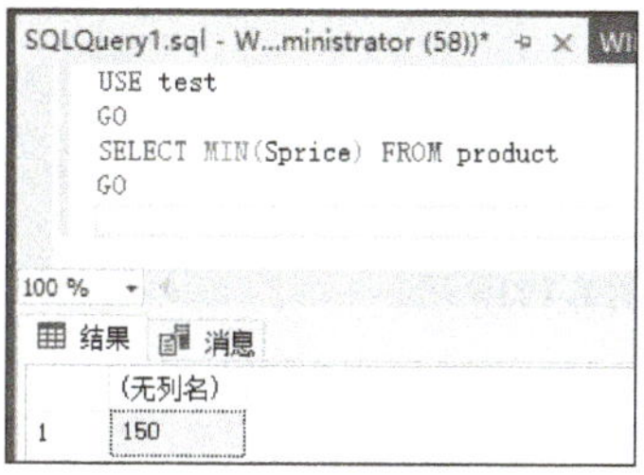

图 7-15 执行结果

4. AVG函数

AVG函数的功能是：返回表达式的平均值（忽略空值）。其语法格式如下。

```
AVG([ALL|DISTINCT]expression)
```

参数说明如下。

- **ALL**：对所有的值进行计算，此参数为默认值。
- **DISTINCT**：去掉重复值后再计算。
- **expression**：是精确数值或近似数值数据类型的表达式。

【示例7.16】查询产品表中价格的平均值。

```
USE test
GO
SELECT AVG(Sprice) FROM product
GO
```

执行结果如图7-16所示。

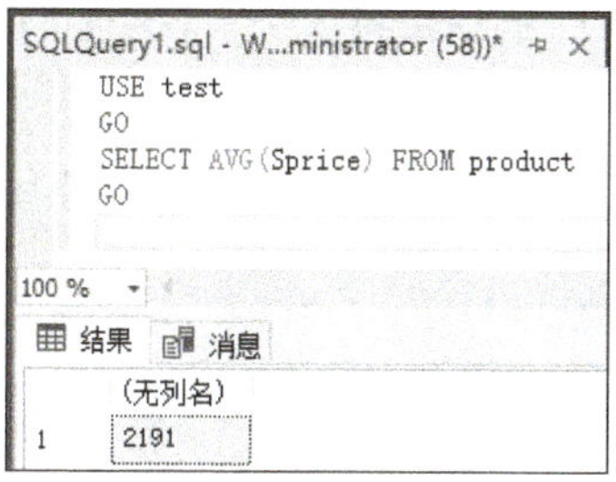

图 7-16 执行结果

5. SUM函数

SUM函数的功能是，返回表达式的和（忽略空值）。其语法格式如下。

```
SUM([ALL|DISTINCT]expression)
```

参数说明如下。

- **ALL**：对所有的值进行计算，此参数为默认值。
- **DISTINCT**：去掉重复值后再计算。
- **expression**：是精确数值或近似数值数据类型的表达式。

【示例7.17】查询产品表中所有产品的价格之和。

```
USE test
GO
SELECT SUM(Sprice) FROM product
GO
```

执行结果如图7-17所示。

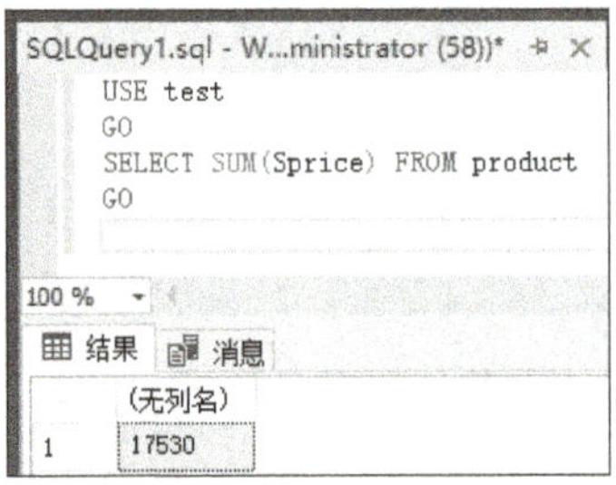

图 7-17 执行结果

7.5.2 日期和时间函数

日期和时间函数用来操作DATETIME和SMALLDATETIME类型的数据。

1. 当前日期函数GETDATE、GETUTCDATE

GETDATE的语法格式为，GETDATE()。按照SQL Server标准内部格式返回当前系统日期和时间的值。

日期函数可用于SELECT语句的选择列表或WHERE子句。在设计报表时，GETDATE函数可用于在每次生成报表时打印当前日期和时间。GETDATE对于跟踪活动也很有用，如记录事务在某一账户上发生的时间。

GETUTCDATE的语法格式为，GETUTCDATE()。返回当前UTC时间（格林尼治标准时间）的值。

【示例7.18】执行下列SQL语句，返回系统当前日期时间和UTC时间。

```
SELECT GETDATE()
SELECT GETUTCDATE()
```

执行结果如图7-18所示。

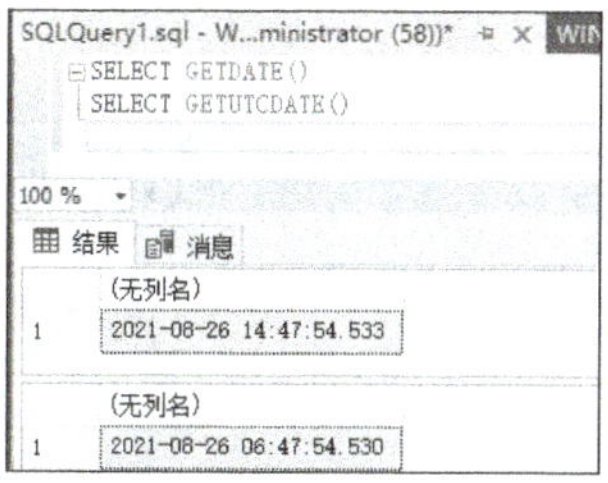

图 7-18 执行结果

2. 日期部分值函数DAY、MONTH、YEAR

其语法格式如下。

```
DAY(date)：返回一个整数，表示指定日期的“天”部分。
MONTH(date)：返回表示指定日期的“月”部分的整数。
YEAR(date)：返回表示指定日期的“年”部分的整数。
```

【示例7.19】查询指定日期的年、月、日。

```
SELECT YEAR('2021-11-11'),MONTH('2021-11-11'),DAY('2021-11-11')
```

执行结果如图7-19所示。

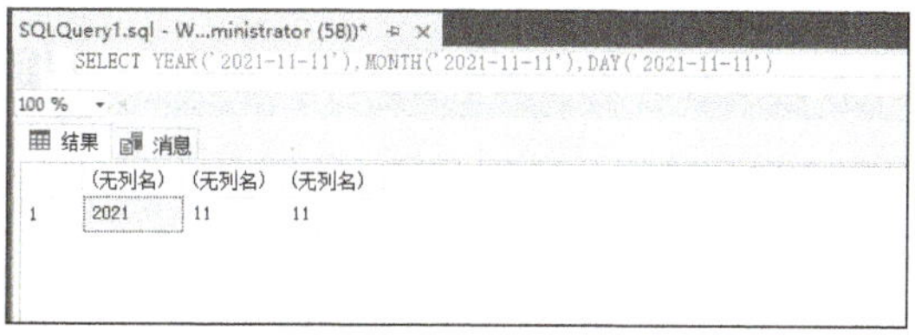

图 7-19 执行结果

3. 日期部分操作函数DATENAME、DATEPART、DATEADD、DATEDIFF

其语法格式如下。

```
DATENAME(datepart,date)：返回指定日期的部分字符串。
DATEPART(datepart,date)：返回指定日期的部分值。
DATEADD(datepart,number,date)：给指定日期的部分加上一个时间间隔。
DATEDIFF(datepart,startdate,enddate)：返回两个指定日期的部分间隔值。
```

其中，参数date、startdate、enddate：指定的日期时间值；参数datepart：指定要返回的日期部分的参数，其含义如表7-4所示。

表 7-4 日期部分参数的缩写与含义

日期部分	缩写	说明
year	yy, yyyy	年
quarter	qq, q	季度
month	mm, m	月
dayofyear	dy, y	天（一年中的第几天）
day	dd, d	天（一月中的第几天）

续表

日期部分	缩写	说明
weekday	dw, w	天（一周中的第几天）
week	wk, ww	周
hour	hh	小时
minute	mi, n	分钟
second	ss, s	秒

【示例7.20】查询当前系统时间的年、月、日、小时、分钟、秒。

```
SELECT  DATEPART (yy,getdate()),
        DATEPART (mm,getdate()),
        DATEPART (dd,getdate()),
        DATEPART (hh,getdate()),
        DATEPART (mi,getdate()),
        DATEPART (ss,getdate())
```

执行结果如图7-20所示。

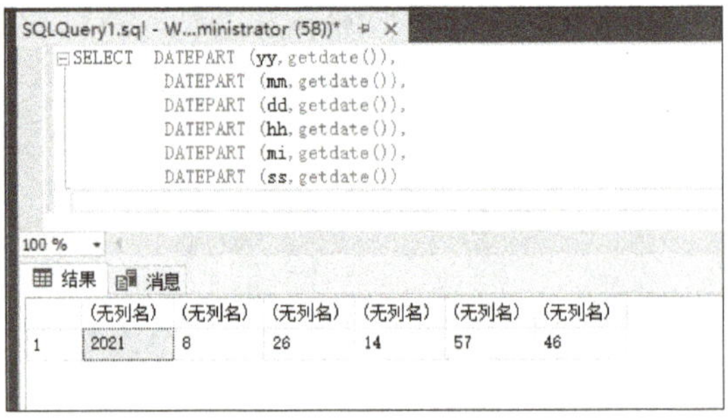

图 7-20　执行结果

【示例7.21】返回当前日期180天之后的日期。

```
SELECT DATEADD (dd,180,getdate())
```

执行结果如图7-21所示。

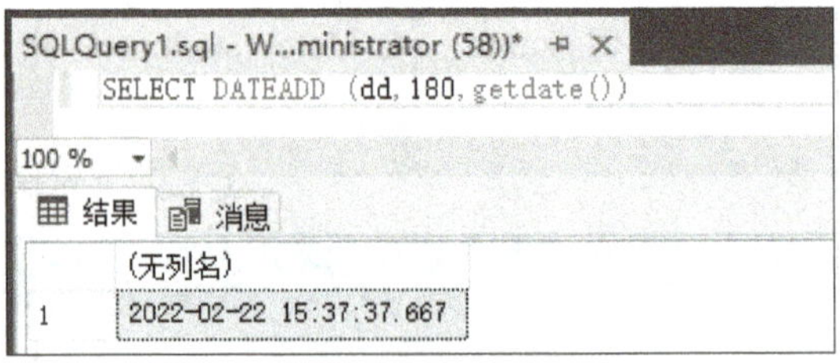

图 7-21　执行结果

【示例7.22】返回日期'2021-8-26'与'2022-2-22'之间的间隔天数。

```
SELECT DATEDIFF (dd,'2021-8-26','2022-2-22')
```

执行结果如图7-22所示。

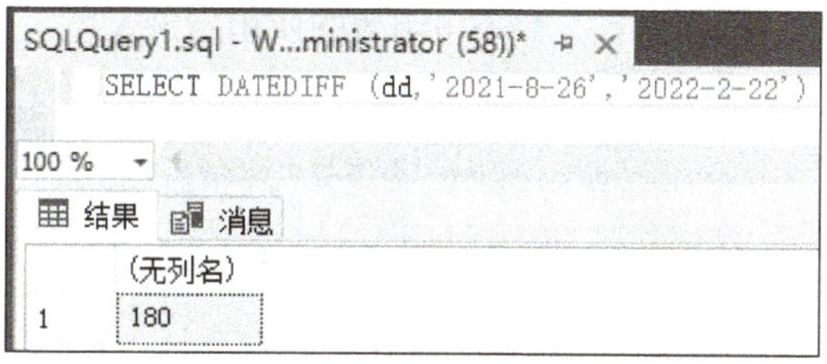

图 7-22 执行结果

■7.5.3 字符串函数

字符串函数对字符和二进制字符串进行各种操作。大多数字符串函数只能用于CHAR、NCHAR、VARCHAR、NVARCHAR数据类型，或隐式转换为上述数据类型的数据类型。某些字符串函数还可以用于BINARY和VARBINARY数据。下面介绍常用的字符串函数。

1. LEN

功能：返回指定字符串表达式的字符（而不是字节）数，其中不包含尾随空格。

语法：LEN (string_expression)。

参数：string_expression，要计算其字符数的字符串。

【示例7.23】求字符串“今天天气不错。”的长度。

```
SELECT LEN ('今天天气不错。')
```

执行结果如图7-23所示。

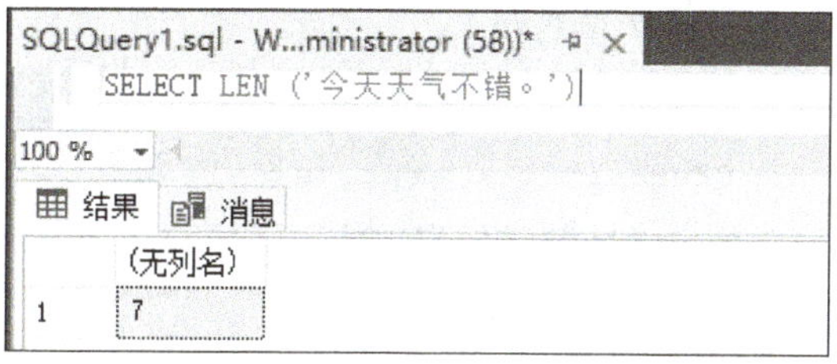

图 7-23 执行结果

2. 子串函数LEFT、RIGHT、SUBSTRING

这三个函数求指定字符串的子串。

其语法格式如下。

```
    LEFT(character_expression,integer_expression)：返回字符串中从左边开始指定个数的字符，字符串左边的空格也属于有效字符。
    RIGHT(character_expression,integer_expression)：返回字符串中从右边开始指定个数的字符，字符串右边的空格也属于有效字符。
    SUBSTRING(expression,start,length)：返回字符表达式、二进制表达式、文本表达式的一部分。参数说明：start为子串开始位置，length是子串的长度。
```

【示例7.24】子串函数的使用示例。

```
SELECT LEFT(' 今天天气不错。',2)-- 从左边取 2 个字符
SELECT RIGHT(' 今天天气不错。',3)-- 从右边取 3 个字符
SELECT SUBSTRING (' 今天天气不错。',3,2)-- 从第 3 个位置开始取 2 个字符
```

执行结果如图7-24所示。

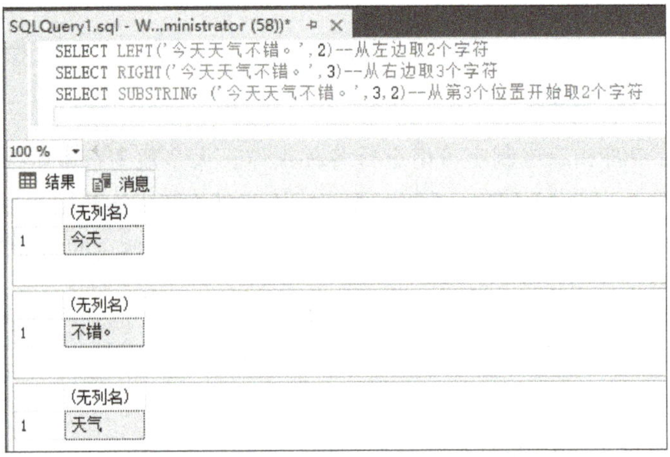

图 7-24 执行结果

3. 字符串转换函数ASCII、UNICODE、CHAR、NCHAR、LOWER、UPPER 、STR

其语法格式如下。

```
ASCII(character_expression)：返回字符表达式中最左侧的字符的ASCII值。
CHAR(integer_expression)：将int类型转换为字符。
LOWER(character_expression)：返回指定字符串的小写。
UPPER(character_expression)：返回指定字符串的大写。
STR(float_expression[,length[,decimal]])：返回由数字数据转换来的字符数据。其中，length表示转换后的总长度（包括小数点、符号、数字以及空格），缺省为10；decimal表示小数点之后的位数，缺省为0，即缺省没有小数位；length长度太小时，则转化为'**'。
```

【示例7.25】字符串转换函数的使用示例。

```
SELECT ASCII('Hello')-- 返回字符表达式中最左侧的字符的 ASCII 值
SELECT CHAR(100)     -- 将 int 类型转换为字符
SELECT LOWER ('GooD')-- 返回指定字符串的小写
SELECT UPPER ('GooD')-- 返回指定字符串的大写
SELECT STR(111.222)-- 返回由数字数据转换来的字符数据
SELECT STR(111.455,5,1)-- 指定小数点后的位数为 1
```

执行结果如图7-25所示。

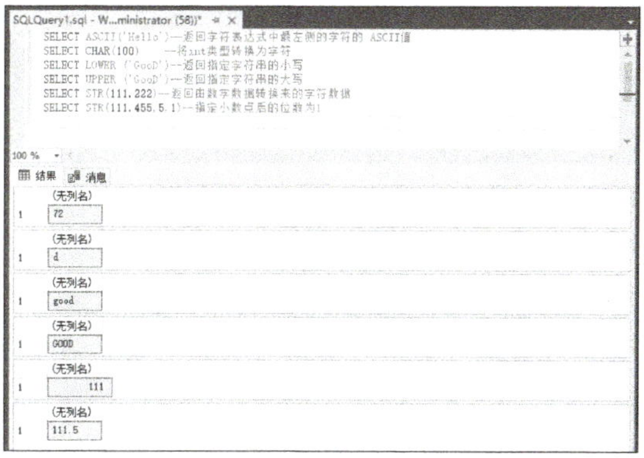

图 7-25 执行结果

4. 去空格函数LTRIM、RTRIM

其语法格式如下。

```
LTRIM(character_expression)：去掉字符串左边空格。
RTRIM(character_expression)：去掉字符串右边空格。
```

注意事项：去掉两边的空格

如果要去掉两边的空格，则需要将两个函数嵌套。

【示例7.26】去掉字符串两边的空格。

```
SELECT RTRIM (LTRIM('    Hello World    '))
```

执行结果如图7-26所示。

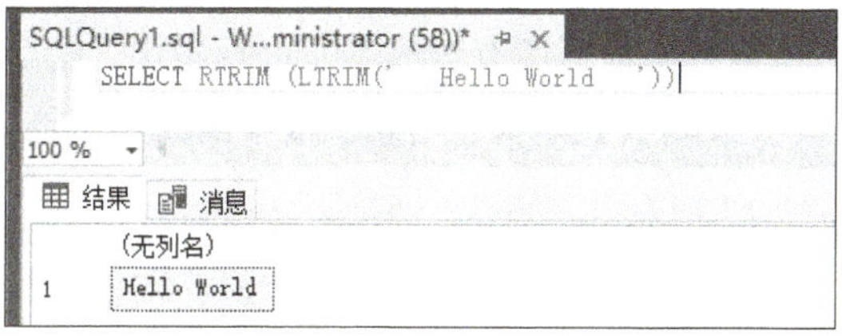

图 7-26 执行结果

5. 字符串替换函数REPLACE

其语法格式如下。

```
REPLACE(string_expression1,string_expression2,string_expression3)
```

用string_expression3替换string_expression1中所有与string_expression2匹配的项。

【示例7.27】字符串替换函数使用示例。

```
SELECT REPLACE('good morning sir','morning','evening')
```

执行结果如图7-27所示。

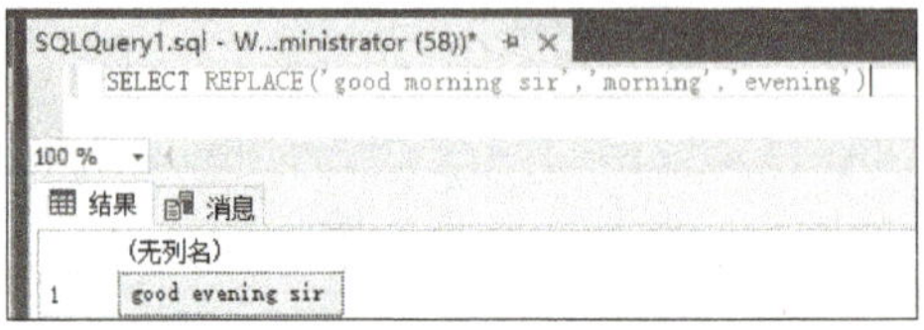

图 7-27　执行结果

6. CHARINDEX

CHARINDEX函数的语法格式如下。

```
CHARINDEX(expression1,expression2[,start_location])
```

功能：在字符串expression2中，从第start_location位置开始，寻找第一次出现expression1的位置并返回。

【示例7.28】CHARINDEX函数使用示例。

```
SELECT CHARINDEX('i','good morning sir')
SELECT CHARINDEX('i','good morning sir ',11)
```

执行结果如图7-28所示。

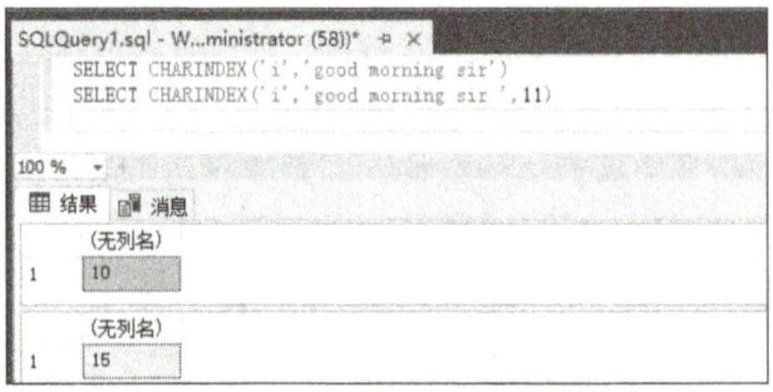

图 7-28　执行结果

7.5.4　数学函数

数学函数对所有数值类型进行操作。数学函数的返回值是6位小数，如果使用出错，则返回NULL值并显示警告信息。数学函数主要包括以下几类。

1. 三角函数SIN（正弦）、COS（余弦）、TAN（正切）、COT（余切）

语法格式如下。

```
SIN(float_expression)：返回以弧度表示的角的正弦值。
COS(float_expression)：返回以弧度表示的角的余弦值。
TAN(float_expression)：返回以弧度表示的角的正切值。
COT(float_expression)：返回以弧度表示的角的余切值。
```

2. 反三角函数ASIN（反正弦）、ACOS（反余弦）、ATAN（反正切）、ATAN2（反正切）

语法格式如下。

```
ASIN(float_expression)：返回正弦值是float expression的以弧度表示的角。
ACOS(float_expression)：返回余弦值是float expression的以弧度表示的角。
ATAN(float_expression)：返回正切值是float expression的以弧度表示的角。
ATAN2(float_expression1,float_expression2)：返回正切值是float_expression1/
float_expres-sion2的以弧度表示的角。
```

3. 角度转换函数RADIANS（角度→弧度）、DEGREES（弧度→角度）

语法格式如下。

```
RADIANS ( numeric_expression ): 输入角度返回弧度值。
DEGREES ( numeric_expression ): 输入弧度返回角度值。
```

4. 幂函数SQRT、SQUARE、POWER、EXP、LOG、LOG10

语法格式如下。

```
SQRT ( float_expression ): 返回表达式的平方根。
SQUARE ( float_expression ): 返回表达式的平方。
POWER ( numeric_expression , y ): 返回numeric_expression的y次方。
EXP ( float_expression ): 返回自然对数e的float_expression次方。
LOG ( float_expression ): 返回以自然对数e为底的float_expression的对数值。
LOG10 ( float_expression ): 返回以10为底的float_expression的对数值。
```

5. 符号函数ABS、SIGN

```
ABS ( numeric_expression ): 返回指定数值表达式的绝对值（正值）。
SIGN ( numeric_expression ): 返回指定表达式的正号（+1）、零（0）或负号（-1）。
```

6. 近似函数FLOOR、CEILING、ROUND

语法格式如下。

```
FLOOR ( numeric_expression ): 返回小于或等于指定数值表达式的最大整数。
CEILING ( numeric_expression ): 返回大于或等于指定数值表达式的最小整数。
ROUND ( numeric_expression , length [ ,function ] ): 将数值表达式舍入到指定的长度或精度，length代表精度，即精确到小数点后length位，如果length为负值，则表示精确到小数点前。省略function或使用0（默认）值时，将对numeric_expression进行舍入。当function指定为非0值时，将对numeric_expression进行截断。
```

【示例7.29】数学函数使用示例。

```
SELECT    RADIANS(30.0),          -- 角度→弧度
          SIN(RADIANS(30.0)),     -- 计算弧度的正弦值
          SQRT(9),                -- 计算表达式的平方根
      CEILING(-3.5),          -- 上取整
      ROUND(123.9995, 3)      -- 将数值表达式舍入到指定的长度或精度
```

执行结果如图7-29所示。

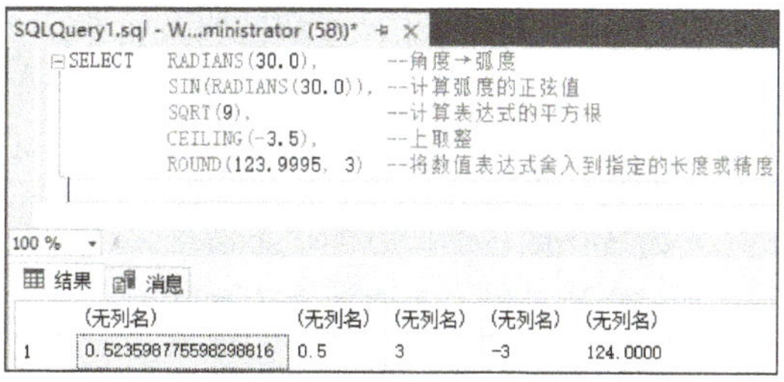

图 7-29 执行结果

7.5.5 数据类型转换函数

在一般情况下SQL Server会自动完成数据类型的转换。例如，可以直接将字符数据类型或表达式与DATATIME数据类型或表达式比较。当表达式中用INTEGER和SMALLINT时，SQL Server也可将SMALLINT数据类型或表达式转换为INTEGER数据类型或表达式，这称为隐式转换。如果不能确定SQL Server是否能完成隐式转换或者使用了不能隐式转换的其他数据类型，就需要使用数据类型转换函数做显式转换。

为了实现这种转换，系统提供了两个函数，分别是CAST函数和CONVERT函数。

CAST函数和CONVERT函数的功能相同，都是将一种数据类型的表达式转换为另一种数据类型的表达式。但它们的语法格式有所不同，具体格式如下。

```
CAST (expression AS data_type[(length)])
CONVERT (data_type[(length)],expression[,style])
```

功能：将expression转换为data_type。

参数：length主要用于转换为字符串、二进制类型时指定长度。style用于在日期转换为字符串时指定格式，或是数值转换为字符串时指定格式。

【示例7.30】数据类型转换函数使用示例。

```
SELECT CONVERT (CHAR(5),123),                    --整型数据转换为字符串
       CONVERT (INT, '123'),                     --字符串数据转换为整型
       CONVERT (CHAR(12), GETDATE(),112)         --按照指定格式将日期转换为字符串
```

执行结果如图7-30所示。

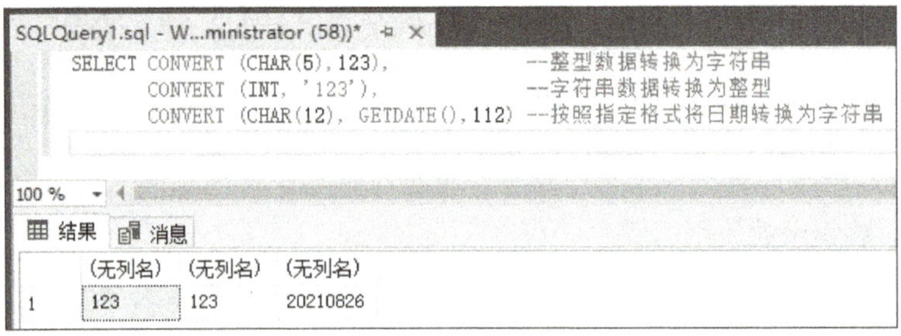

图 7-30 执行结果

7.5.6 其他函数类型

除了上面介绍的几种最常见的函数外，SQL Server 2019还提供了大量的其他类型的函数，具体内容如下。

- **加密函数：**支持加密、解密、数字签名和数字签名验证。
- **游标函数：**返回游标状态信息。
- **元数据函数：**返回数据库和数据库对象的属性信息。
- **排名函数：**是一种非确定性函数，可以返回分区中每一行的排名值。

- **行集函数：** 返回可在SQL语句中表引用对象所在位置使用的行集。
- **安全函数：** 返回有关用户和角色的信息。
- **系统函数：** 对系统级的各种选项和对象进行操作或报告。
- **系统统计函数：** 返回有关SQL Server性能的信息。
- **文本和图像函数：** 可更改text和image的值。

7.5.7 用户自定义函数

除了使用系统提供的函数外，用户还可以根据需要自定义函数。用户自定义函数有以下几个特点。

- 模块化程序设计。
- 执行速度更快。
- 减少了网络流量。
- 在用户自定义函数中不能更改数据，仅用于返回信息。

根据用户自定义函数的返回类型可分为以下几个。

1. 标量函数

标量函数只返回单个数据值。函数体语句定义在BEGIN…END语句内，其中包含了带有返回值的SQL命令。返回类型可以是除TEXT、NTEXT、IMAGE、CURSOR和TIMESTAMP外的任何数据类型。

2. 表值函数

返回TABLE数据类型，可以看作一个临时表。

【示例7.31】创建一个标量函数，当输入得分时，返回分数对应的等级。

```
USE test
GO
CREATE FUNCTION dbo.GetGradeLevel(@grade int)
RETURNS char
AS
BEGIN
  DECLARE @strLevel char
  SET @strLevel =
  CASE
   WHEN @grade>=85 THEN 'A'
        WHEN @grade>=75 THEN 'B'
        WHEN @grade>=65 THEN 'C'
      WHEN @grade>=60 THEN 'D'
   ELSE  'E'
   END
  RETURN(@strLevel)
END
GO
```

执行结果如图7-31所示。函数创建成功后，可以在“数据库”节点下面的“可编程性”中的“函数”节点下面找到，如图7-32所示。

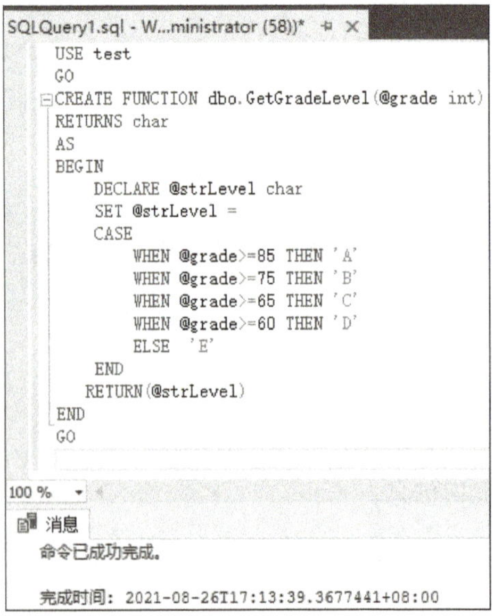

图 7-31　执行结果

图 7-32　结果显示

接下来可以调用用户自定义函数，具体代码如下。

```
USE test
GO
SELECT dbo.GetGradeLevel(88)
GO
```

执行结果如图7-33所示。

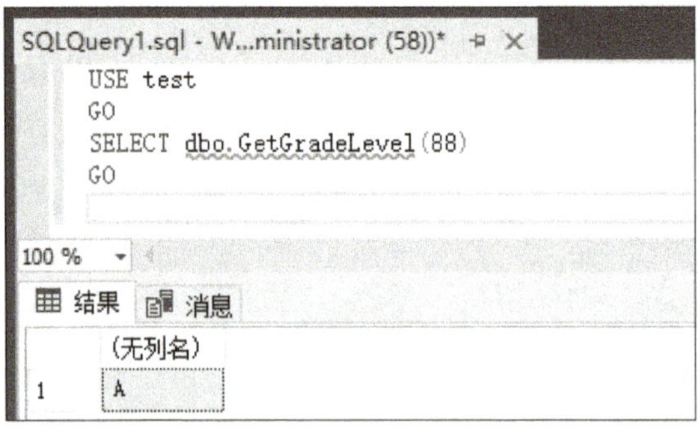

图 7-33　执行结果

知识点拨

调用用户自定义函数的技巧

调用用户自定义函数的时候，必须要提供至少有两个部分组成的名称（所有者.函数名）。用户自定义函数与存储过程对比，用户自定义函数比存储过程灵活，代码精简。

利用 ALTER FUNCTION 可以对用户自定义函数进行修改，用 DROP FUNCTION 可以删除用户自定义函数；当然，也可以直接通过图形界面操作进行修改和删除，在此不再赘述。

课后作业

一、选择题

1. T-SQL语言中，常量包含（　　）。

A. 字符型常量

B. 数值型常量

C. 日期时间型常量

D. 货币型常量

2. T-SQL语言中语句众多，按其功能可分为四类，这四类分别是（　　）。

A. 数据控制语言或DCL

B. 数据定义语言或DDL

C. 数据操作语言或DML

D. 附加语言元素

3. T-SQL中，常用的聚合函数主要有（　　）。

A. COUNT()

B. MAX()

C. GETDATE()

D. AVG()

◎配套资源
◎入门精讲
◎高阶开发
◎理论体系

扫码解锁

二、简答题

1. T-SQL语言中，运算符分为哪些类型？

2. T-SQL语言中的通配符各是什么，各代表什么含义？

3. 在T-SQL语言中，打开数据库、执行语句序列和关闭数据库分别用什么命令？

学习体会

项目 8

存储过程

内容概要

存储过程是一组为了完成特定功能的T-SQL语句集。本项目将通过具体实例对存储过程的基本概念、存储过程的创建和使用方法，以及如何管理和维护存储过程等内容进行介绍。

通过对本项目内容的学习，读者可以了解存储过程的基本知识，掌握使用图形界面和代码两种方法创建、修改和删除存储过程的方法。

知识要点

存储过程的概念和优点。

创建存储过程。

执行、查看、修改、重命名、删除存储过程。

扫码解锁

- 配套资源
- 入门精讲
- 高阶开发
- 理论体系

8.1 存储过程简介

存储过程是数据库系统中的重要对象，它比普通的T-SQL语句的执行效率要高，且可以被多次调用。SQL Server不仅允许用户自定义存储过程，而且也提供了大量的可作为工具使用的系统存储过程。

8.1.1 存储过程的概念

存储过程（Stored Procedure）是一组为了完成特定功能的T-SQL语句集，经编译后存储在数据库中，用户通过指定存储过程的名字并给出参数（如果该存储过程带有参数）执行它。SQL Server支持以下4种类型的存储过程。

1. 系统存储过程

SQL Server中的许多管理活动都是通过一种特殊的存储过程执行的，这种存储过程被称为系统存储过程。例如，sys.sp_changedbowner就是一个系统存储过程。从物理意义上讲，系统存储过程带有“sp_”前缀，存储在源数据库中。从逻辑意义上讲，系统存储过程出现在每个系统定义数据库和用户定义数据库的sys构架中。在SQL Server中，可以将GRANT、DENY和REVOKE权限应用于系统存储过程。

2. 用户自定义的存储过程

用户自定义存储过程是指封装了可重用代码的模块或例程，可接收输入参数、向客户端返回表格或标量结果消息、调用DDL和DML语句、返回输出参数。在SQL Server中，用户自定义存储过程有两种类型，T-SQL或CLR。

- T-SQL存储过程是指保存的T-SQL语句集合，可以接收和返回用户提供的参数。例如，存储过程中可能包含根据客户端应用程序提供的信息在一个或多个表中插入新行所需的语句。存储过程也可能从数据库向客户端应用程序返回数据。例如，电子商务Web应用程序可能使用存储过程根据联机用户指定的搜索条件返回有关特定产品的信息。
- CLR存储过程是指对Microsoft .NET Framework公共语言运行库（CLR）方法的引用，可以接收和返回用户提供的参数。它们在.NET Framework程序集中是作为类的公共静态方法实现的。

3. 扩展存储过程

扩展存储过程允许使用编程语言创建自己的外部例程。扩展存储过程是指SQL Server的实例动态加载和运行的DLL。扩展存储过程直接在SQL Server的实例地址空间中运行，可以使用SQL Server扩展存储过程API完成编程，一般使用“xp_”做前缀。

4. 临时存储过程

临时存储过程又分为本地临时存储过程和全局临时存储过程，通过在存储过程名称的前面加“#”和“##”指定，与创建临时表、临时变量类似。SQL Server关闭后，这些临时存储过程也将不复存在。

8.1.2 存储过程的优点

存储过程的主要优点如下。

- 与其他应用程序共享应用程序逻辑，因而确保了数据访问和修改的一致性。存储过程可以封装业务功能，在存储过程中可以在同一位置改变封装的业务规则和策略，所有的客户端可以使用相同的存储过程来确保数据访问和修改的一致性。
- 能够保证数据的安全，防止把数据库中表的细节暴露给用户。如果一组存储过程支持用户需要执行的所有业务功能，用户就不必直接访问表。
- 提供了安全机制。即使是没有访问存储过程引用的表或视图的权限的用户，也可以被授权执行该存储过程。
- 改进性能。如果某一操作包含大量的T-SQL代码或分别被多次执行，那么存储过程要比批处理的执行速度快很多。
- 减少网络通信流量。存储过程避免了相同的T-SQL在网络上的重复传输。

8.2 创建存储过程

创建存储过程可以使用向导或者CREATE PROCEDURE语句来实现，下面介绍具体的操作步骤。

8.2.1 使用向导创建存储过程

在图形界面下创建存储过程的操作步骤如下。

步骤 01 打开SSMS，连接数据库后，展开对象资源管理器下的“数据库”，找到建立的数据库，本例仍然使用“test”数据库。展开数据库后，展开“可编程性”节点，在“存储过程”节点上单击鼠标右键，从“新建”级联菜单中选择“存储过程”选项，如图8-1所示。

步骤 02 系统将在查询编辑器中打开存储过程模板，如图8-2所示。

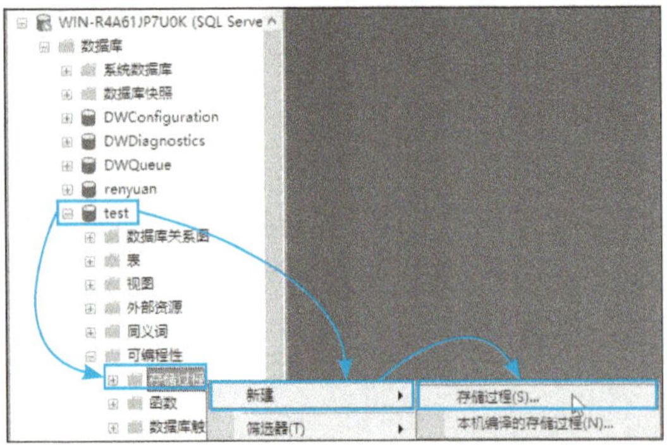

图 8-1 新建存储过程操作

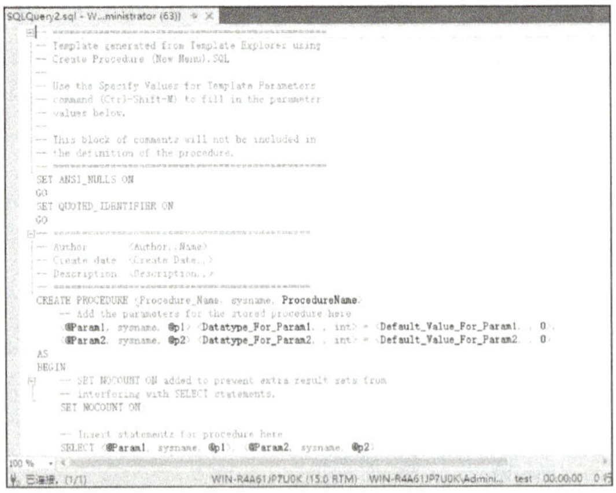

图 8-2 存储过程模板

步骤03 在模板中输入存储过程的名称，设置相应的参数。也可以通过“查询”菜单中的“指定模板参数的值”选项进行设置，如图8-3和图8-4所示。

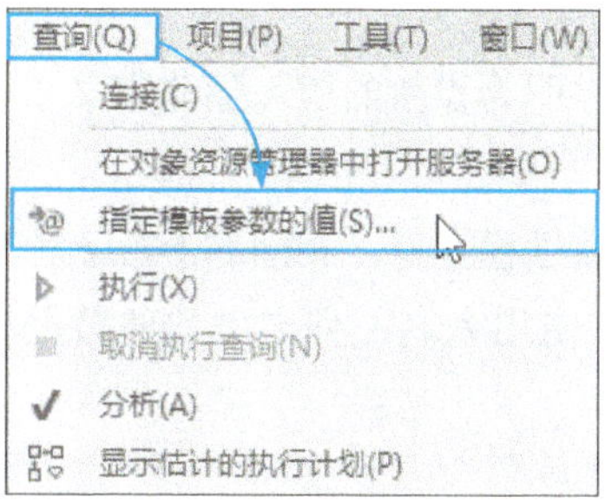

图 8-3 选择“指定模板参数的值”选项

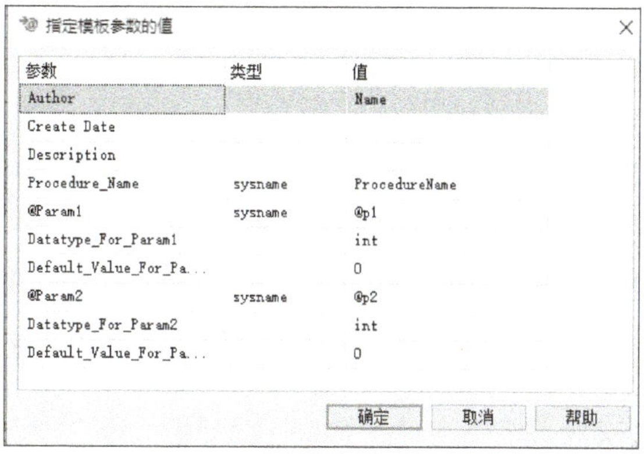

图 8-4 设置模板参数值

知识点拨

参数说明

“指定模板参数的值”对话框的前 3 行分别是创建人、创建时间、描述，是对存储过程进行注释。从第 4 行开始，分别指定存储过程名称、参数名称、数据类型、参数的缺省值。删除掉参数 @p2，可以编写相应的 SQL 语句。完成后，单击“确定”按钮进行保存。

修改后，单击工具栏上的“执行”按钮即可创建存储过程。如没有错误，消息框中则显示“命令已成功完成”。

8.2.2 用CREATE PROC语句创建存储过程

使用CREATE PROCEDURE（可缩写为前四个字母PROC）语句也可以创建存储过程，其语法如下。

```
CREATE PROC [ EDURE ] procedure_name [ ; number ]
[ { @parameter data_type }
[ VARYING ] [ = default ] [ OUTPUT ]] [ ,…n ]
[ WITH{ RECOMPILE | ENCRYPTION | RECOMPILE , ENCRYPTION } ]
[ FOR REPLICATION ]
AS sql_statement [ …n ]
```

各参数含义如下。

（1）procedure_name。

存储过程的名称，必须符合标识符规则，且对于数据库及其所有者必须唯一。要创建局部临时过程，可以在procedure_name前面加一个编号符#（#procedure_name）；要创建全局临时过程，可以在procedure_name前面加两个编号符##（##procedure_name）。完整的名称（包括#或##）不能超过128个字符。

（2）;number。

是一个可选的整数，用来对同名的过程分组，以便用一条DROP PROCEDURE语句即可将同组的过程一起删除。如果名称中包含定界标识符，则数字不应包含在标识符中，只应在procedure_name前后使用适当的定界符。

（3）@parameter。

过程中的参数名称，用户必须在执行过程时提供每个声明为参数的值（除非定义了该参数的默认值），存储过程最多可有2 100个参数。

使用@打头来指定参数名称。每个过程的参数仅用于该过程本身，相同的参数名称可以用在其他过程中。默认情况下，参数只能代替常量，也允许使用表名、列名或其他数据库对象名称。

（4）data_type。

参数的数据类型。所有数据类型（包括 text、ntext 和 image）均可以用作存储过程的参数类型。不过，cursor 数据类型只能用于OUTPUT参数。如果指定的数据类型为cursor，也必须同时指定VARYING和OUTPUT关键字。

说明：对于可以是cursor数据类型的输出参数，没有最大数目的限制。

（5）VARYING。

指定作为OUTPUT参数支持的结果集，仅适用于游标参数。

（6）default。

参数的默认值。如果定义了默认值，不必指定该参数的值即可执行过程。默认值必须是常量或NULL。如果过程将对该参数使用LIKE关键字，那么默认值中可以包含通配符（%、_、[]和[^]）。

（7）OUTPUT。

表明参数是返回参数。该选项的值可以返回给EXEC[UTE]，即使用OUTPUT参数可将信息返回给调用过程。Text、ntext和image类型参数都可作为OUTPUT的参数，使用OUTPUT关键字的输出参数还可以是游标占位符。

（8）n。

最多可以指定2 100个参数。

（9）{RECOMPILE | ENCRYPTION | RECOMPILE, ENCRYPTION}。

RECOMPILE表明SQL Server不会缓存该过程的计划，该过程将在运行时重新编译。

ENCRYPTION表示SQL Server加密syscomments表中包含CREATE PROCEDURE语句文本的条目。使用ENCRYPTION可防止将过程作为SQL Server复制的一部分发布。

（10）FOR REPLICATION。

指定不能在订阅服务器上执行为复制创建的存储过程。使用FOR REPLICATION选项创建的存储过程可用作存储过程筛选，且只能在复制过程中执行。本选项不能和WITH RECOMPILE选项一起使用。

（11）AS。

指定过程要执行的操作。

（12）sql_statement。

过程中要包含的任意数目和类型的T-SQL语句，但有一些限制。

（13）n。

是表示此过程可以包含多条T-SQL语句的占位符。

注意，存储过程最大可达128 MB。创建临时存储过程时，在存储过程的名字前面若以“#”开头就创建的是局部临时存储过程，若以“##”开头就创建的是全局临时存储过程。

【示例8.1】创建一个在“test”数据库中获取两个年龄之间的所有员工信息的存储过程“Proc_ygxxbyAge”。

```
USE test
GO
CREATE procedure Proc_ygxxbyAge
  @Beginning_Age int,
  @Ending_Age int
AS
  IF @Beginning_Age IS NULL OR @Ending_Age IS NULL
  BEGIN
    RAISERROR('NULL values are not allowed',14,1)
    RETURN
  END
  SELECT no, name, gender, age, department
  FROM ygxxb
  WHERE age Between @Beginning_Age And @Ending_Age
GO
```

执行后就会成功创建存储过程，如图8-5所示。

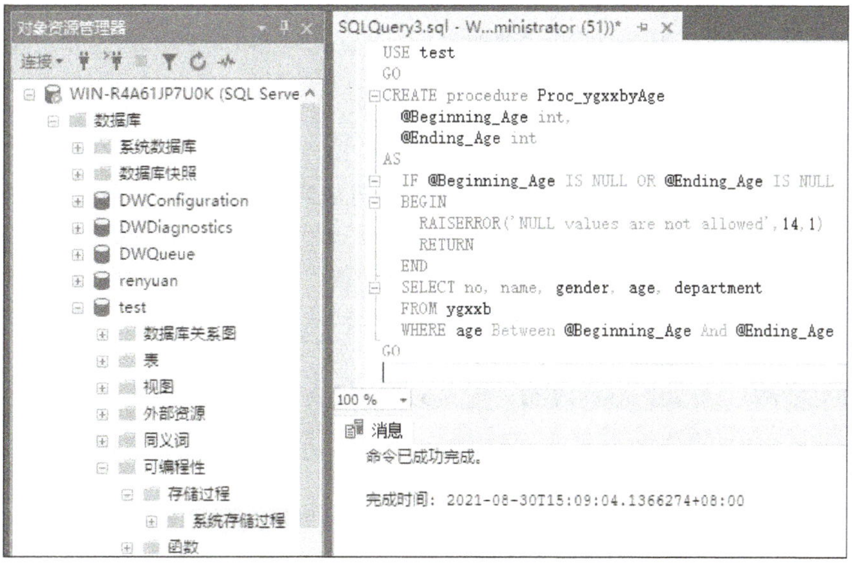

图 8-5 创建存储过程并执行

8.3 管理存储过程

存储过程创建好后，需要进行管理，包括执行存储过程、查看存储过程、修改存储过程、重命名存储过程和删除存储过程等。

8.3.1 执行存储过程

创建一个存储过程之后，可以使用EXECUTE语句执行这个存储过程。EXECUTE语句的语法格式如下。

```
[ { EXEC | EXECUTE } ]
{
[ @return_status = ]
{ procedure_name [ ;number ] | @procedure_name_var }
[ [ @parameter = ] { value | @variable [ OUTPUT ]|[ DEFAULT ]}]
[ ,…n ]
[ WITH RECOMPILE ]
}
```

其中，@return_status用于保存存储过程的返回状态。使用Execute语句之前，这个变量必须在批处理、存储过程或函数中声明过。@参数名给出在CREATE PROCEDURE语句中定义的过程参数。在以“@参数名=值”格式使用时，参数名称和常量不一定按照CREATE PROCEDURE语句中定义的顺序出现。@变量是用来保存参数或者返回参数的变量。OUTPUT关键字指定存储过程必须返回一个参数。DEFAULT关键字用于提供参数的默认值。WITH RECOMPILE子句指定强制编译新的计划，建议尽量少使用该选项，因为它会消耗较多的系统资源。

注意事项：使用EXECUTE语句的注意事项

使用EXECUTE语句时应注意以下几点。

- EXECUTE语句可以用于执行系统存储过程、用户定义存储过程或扩展存储过程，同时支持T-SQL批处理内的字符串的执行。
- 如果EXECUTE语句是批处理命令的第1条语句，那么省略EXECUTE关键字也可以执行该存储过程。
- 向存储过程传递参数时，如果使用“@参数=值”的形式，则可以按任何顺序来提供参数，还可以省略那些已经提供默认值的参数。一旦以“@参数=值”形式提供了一个参数，就必须按这种形式提供后面所有的参数。如果不是以“@参数=值”形式来提供参数，则必须按照CREATE PROCEDURE语句中给出的顺序提供参数。
- 虽然可以省略已提供默认值的参数，但只能截断参数列表。例如，如果一个存储过程有5个参数，可以省略第4个和第5个参数，但不能跳过第4个参数而仍然包含第5个参数，除非以“@参数=值”形式提供参数。
- 如果在建立存储过程时定义了参数的默认值，那么下列情况下将使用默认值：执行存储过程时未指定该参数的值；将Default关键字指定为该参数的值。
- 如果在存储过程中使用了带Like关键字的参数名称，则提供的默认值必须是常量，并且可以包含%、_、[]和[^]通配符。

【示例8.2】执行前面创建的存储过程“Proc_ygxxbyAge”。

```
USE test
GO
-- 通过参数名传递值
EXEC dbo.Proc_ygxxbyAge @Beginning_Age=24, @Ending_Age=27;
-- 或者按顺序传递值: EXEC dbo.Proc_ygxxbyAge 24, 27;
GO
```

执行存储过程“Proc_ygxxbyAge”的结果，如图8-6所示。

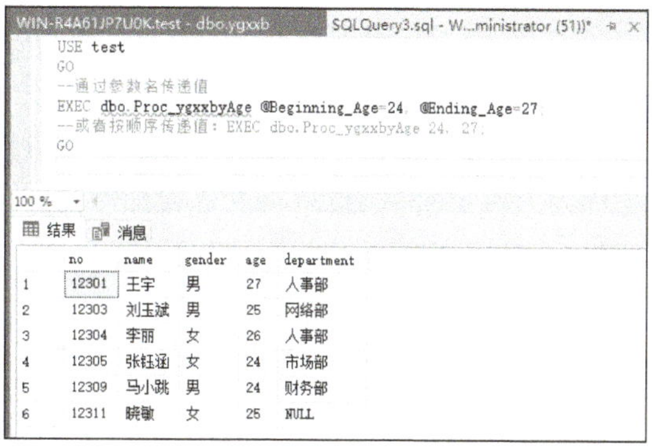

图 8-6 执行结果

■8.3.2 查看存储过程

如果要查看数据库当前状态下有哪些存储过程，可以从系统视图SYS.SYSOBJECTS或SYS.PROCEDURES中用SELECT语句查询。

【示例8.3】使用系统视图SYS.SYSOBJECTS或SYS.PROCEDURES查看存储过程列表。

```
USE test
GO
-- 使用 SYS.SYSOBJECTS 系统视图, TYPE = 'P' 表示类型是存储过程, CATEGORY = 0 表示
-- 是用户创建的
SELECT * FROM SYS.SYSOBJECTS WHERE TYPE='P'
-- 或者使用 SYS.PROCEDURES 系统视图
--SELECT * FROM SYS.PROCEDURES
GO
```

执行结果如图8-7所示。

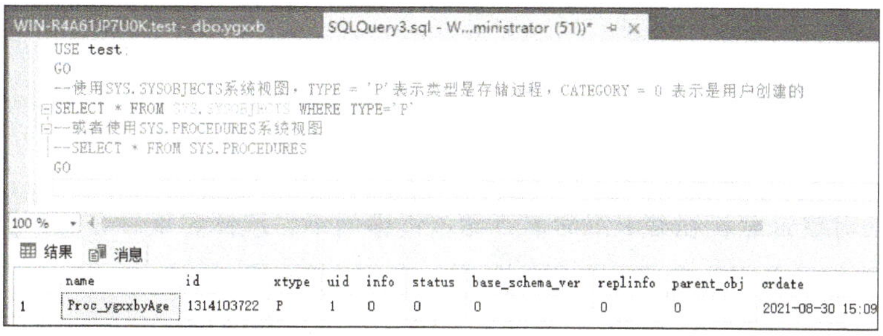

图 8-7 执行结果

【示例8.4】使用系统视图SP_HELPTEXT查看存储过程“Proc_ygxxbyAge”的内容。

```
USE test
GO
EXEC SP_HELPTEXT Proc_ygxxbyAge
GO
```

执行结果如图8-8所示。

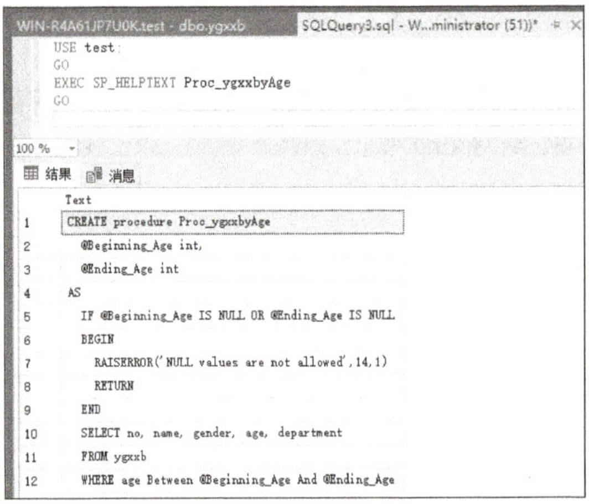

图 8-8 执行结果

8.3.3 修改存储过程

如果需要更改存储过程中的语句或参数，可以先删除再重新创建该存储过程，也可以通过一个步骤更改该存储过程。删除并重新创建存储过程时，与该存储过程关联的所有权限都将丢失。更改存储过程时，将更改过程或参数定义，但为该存储过程定义的权限将保留，并且不会影响任何相关的存储过程或触发器。还可以修改存储过程以加密其定义或使该过程在每次执行时都得到重新编译。

使用ALTER PROCEDURE语句修改存储过程，其语法如下。

```
ALTER PROC[EDURE] procedure_name [;number]
[ { @parameter data_type }
[ VARYING ] [ = default ] [ OUTPUT ]
] [ ,…n ]
[ WITH{ RECOMPILE | ENCRYPTION | RECOMPILE , ENCRYPTION } ]
[ FOR REPLICATION ]
AS sql_statement [ …n ]
```

8.3.4 重命名存储过程

在SSMS的对象资源管理器中重命名存储过程很简单。选择要重命名的存储过程，单击鼠标右键，在弹出的菜单中选择“重命名”选项，就可以修改了。

使用系统存储过程sp_rename也可以重命名存储过程，其语法如下。

```
sp_rename 'object_name' , 'new_name' [ ,'object_type' ]
```

建议不要使用此语句来重命名存储过程，而是删除该对象，然后使用新名称重新创建存储过程对象。

8.3.5 删除存储过程

不再需要存储过程时可将其删除。如果一个存储过程调用某个已被删除的存储过程，Microsoft SQL Server将在执行调用进程时显示一条错误消息。但是，如果定义了具有相同名称和参数的新存储过程来替换已被删除的存储过程，那么引用该过程的其他过程仍能成功执行。例如，如果存储过程“proc1”引用存储过程“proc2”，而“proc2”已被删除，但又创建了另一个名为“proc2”的存储过程。现在“proc1”将引用这一新存储过程，“proc1”也不必重新创建。

可以使用DROP PROCEDURE语句来删除用户定义的存储过程。其语法如下。

```
DROP PROCEDURE {procedure}[,…n]
```

【示例8.5】将“test”数据库中存储过程“Proc_ygxxbyAge”删除。

```
USE test
GO
DROP PROCEDURE dbo.Proc_ygxxbyAge
GO
```

执行结果如图8-9所示，展开左面的“可编程性”节点，在“存储过程”节点上已经看不到存储过程“Proc_ygxxbyAge”了。

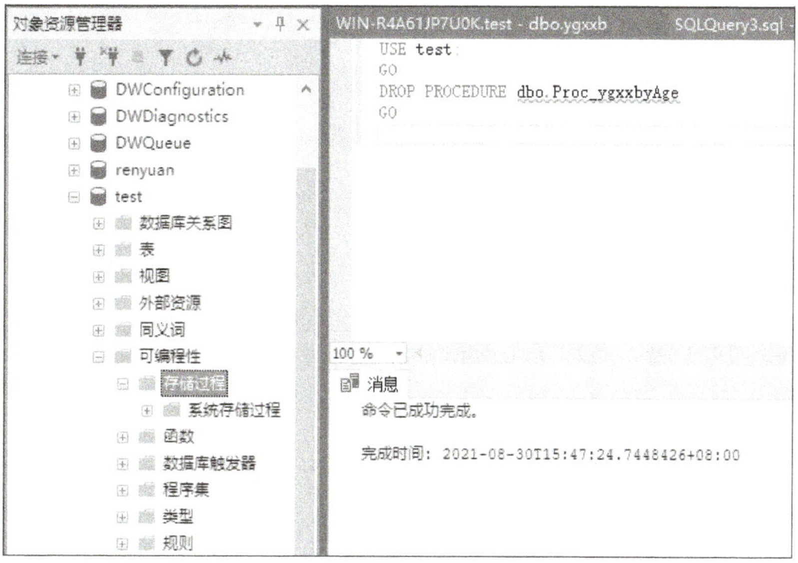

图 8-9 执行结果

课后作业

一、选择题

1. 在SQL Server服务器上，存储过程是一组预先定义并（　　）的T-SQL语句集。

   A. 保存

   B. 编译

   C. 解释

   D. 编写

2. 执行带参数的过程，正确的方法为（　　）。

   A. 过程名（参数）

   B. 过程名　参数

   C. 过程名＝参数

   D. 以上都可以

3. 查看存储过程“proc_ListTable”内容的命令是（　　）。

   A. SELECT * FROM SYS.SYSOBJECTS WHERE TYPE='P'

   B. SELECT * FROM SYS.PROCEDURES

   C. EXEC SP_HELPTEXT proc_ListTable

   D. 以上都可以

二、简答题

1. 简述存储过程的概念。
2. SQL Server中有几类存储过程？
3. 使用存储过程有何优点？

学习体会

项目9 触发器

内容概要

触发器是一种与数据事件相关的特殊类型的存储过程，它是在执行某些特定的T–SQL语句时可以自动执行的一种存储过程。

本项目将对触发器的优点和分类、触发器的创建和管理（包括查看、修改、重命名、禁用/启用和删除）等内容进行详细的介绍。

知识要点

触发器的概念、优点、种类。

创建DML触发器、DDL触发器、登录触发器。

查看、修改、重命名、禁用和启用、删除触发器的操作。

9.1 触发器简介

1. 触发器的概念

触发器是一种特殊类型的存储过程，当某个触发事件发生时，触发器就会自动地被触发运行，是数据库里独立存在的对象。

2. 触发器的优点

在SQL Server中，有两种方法来保证数据的有效性和完整性：约束（check）和触发器(Trigger)。约束是直接设置于数据表内，只能实现一些比较简单的功能操作，例如，实现字段有效性和唯一性的检查、自动填入默认值、确保字段数据不重复（即主键）、确保数据表对应的完整性（即外键）等功能；触发器是针对数据表（库）的特殊的存储过程，它在指定的表中的数据（或表结构）发生改变时自动生效，并可以包含复杂的T-SQL语句，用于处理各种复杂的操作。将触发器和触发它的语句作为可在触发器内回滚的单个事务对待，如果检测到错误(如磁盘空间不足)，则整个事务即自动回滚。

触发器的优点如下。

- **完成更复杂的数据约束：**触发器可以实现比约束更为复杂的数据约束。
- **检查所做的SQL操作是否允许：**例如，当执行DELETE、INSERT、UPDATE等操作时，触发器就会检查数据的处理是否符合定义的规则，从而决定所做的操作是否被允许。
- **修改其他数据表中的数据：**当一个SQL语句对数据表进行操作的时候，触发器可以根据该SQL语句的操作情况来对另一个数据表进行操作。例如，修改某一个学生的某一门课程的成绩时，触发器可以自动修改学生总成绩表中该学生的总成绩。
- **调用更多的存储过程：**约束不能调用存储过程，但触发器本身就是一种存储过程，而存储过程是可以嵌套使用的，所以触发器也可以调用一个或多个存储过程。
- **返回自定义的错误信息：**约束只能通过标准的系统错误信息来传递错误信息，如果应用程序要求使用自定义信息和较为复杂的错误处理，则必须使用触发器。
- **更改原本要操作的SQL语句：**触发器可以修改原本要操作的SQL语句。例如，原本的SQL语句是要删除数据表里的记录，但该数据表中的记录是重要记录，不允许删除的，那么触发器可以不执行该语句。
- **防止数据表结构被更改或数据表被删除：**为了保护已经建好的数据表，触发器可以在接收到以DROP或ALTER开头的SQL语句后，不进行对数据表结构的操作。

3. 触发器的种类

在SQL Server中，根据激活触发器执行的T-SQL语句类型，把触发器分为DML触发器、DLL触发器和登录触发器3类。

（1）DML触发器。

DML触发器是当数据库服务器中发生数据操作语言（DML）事件时执行的存储过程。它是一种特殊类型的存储过程，可在DML事件时自动生效，以便影响触发器中定义的表或视图。

（2）DDL触发器。

DDL触发器被激发以响应各种数据定义语言（DDL）事件。这些事件主要与以关键字CREATE、ALTER、DROP、GRANT、DENY、REVOKE或UPDATE STATISTICS开头的T-SQL语句对应。执行DDL式操作的系统存储过程也可以激发DDL触发器。DDL触发器一般用于执行数据库中的管理任务，如审核和规范数据库操作、防止数据库表结构被修改等。

（3）登录触发器。

登录触发器将为响应LOGON事件而激发存储过程，与SQL Server实例建立用户会话时将引发此事件。

9.2 创建触发器

可以使用CREATE TRIGGER语句创建3类触发器。

9.2.1 创建DML触发器

在SQL Server中，根据触发的时机可以把DML触发器分为以下两种类型。

（1）AFTER触发器：这类触发器是在记录已经改变完之后（AFTER）才会被激活执行。它主要是用于记录变更后的处理或检查，一旦发现错误，也可以用ROLLBACK Transaction语句来回滚本次操作。

（2）INSTEAD OF触发器：这类触发器一般是用来取代原本要进行的操作，在记录变更之前发生的，它并不去执行原来SQL语句里的操作（如INSERT、UPDATE、DELETE等），而去执行触发器本身所定义的操作。

注意事项：创建DML触发器的要点

创建DML触发器时应注意的事项如下。

- CREATE TRIGGER语句必须是批处理中的第一个语句，该语句后面的所有其他语句被解释为CREATE TRIGGER语句定义的一部分。
- 创建DML触发器的权限默认分配给表的所有者，且不能将该权限转给其他用户。
- DML触发器为数据库对象，其名称必须遵循标识符的命名规则。
- 虽然DML触发器可以引用当前数据库以外的对象，但只能在当前数据库中创建DML触发器。
- 虽然DML触发器可以引用临时表，但不能对临时表或系统表创建DML触发器。不应引用系统表，而应使用信息架构视图。
- 对于含有用DELETE或UPDATE操作定义了外键的表，不能定义INSTEAD OF DELETE和INSTEAD OF UPDATE触发器。
- 虽然TRUNCATE TABLE语句类似于不带WHERE子句的DELETE语句（用于删除所有行），但它并不会触发DELETE触发器，因为TRUNCATE TABLE 语句没有记录。
- WRITETEXT语句不会触发INSERT或UPDATE触发器。

1. DML触发器的工作原理

SQL Server为每个DML触发器都定义了两个特殊的表，inserted表和deleted表。这两个表是建在数据库服务器内存中的，是由系统自动创建和维护的逻辑表，而不是真正存储在数据库中的物理表。对于这两个表，用户只有读取的权限，没有修改的权限。

这两个表的结构与触发器所在数据表的结构是完全一致的，当触发器的工作完成之后，这两个表也将会从内存中删除。

inserted表里存放的是更新前的记录：对于插入记录操作来说，inserted表里存放的是要插入的数据；对于更新记录操作来说，inserted表里存放的是要更新的记录。

deleted表里存放的是更新后的记录：对于更新记录操作来说，deleted表里存放的是更新前的记录（更新完后即被删除）；对于删除记录操作来说，deleted表里存入的是被删除的旧记录。

DML触发器的工作原理如下。

（1）AFTER触发器的工作原理。

AFTER触发器是在记录变更完之后才被激活执行的。以删除记录为例，当SQL Server接收到一个要执行删除操作的SQL语句时，SQL Server先将要删除的记录存放在删除表deleted表里；然后把数据表里的记录删除，再激活AFTER触发器，执行AFTER触发器里的SQL语句。执行完毕之后，删除内存中的删除表，退出整个操作。

（2）INSTEAD OF触发器的工作原理。

INSTEAD OF触发器与AFTER触发器不同。AFTER触发器是在INSERT、UPDATE和DELETE操作完成后才激活的，而INSTEAD OF触发器是在这些操作进行之前就激活了，并且不再去执行原来的SQL操作，而去运行触发器本身的SQL语句。

2. 创建AFTER触发器

创建AFTER触发器的语法如下。

```
CREATE TRIGGER <trigger_name>
ON [<schema name>.]<table or view name>
[WITH ENCRYPTION|EXECUTE AS <CALLER|SELF|<user>>]
{FOR|AFTER}
{[INSERT][,][UPDATE][,][DELETE]}
[WITH APPEND]
[NOT FOR REPLICATION]
AS
<<sql statements>|EXTERNAL NAME <assembly method specifier>>
```

知识点拨

主要参数说明

- **trigger_name：** 触发器的名称，必须遵循标识符规则，且不能以 # 或 ## 开头。
- **schema name：** 触发器所属架构的名称。
- **table or view name：** 指定触发器所在的数据表或视图。注意，只有INSTEAD OF触发器才能建立在视图上，但是带有With约束条件的视图也不允许建立INSTEAD OF触发器。
- **WITH ENCRYPTION：** 对CREATE TRIGGER语句的文本进行加密。使用WITH ENCRYPTION可以防止

将触发器作为 SQL Server 复制的一部分进行发布。

- **EXECUTE AS**：用于执行该触发器的安全上下文。
- **AFTER**：指定 DML 触发器仅在触发 SQL 语句中指定的所有操作都已成功执行后才被激发。仅指定 FOR 关键字，则 AFTER 为默认值。
- **{[INSERT] [,] [UPDATE] [,] [DELETE]}**：指定数据修改语句，这些语句可在 DML 触发器对此表或视图进行尝试时激活该触发器。在触发器定义中允许使用上述选项的任意顺序组合，但必须至少指定一个选项。
- **WITH APPEND**：指定应该再添加一个现有类型的触发器。

下面通过实例说明如何创建一个简单的触发器，该触发器的作用：在员工表“ygxxb”中插入一条记录后，发出“你已经成功添加了一位员工信息”的提示。分析该触发器的作用不难发现，要建立的触发器类型是AFTER INSERT类型。

创建AFTER触发器的步骤如下。

步骤 01 启动SSMS并连接数据库，展开“test”数据库，找到表“ygxxb”，展开该节点后，在“触发器”节点上单击鼠标右键，选择“新建触发器”选项，如图9-1所示。

步骤 02 在“查询编辑器”的编辑区里SQL Server已经预写入了一些简单触发器相关的SQL语句，如图9-2所示。

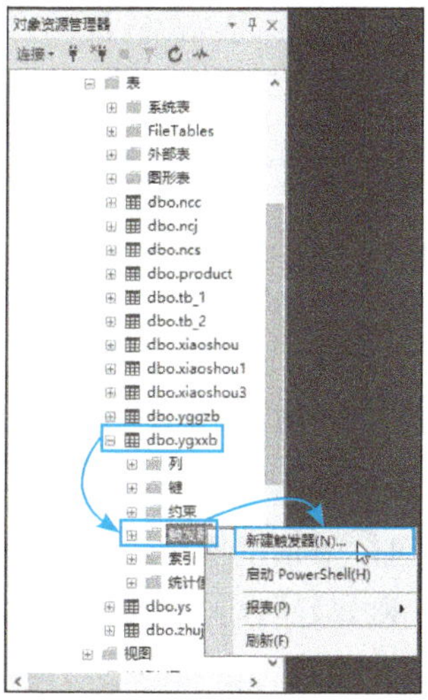

图 9-1 选择“新建触发器”选项

```
SQLQuery4.sql - W...ministrator (63))
-- ================================================
-- Template generated from Template Explorer using:
-- Create Trigger (New Menu).SQL
--
-- Use the Specify Values for Template Parameters
-- command (Ctrl-Shift-M) to fill in the parameter
-- values below.
--
-- See additional Create Trigger templates for more
-- examples of different Trigger statements.
--
-- This block of comments will not be included in
-- the definition of the function.
-- ================================================
SET ANSI_NULLS ON
GO
SET QUOTED_IDENTIFIER ON
GO
-- ================================================
-- Author:      <Author,,Name>
-- Create date: <Create Date,,>
-- Description: <Description,,>
-- ================================================
CREATE TRIGGER <Schema_Name, sysname, Schema_Name>.<Trigger_Name, sysname, Trigger_Name>
   ON  <Schema_Name, sysname, Schema_Name>.<Table_Name, sysname, Table_Name>
   AFTER <Data_Modification_Statements, , INSERT,DELETE,UPDATE>
AS
BEGIN
    -- SET NOCOUNT ON added to prevent extra result sets from
    -- interfering with SELECT statements.
    SET NOCOUNT ON;
```

图 9-2 预写入的 SQL 语句

步骤 03 修改“查询编辑器”里的代码，将从“CREATE”开始到“GO”结束的代码改为以下代码，如图9-3所示。

```
-- ==========================================
-- Author:      <Author,,Name>
-- Create date: <Create Date,,>
-- Description: <Description,,>
-- ==========================================
CREATE TRIGGER Trig_Insertygxx
ON ygxxb
AFTER INSERT
AS
BEGIN
print '你已经成功添加了一位员工信息'
END
GO
```

图 9-3 修改代码

```
CREATE TRIGGER Trig_Insertygxx
ON ygxxb
AFTER INSERT
AS
BEGIN
print '你已经成功添加了一位员工信息'
END
GO
```

步骤04 检查无误后执行，生成触发器，如图9-4所示。

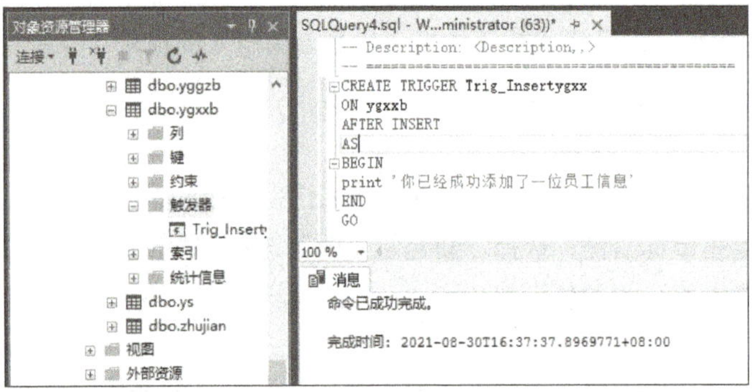

图 9-4　执行结果

知识点拨

建立其他触发器

建立AFTER UPDATE触发器、AFTER DELETE触发器和建立AFTER INSERT触发器的步骤一致，不同之处是把上面的SQL语句中的INSERT分别改为UPDATE和DELETE即可。

触发器创建后，能否正常工作需要进行测试。按照以下操作过程测试刚建好的AFTER INSERT触发器的功能。

新建一个查询，输入以下代码，执行后，可以看到“消息”对话框里显示出提示信息：“你已经成功添加了一位员工信息”，如图9-5所示。由此可见，刚建好的AFTER INSERT触发器已经被激活，并运行成功了。

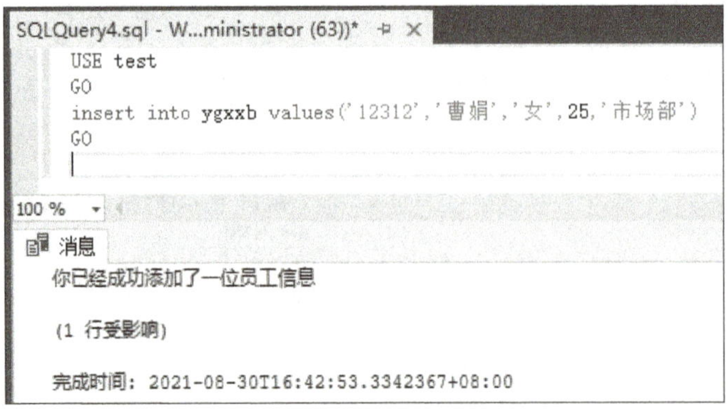

图 9-5　测试触发器

```
USE test
GO
insert into ygxxb values('12312','曹娟','女',25,'市场部')
GO
```

【示例9.1】修改“ygxxb”表中的数据时，下述触发器将向客户端显示一条消息。

```
CREATE TRIGGER Trig_Updateygxxb
ON ygxxb
AFTER UPDATE
AS
BEGIN
RAISERROR ('注意：有人修改员工信息表的数据！ ',16,10)
END
GO
```

执行结果如图9-6所示。

执行一条修改语句进行测试，修改语句的代码如下。

```
USE test
GO
UPDATE ygxxb SET age=27 WHERE no='12312'
GO
```

执行结果如图9-7所示。

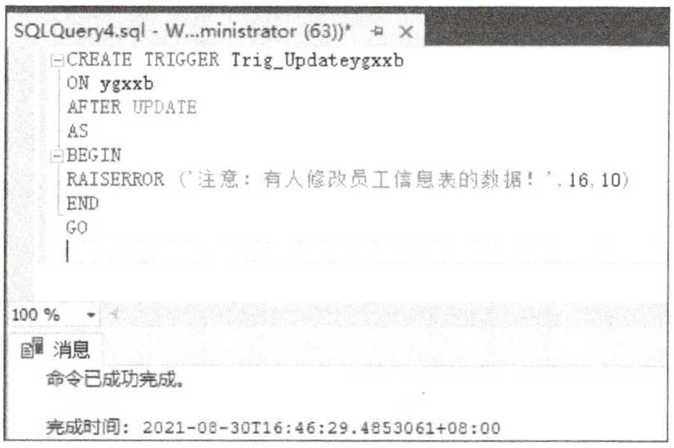

图 9-6 执行结果

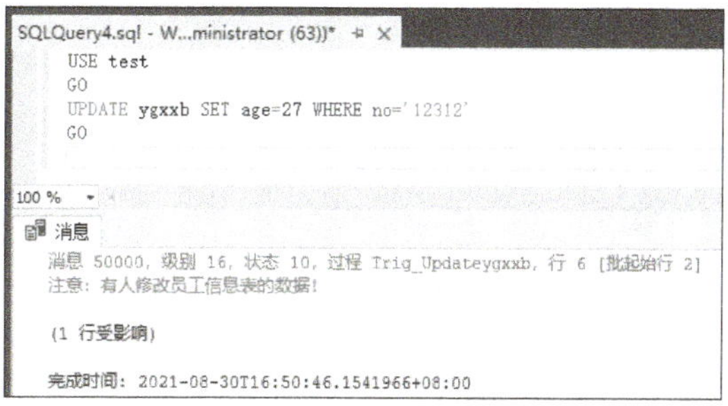

图 9-7 修改后的执行结果

3. 创建INSTEAD OF触发器

INSTEAD OF触发器与AFTER触发器的工作流程是不一样的。AFTER触发器是在SQL Server服务器接到执行SQL语句请求之后，先建立临时的inserted表和deleted表，然后实际更改数据，最后才激活触发器的。而INSTEAD OF触发器是在SQL Server服务器接到执行SQL语句请求后，先建立临时的inserted表和deleted表，然后就触发了INSTEAD OF触发器。至于该SQL语句是插入数据、更新数据还是删除数据，就一概不管了，把执行权全权交给了INSTEAD OF触发器，由它去完成之后的操作。

知识点拨

使用 INSTEAD OF 触发器的几种情况

INSTEAD OF触发器可同时在数据表和视图中使用，通常在以下几种情况下，建议使用INSTEAD OF触发器：

- 数据禁止修改：数据库的某些数据是不允许修改的，为了防止这些数据被修改，可以用INSTEAD OF触发器来跳过修改记录的SQL语句。
- 数据修改后，有可能要回滚的SQL语句：可以使用INSTEAD OF触发器，在修改数据之前判断回滚条件是否成立，如果成立就不再进行修改数据操作，避免在修改数据之后再回滚操作，从而减少服务器负担。
- 在视图中使用触发器：因为AFTER触发器不能在视图中使用，如果想在视图中使用触发器，就只能用INSTEAD OF触发器。
- 用自己的方式去修改数据：如不满意SQL直接修改数据的方式，可用INSTEAD OF触发器来控制数据的修改方式和流程。

创建INSTEAD OF触发器的语法与创建AFTER触发器的语法几乎一样，只是简单把AFTER变为INSTEAD OF即可。

【示例9.2】创建触发器“Trig_Update_ygxxb”，实现当有人试图修改“ygxxb”表中的数据时，利用下述触发器可以跳过修改数据的SQL语句（防止数据被修改），并向客户端显示一条消息。

```
USE test
GO
CREATE TRIGGER Trig_Update_ygxxb
ON ygxxb
INSTEAD OF UPDATE
AS
BEGIN
RAISERROR ('对不起，ygxxb不允许修改！',16,10)
END
GO
```

执行结果如图9-8所示。

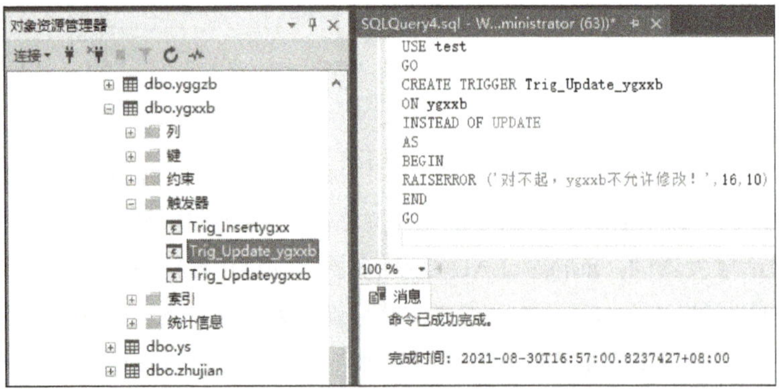

图 9-8　执行结果

执行下列修改语句进行测试。

```
USE test
GO
UPDATE ygxxb SET department='人事部' WHERE no='12312'
GO
```

执行结果如图9-9所示。

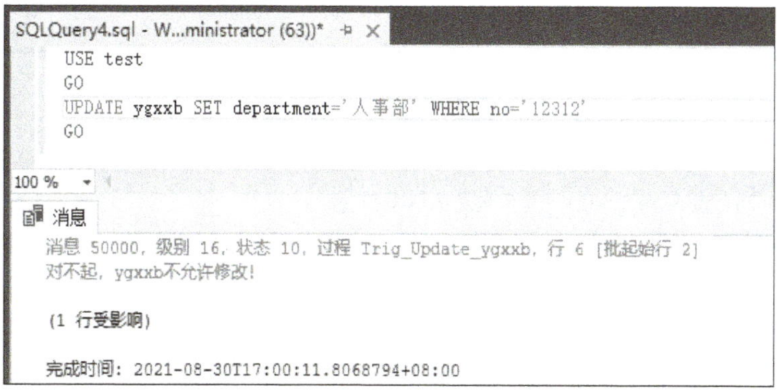

图 9-9　执行结果

■9.2.2　创建DDL触发器

像常规触发器一样，DDL触发器将激发存储过程以响应事件。但与DML触发器不同的是，它们不会为响应针对表或视图的UPDATE、INSERT或DELETE语句而激发。相反，它们会为响应多种数据定义语言（DDL）语句而激发。这些语句主要是以CREATE、ALTER和DROP开头的语句。DDL触发器可用于管理任务，如审核和控制数据库操作。

知识点拨

使用 DDL 触发器的几种情况

一般来说，在以下几种情况下可以使用DDL触发器。

- 防止数据库架构进行某些修改。
- 防止数据库或数据表被误操作删除。
- 希望数据库中发生某种情况以响应数据库架构中的更改。
- 要记录数据库架构中的更改或事件。

仅在运行触发DDL触发器的DDL语句后，DDL触发器才会激发。DDL触发器无法作为INSTEAD OF触发器使用。创建DDL触发器的语法如下。

```
CREATE TRIGGER <trigge_name>
ON {ALL SERVER|DATABASE}
[WITH <ddl_trigger_option>[,…n]]
{FOR|AFTER}{event_type|event_group}[,…n]
```

```
AS
{sql_statement[;][…n]|EXTERNAL NAME<method specifier >[;]}
<ddl_trigger_option>::=
[ENCRYPTION]
[EXECUTE AS Clause]
<method_specifier>::=
assembly_name.class_name.method_name
```

知识点拨

主要参数说明

- **trigger_name**：触发器的名称，必须遵循标识符规则，但不能以#或##开头。
- **DATABASE**：将DDL触发器的作用域应用于当前数据库。如果指定了此参数，则只要当前数据库中出现event_type或event_group，就会激发该触发器。
- **ALL SERVER**：将DDL触发器的作用域应用于当前服务器。如果指定了此参数，则只要当前服务器中的任何位置上出现event_type或event_group，就会激发该触发器。
- **event_type**：执行之后将导致激发DDL触发器的T-SQL语言事件的名称。
- **event_group**：预定义的T-SQL语言事件分组的名称。

其他参数在前面章节中已经说明，在此不再赘述。

下面通过示例来说明如何建立DDL触发器。

【示例9.3】创建一个用于保护数据库中的数据表“ygxxb”不被删除的DDL触发器，具体操作步骤如下。

启动SSMS后，连接到数据库并定位到“test”节点中，新建查询并输入代码如下。

```
CREATE TRIGGER disable_drop_table
ON DATABASE
FOR DROP_TABLE
AS
BEGIN
RAISERROR ('对不起，test 数据库中的表不能删除！',16,10)
END
GO
```

执行后，生成触发器，如图9-10所示。

接下来测试DDL触发器的功能，定位到“test”数据库后，输入代码如下。

```
USE test
GO
DROP TABLE ygxxb
GO
```

执行后，会显示如图9-11所示的界面。

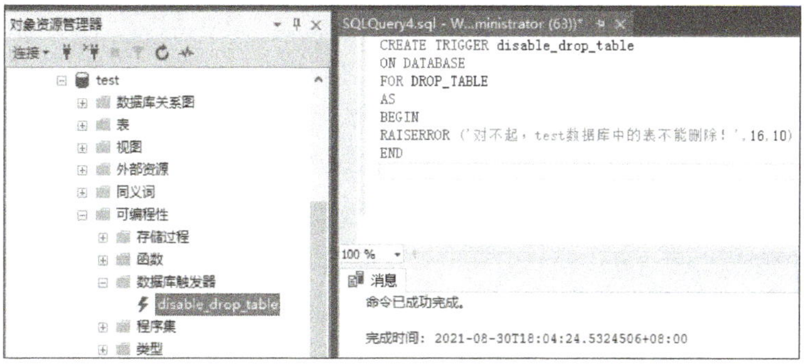

图 9-10 执行结果

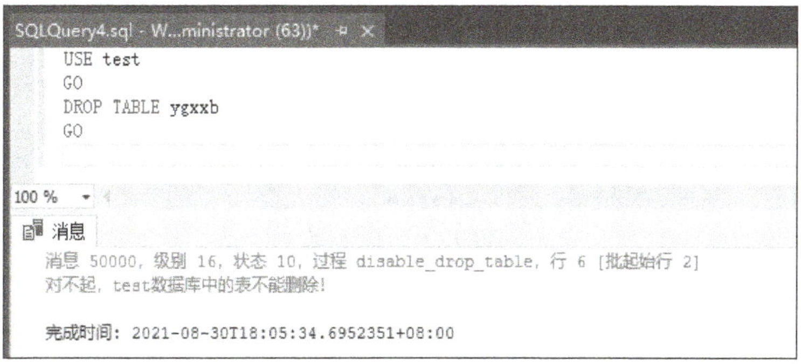

图 9-11 测试触发器执行结果

9.2.3 创建登录触发器

登录触发器将在登录的身份验证阶段完成之后且用户会话实际建立之前激发。因此，来自触发器内部且通常将到达用户的所有消息（如错误消息和来自PRINT语句的消息）会传送到SQL Server的错误日志中。如果身份验证失败，将不激发登录触发器。

可以使用登录触发器来审核和控制服务器会话，例如，通过跟踪登录活动限制SQL Server的登录名或限制特定登录名的会话数。

【示例9.4】创建一个登录触发器“connection_limit_trigger”。如果登录名“login_test”已经创建了3个用户会话，登录触发器将拒绝由该登录名启动的SQL Server登录尝试。

```
USE master
GO
CREATE LOGIN login_test WITH PASSWORD = '123456' MUST_CHANGE,
    CHECK_EXPIRATION = ON
GO
GRANT VIEW SERVER STATE TO login_test
GO
CREATE TRIGGER connection_limit_trigger
ON ALL SERVER WITH EXECUTE AS 'login_test'
FOR LOGON
AS
BEGIN
IF ORIGINAL_LOGIN()= 'login_test' AND
    (SELECT COUNT(*) FROM sys.dm_exec_sessions
```

```
            WHERE is_user_process = 1 AND
                original_login_name = 'login_test') > 3
    ROLLBACK;
END;
```

执行结果如图9-12所示，注意密码要满足复杂性要求。

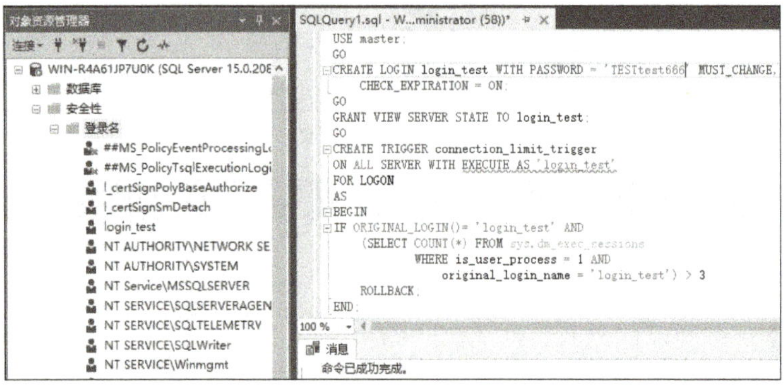

图 9-12 执行结果

知识点拨

应用范围

LOGON事件对应于AUDIT_LOGIN SQL Trace事件，该事件可在事件通知中使用。触发器与事件通知的主要区别在于触发器随事件同步引发，而事件通知是异步的。也就是说，如果要停止建立会话，则必须使用登录触发器。AUDIT_LOGIN事件的事件通知不能用于此目的。

9.3 管理触发器

对创建好的触发器，可以进行查看、修改、重命名、禁用/启用、删除等管理。

9.3.1 查看触发器

查看已经设计好的触发器，可以利用系统存储过程来查看。

1. sp_help

使用系统存储过程sp_help可以查看诸如触发器名称、类型、创建时间等基本信息，其语法格式如下。

```
sp_help '触发器名'
```

例如：

```
USE test
GO
sp_help 'Trig_Insertygxx'
GO
```

运行结果如图9-13所示，可以看到触发器“Trig_Insertygxx”的基本情况。

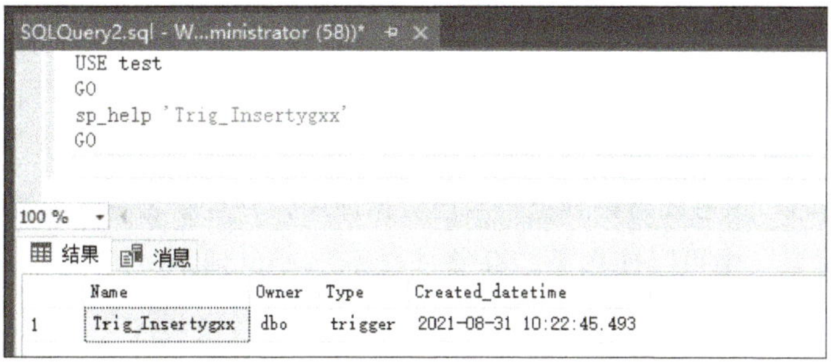

图 9-13 执行结果

2. sp_helptext

使用系统存储过程sp_helptext可以查看触发器的文本信息，其语法格式如下。

```
sp_helptext '触发器名'
```

例如：

```
USE test
GO
sp_helptext 'Trig_Insertygxx'
GO
```

运行结果如图9-14所示，可以看到触发器“Trig_Insertygxx”的具体文本内容。

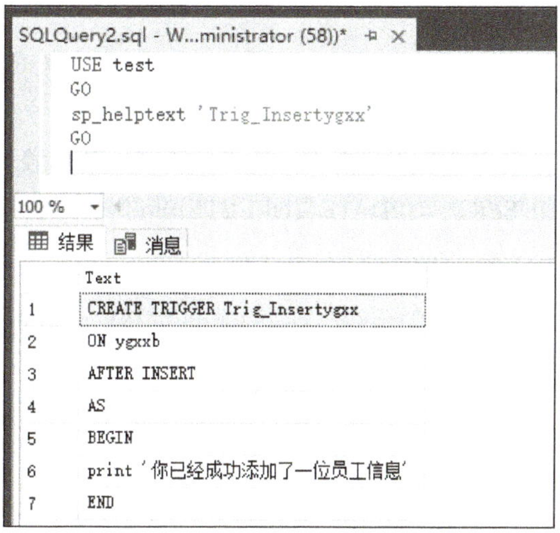

图 9-14 执行结果

■9.3.2 修改触发器

在“查询编辑器”对话框里修改触发器的代码，修改完代码之后，单击“执行”按钮运行即可。如果只要修改触发器的名称，可以使用存储过程sp_rename来完成。

修改触发器的语法代码如下。

```
ALTER TRIGGER <trigger_name>
ON {table|view}
[WITH ENCRYPTION|EXECUTE AS <CALLER|SELF|<user>>]
{FOR|AFTER|INSTEAD OF}
{[INSERT][,][UPDATE][,][DELETE]}
[NOT FOR REPLICATION]
AS
<<sql statements>|EXTERNAL NAME <assembly method specifer>>
```

分析上述语法代码可以发现，修改触发器语法中所涉及到的主要参数和创建触发器的主要参数几乎一样，在此不再赘述。

9.3.3 重命名触发器

重命名触发器时，该触发器必须位于当前数据库中，并且新名称必须遵守标识符规则。

在“查询编辑器”中可以使用系统存储过程sp_rename重命名触发器，sp_rename的语法如下。

```
exec sp_rename 原触发器名称 , 新触发器名称
```

注意事项：重命名触发器

这里建议不要使用sp_rename存储过程重命名触发器，因为更改对象名的任一部分都可能破坏脚本和存储过程。重命名触发器将不会更改sys.sql_modules目录视图的定义列中相应对象名的名称。建议：先删除要重命名的触发器，再重新创建触发器，并指定新名称。

9.3.4 禁用和启用触发器

禁用触发器与删除触发器不同，禁用触发器时，仍会为数据表定义该触发器，只是在执行INSERT、UPDATE或DELETE语句时，不会执行触发器中的操作。

1. 禁用触发器

使用ALTER TABLE语句即可禁用DML触发器，其语法如下。

```
ALTER TABLE 数据表名
DISABLE TRIGGER 触发器名或 ALL
```

如果要禁用所有触发器，用“ALL”代替触发器名。

2. 启用DML触发器

启用触发器与禁用触发器类似，其语法如下。

```
ALTER TABLE 数据表名
ENABLE TRIGGER 触发器名或 ALL
```

如果要启用所有触发器，用“ALL”代替触发器名。当然，禁用触发器和启用触发器也可以通过图形界面方式实现。

9.3.5 删除触发器

用SQL语句可以删除触发器，删除触发器的语法代码如下。

```
DROP TRIGGER 触发器名
```

同样，删除触发器也可以使用图形界面方式实现。

课后作业

一、选择题

1. 在SQL Server中，触发器主要针对下列（　　）语句创建。

A. SELECT，INSERT，UPDATE

B. INSERT，UPDATE，DELETE

C. SELECT，INSERT，UPDATE

D. INSERT，UPDATE，CREATE

2. 在SQL Server中，保证数据的有效性和完整性的方法是（　　）。

A. 约束

B. 存储过程

C. 触发器

D. 以上都可以

3. 在SQL Server中，按触发的时机，触发器可分为（　　）。

A. DDL触发器和DML触发器

B. DML触发器和AFTER触发器

C. DML触发器和登录触发器

D. AFTER触发器和INSTEAD OF触发器

二、简答题

1. 简述触发器的概念。

2. SQL Server中触发器有几种类型？

3. 简述AFTER触发器的工作原理。

扫码解锁
- 配套资源
- 入门精讲
- 高阶开发
- 理论体系

学习体会

项目10 SQL数据库维护

内容概要

本项目介绍数据库的维护操作。首先介绍利用数据导入与导出工具实现SQL Server与Access数据库及Excel文件的数据交换，接着介绍数据库备份的种类，并通过实例说明如何创建备份和恢复数据库。

通过本项目内容的学习，读者既可以掌握使用图形界面完成不同数据源的导入和导出，也可以掌握常用的数据库分离/附加、导出/导入、备份/还原的方法。

知识要点

数据表的导入/导出。

备份类型及恢复模式。

数据库的备份/恢复。

查看数据库的状态。

数据库的脱机/联机。

数据库的分离/附加。

10.1 导入/导出数据表

本节学习导出SQL Server数据表、导入SQL Server数据表、导入其他数据源的数据，以及数据库的备份和恢复。

10.1.1 导出SQL Server数据表

可以把SQL Server中的数据导出到Access数据库、Excel文件中。如果将SQL Server数据库中的数据导入Access数据库时，后者必须是一个已经存在的数据库。在执行下面的操作之前，首先在Access中建立一个文件名为“access.mdb”的空白数据库，以便接收来自SQL Server数据库中的数据。如果导出到一个Excel文件中，可以在硬盘根目录下建立一个名为“excel.xls”的Excel文件用于接收数据，也可以让系统自动生成。导出SQL Server数据表的操作步骤如下。

步骤 01 使用SSMS连接数据库后，在“对象资源管理器”窗口中找到“test”数据库。在其上单击鼠标右键，从“任务”级联菜单中选择“导出数据”选项，如图10-1所示。

步骤 02 在弹出的向导中，单击“Next”按钮，如图10-2所示。

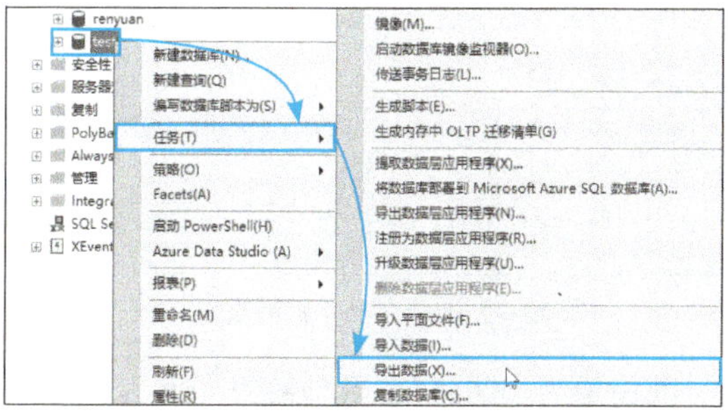

图 10-1 选择“导出数据”选项

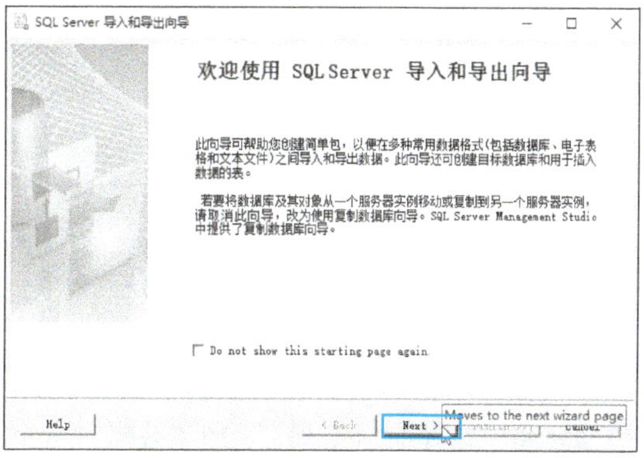

图 10-2 单击“Next”按钮

步骤 03 在“数据源”下拉列表框中选择“SQL Server Native Client 11.0”，在“服务器名称”框中选择或键入服务器的名称。“身份验证”选择“使用Windows身份验证”，数据库选择“test”，完成后单击“Next”按钮，如图10-3所示。

步骤 04 单击“目标”下拉按钮，选择数据库的格式，这里选择“Microsoft Access”格式，单击“浏览”按钮，选择创建好的Access数据库access.mdb（该文件必须使用Access新建好），单击“Next”按钮，如图10-4所示。

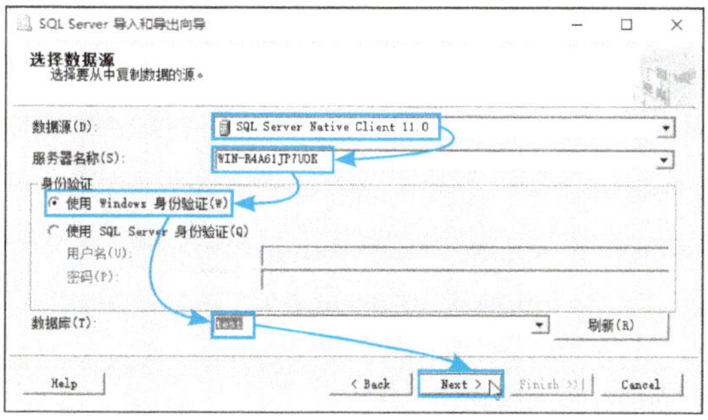

图 10-3 选择数据源操作

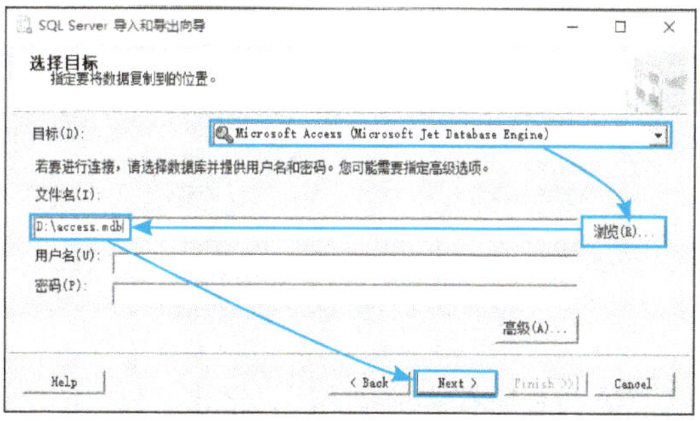

图 10-4 选择目标操作

知识点拨

转出为 Excel 文件

如果要转出为Excel类型的文件，在“目标”中，选择“Microsoft Excel”，选择或新建Excel文件（该文件可以是已存在的，也可以是未创建的）。选择Excel的版本，勾选“首行包含列名称”复选框，如图10-5所示。除了该步骤，其他步骤同导出为Access数据库完全一致。

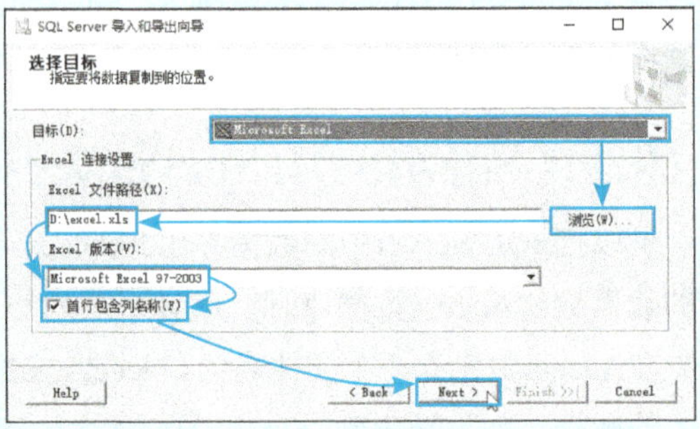

图 10-5　转出为 Excel 文件的选择目标操作

步骤05 单击“复制一个或多个表或视图的数据”单选按钮，单击“Next”按钮，如图10-6所示。

步骤06 在“表和视图”列表中选择需要导出的表，完成后单击“Next”按钮，如图10-7所示。

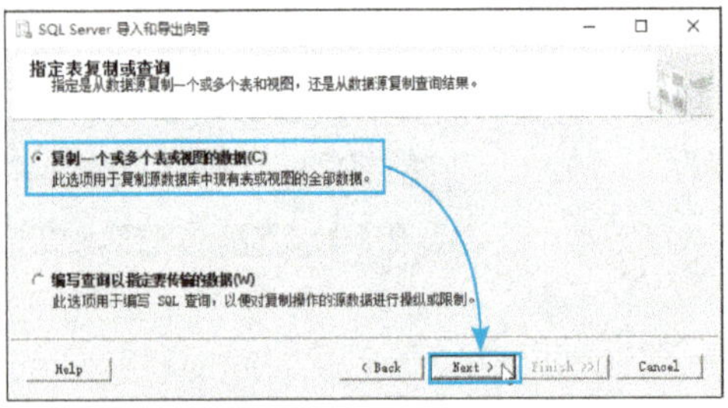

图 10-6　指定表复制或查询选项

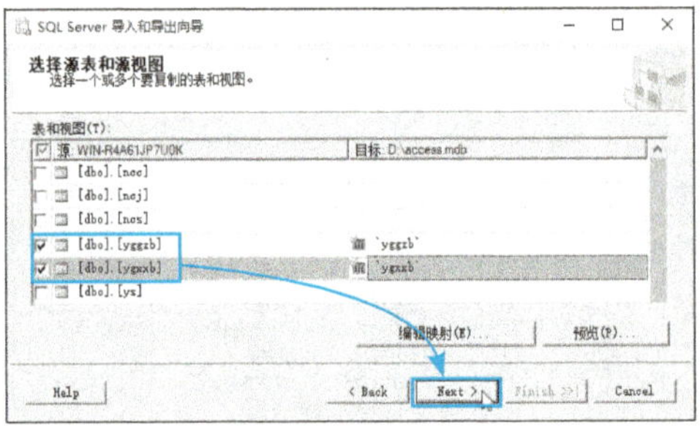

图 10-7　选择需要导出的表

步骤07 将“出错时（全局）”和“截断时（全局）”都设置为“忽略”，其他检查无误后，单击“Next”按钮，如图10-8所示。

步骤08 保持默认，单击“Next”按钮，如图10-9所示。

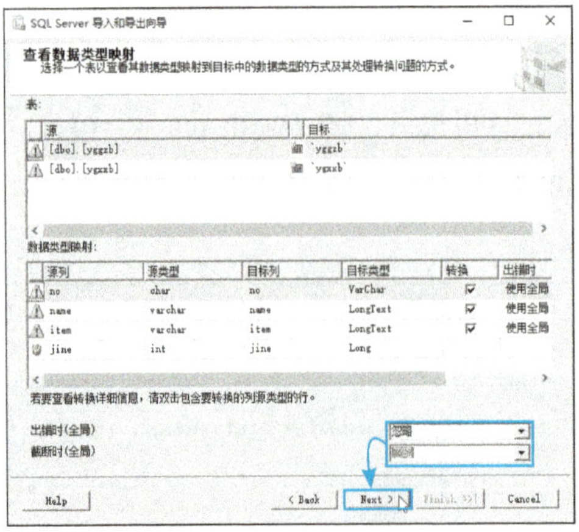

图 10-8　查看数据类型映射

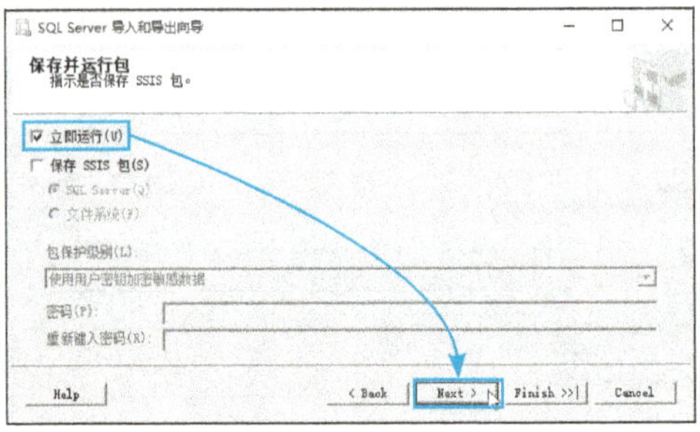

图 10-9　保存并运行包

步骤09 检查所有信息无误后，单击“Finish”按钮，如图10-10所示。

步骤10 接下来会自动启动导出，完成后会弹出成功界面，如图10-11所示。单击“Close”按钮关闭向导。

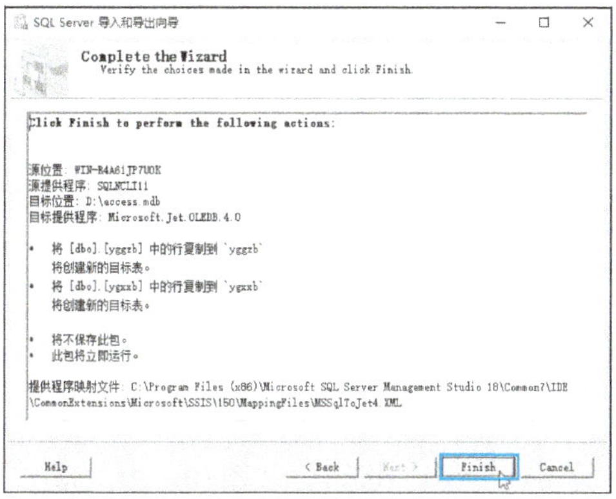

图 10-10 单击“Finish”按钮

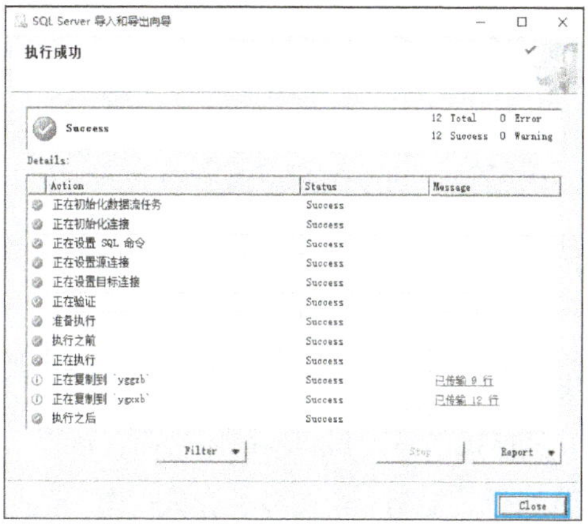

图 10-11 导出成功界面

步骤11 使用Access打开“access.mdb”文件，可以查看到转换后的内容，如图10-12所示。

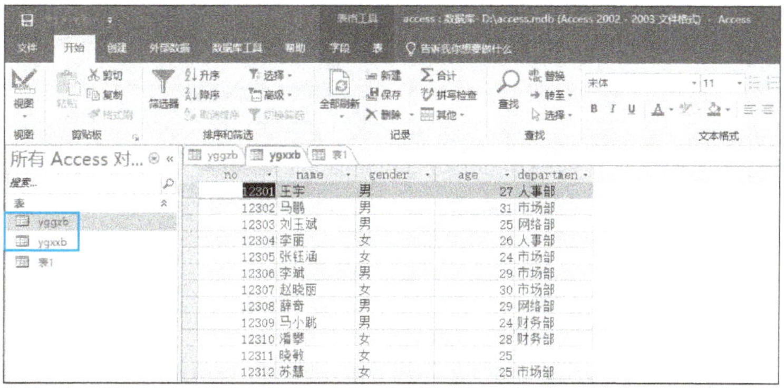

图 10-12 在 Access 中查看到转换后的内容

■10.1.2 导入SQL Server数据表

导出到Access数据库或Excel表中的数据，都可以导入到SQL Server数据库中。下面以导入Excel数据为例，介绍导入到SQL Server数据表中的步骤。

步骤01 启动SSMS后连接数据库，在对象资源管理器中找到另一个数据库“renyuan”，在其上单击鼠标右键，从“任务”级联菜单中选择“导入数据”选项，如图10-13所示，启动向导。

步骤02 进入“选择数据源”界面，“数据源”选择“Microsoft Excel”，单击“浏览”按钮，选择Excel数据表（按照之前导出的步骤，将test数据库中的表导出为Excel文件），勾选“首行包含列名称”复选框，单击“Next”按钮，如图10-14所示。

注意事项：Excel导入的注意事项

导入Excel数据之前，需要确保数据文件处于关闭状态。如果文件正在打开状态，那么数据导入将不能正确完成。

如果导入Excel数据第1行是列名称，需要勾选“首行包含列名称”，否则系统会认为第1行也是数据。

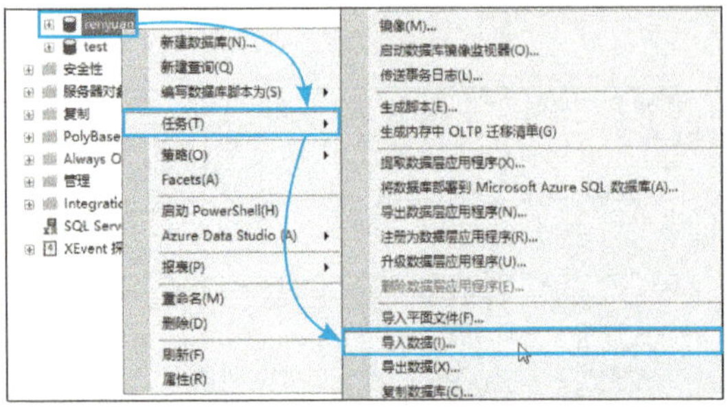

图 10-13　启动导入数据向导

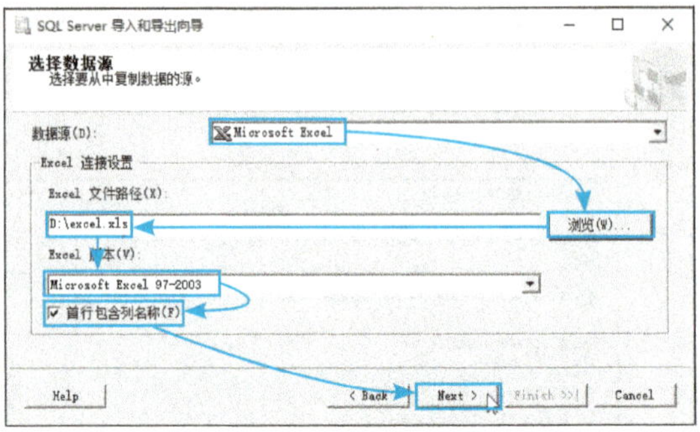

图 10-14　选择数据源操作

步骤03 在“选择目标”对话框中，“目标”选择为“SQL Server Native Client 11.0”，其他保持默认，最后选择导入到的数据库名称。单击“Next”按钮，如图10-15所示。

步骤04 选择“复制一个或多个表或视图的数据”，单击“Next”按钮，如图10-16所示。

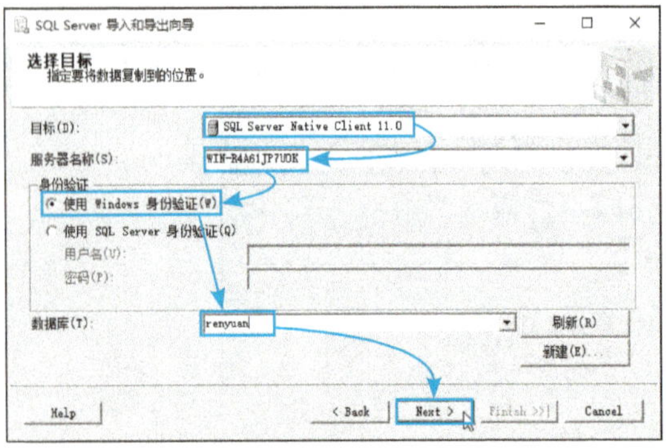

图 10-15　选择目标操作

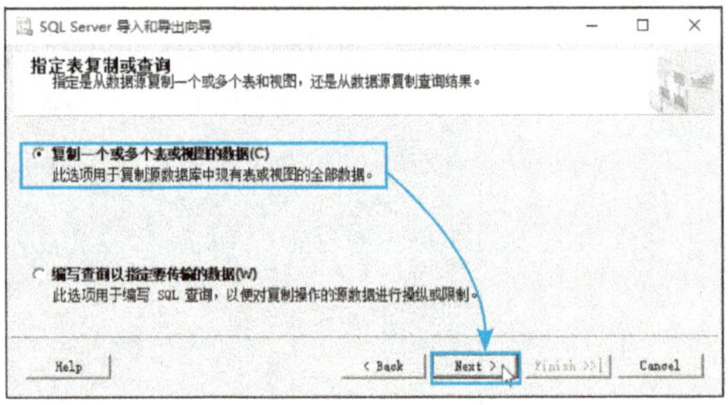

图 10-16　指定表复制或查询选项

步骤05 在“选择源表和源视图”对话框中选择源数据库中需要的表，完成后单击“Next”按钮，如图10-17所示。

步骤06 保持默认，单击“Next”按钮，如图10-18所示。

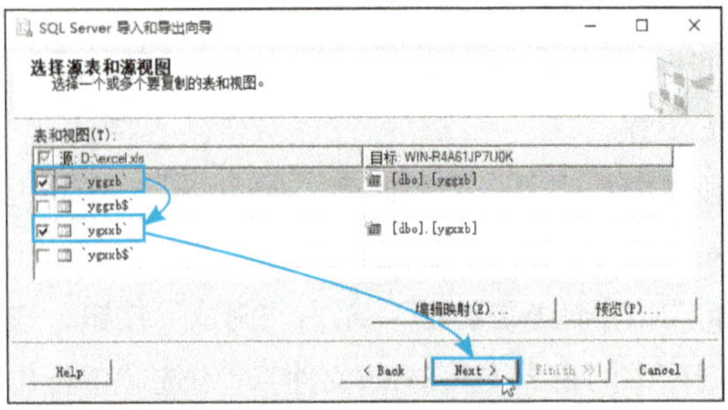

图 10-17　选择源表和源视图操作

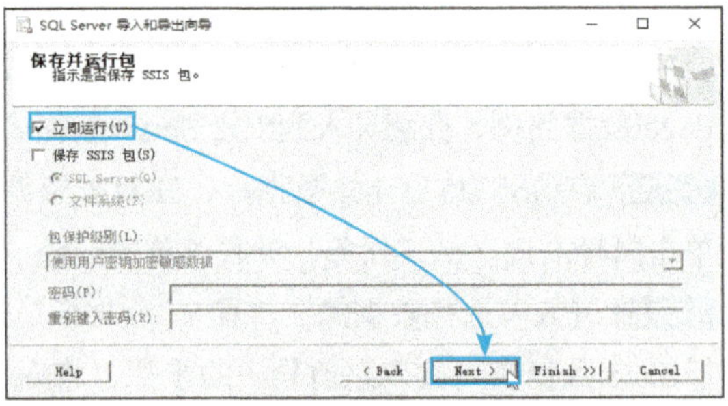

图 10-18　保存并运行包

步骤07 检查无误后，单击“Finish”按钮，如图10-19所示。

步骤08 转换完成，单击“Close”按钮，如图10-20所示。

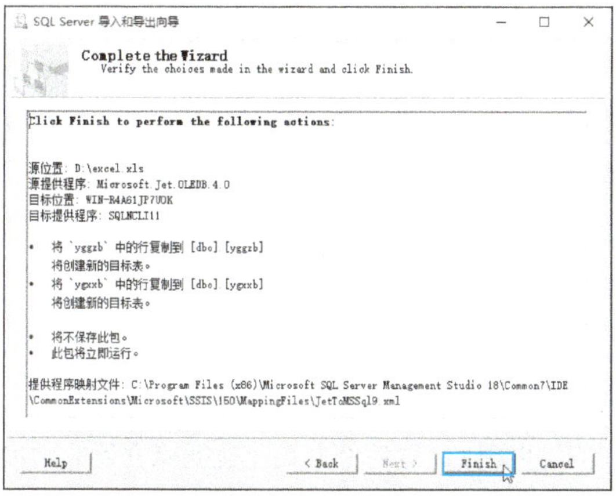

图 10-19 单击“Finish”按钮

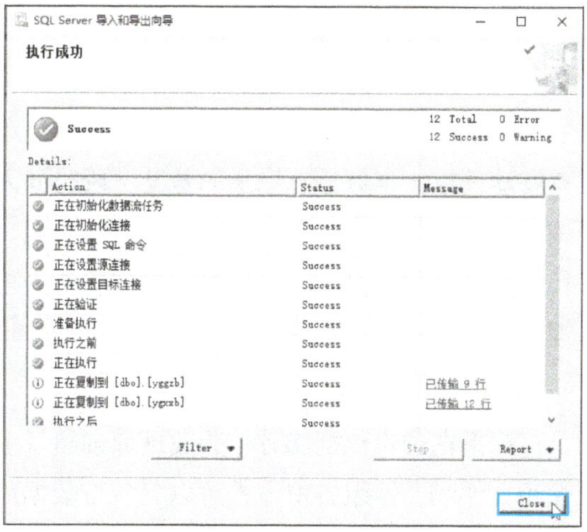

图 10-20 导入成功界面

步骤 09 进入到“renyuan”数据库中，可以在表中查看到从Excel文件中导入的数据，如图10-21所示。

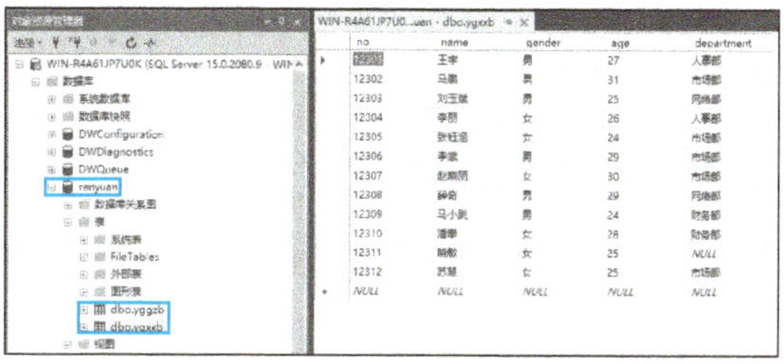

图 10-21 查看导入的数据

10.2 备份/恢复数据库

SQL Server系统提供了内置的安全性和数据保护机制，可以防止非法登录者或非授权用户对SQL Server数据库或数据造成破坏。但对于合法用户的误操作、存储媒体受损或SQL Server服务出现崩溃性出错等因素，则需要通过数据库备份与恢复来应对。

10.2.1 备份类型

数据库备份是对SQL Server数据库或事务日志进行复制，数据库备份记录了在进行备份这一操作时数据库中所有数据的状态。如果数据库受损，这些备份文件将在数据库恢复时被用来恢复数据库。

SQL Server提供了4种备份方式：完整备份、差异备份、事务日志备份、文件和文件组备份。

1. 完整备份

备份整个数据库的所有内容，包括事务日志。该备份类型需要比较大的存储空间来存储备份文件，备份时间也比较长。在还原数据时，通过一个完整备份就可以将数据库完全还原了。

2. 差异备份

差异备份是完整备份的补充，只备份上次完整备份后更改的数据。相对于完整备份来说，差异备份的数据量比完整备份小，备份的速度也比完整备份要快，因此，差异备份通常作为常用的备份方式。在还原数据时，要先还原前一次做的完整备份，然后还原最后一次所做的差异备份，这样才能让数据库里的数据恢复到与最后一次差异备份时的内容相同。

3. 事务日志备份

只备份事务日志里的内容。事务日志记录了上一次完整备份或事务日志备份后数据库的所有变动过程。事务日志记录的是某一段时间内的数据库变动情况，因此在进行事务日志备份之前，必须要进行完整备份。与差异备份类似，事务日志备份生成的文件较小、占用时间较短。但是在还原数据时，除了先要还原完整备份外，还要依次还原每个事务日志备份，而不是只还原最后一个事务日志备份（这是与差异备份的区别）。

4. 文件和文件组备份

如果在创建数据库时，为数据库创建了多个数据库文件或文件组，可以使用该备份方式。使用文件和文件组备份方式可以只备份数据库中的某些文件，该备份方式在数据库文件非常庞大时十分有效。由于每次只备份一个或几个文件或文件组，可以分多次来备份数据库，避免大型数据库备份的时间过长。另外，由于文件和文件组备份只备份其中一个或多个数据文件，当数据库里某个或某些文件损坏时，可能只还原损坏的文件或文件组备份。

■10.2.2　恢复模式

SQL Server数据库的恢复模式分为3种：完整恢复模式、大容量日志恢复模式、简单恢复模式。

1. 完整恢复模式

此为默认恢复模式。 它会完整记录操作数据库的每一个步骤。使用完整恢复模式可以将整个数据库恢复到一个特定的时间点，这个时间点可以是最近一次可用的备份、一个特定的日期和时间或标记的事务。

2. 大容量日志恢复模式

此模式就是要对大容量操作进行最小日志记录，节省日志文件的空间（如导入数据、批量更新、SELECT INTO等操作时）。如一次在数据库中插入数十万条记录时，在完整恢复模式下每一个插入记录的动作都会记录在日志中，会使日志文件变得非常大。而在大容量日志恢复模式下，只记录必要的操作，不记录所有日志，这样一来，可以大大提高数据库的性能。但是由于日志不完整，一旦出现问题，数据将可能无法恢复。因此，一般只有在需要进行大量数据操作时才将恢复模式改为大容量日志恢复模式，数据处理完毕之后，马上将恢复模式改回完整恢复模式。

3. 简单恢复模式

在该模式下，数据库会自动把不活动的日志删除，因此简化了备份的还原。但因为没有事务日志备份，所以不能恢复到失败的时间点。通常，此模式只用于对数据库数据安全要求不太高的数据库，并且在该模式下，数据库只能做完整和差异备份。

■10.2.3　备份数据库

下面以备份“test”数据库为例，介绍备份数据库的方法。

1. 通过SSMS实现完全备份

首先介绍通过SSMS工具进行备份的步骤。

步骤01 启动SSMS连接数据库，展开并找到数据库“test”，在其上单击鼠标右键，从“任务”级联菜单中选择“备份”选项，如图10-22所示。

步骤02 在“备份数据库”对话框中，从“备份类型”中选择“完整”选项，在“目标”中选择位置和保存的文件名，其他保持默认设置，单击“确定”按钮，如图10-23所示。

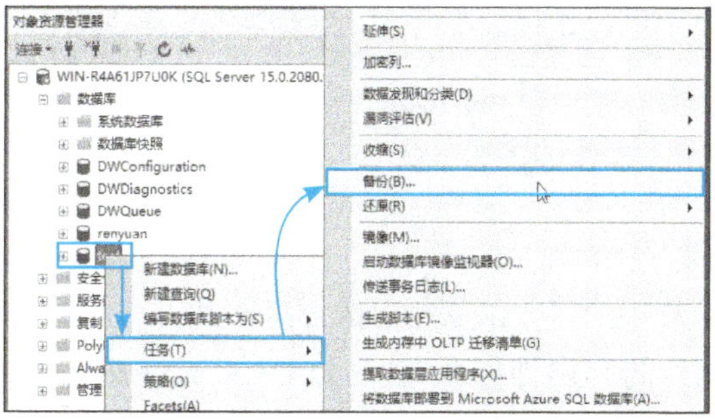

图 10-22 选择“备份”选项

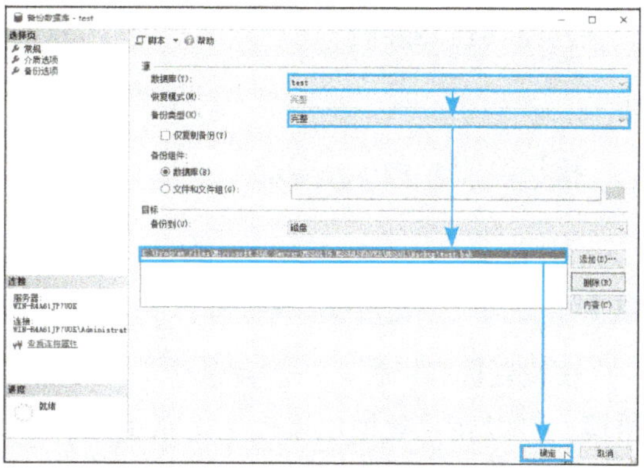

图 10-23 设置备份数据库参数

步骤03 备份完成后，弹出成功提示，单击“确定”按钮，如图10-24所示。

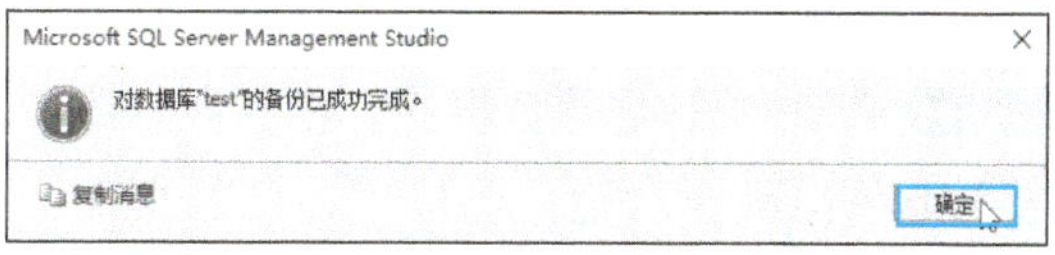

图 10-24 备份成功提示框

2. 使用T-SQL语句进行备份

备份命令的格式如下。

```
BACKUP DATABASE { database_name | @database_name_var }
TO < backup_device > [ ,…n ] [ with DIFFERENTIAL ]
```

参数说明如下。

- **database_name**：数据库名。
- **@database_name_var**：数据库名称变量。
- **<backup_device>**：备份设备名称。
- **[with DIFFERENTIAL]**：只做差异备份。如果没有该参数，则做完整备份。

【示例10.1】将数据库“test”的数据完全备份到文件D:\test.bak中。

```
USE master
GO
BACKUP DATABASE test
TO DISK = 'D:\test.bak'
GO
```

执行结果如图10-25所示。

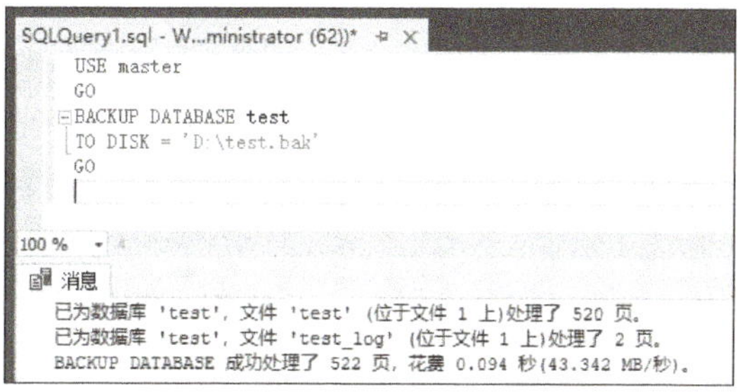

图 10-25 执行结果

【示例10.2】将数据库“test”的差异数据备份到文件D:\test1.bak中。

```
USE master
GO
BACKUP DATABASE test
TO DISK = 'D:\test1.bak'
with DIFFERENTIAL
GO
```

执行结果如图10-26所示。

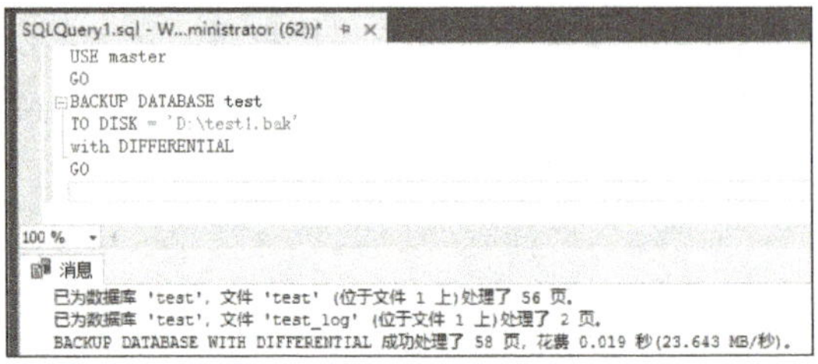

图 10-26 执行结果

■10.2.4 恢复数据库

在恢复数据库时，经常会遇到“因为数据库正在使用，无法获得对数据库的独占访问权”错误，可以在“数据库属性”对话框中将“限制访问”属性修改为“SINGLE_USER”，即“单用户”。

【示例10.3】将数据库完全备份test.bak还原回来。

步骤01 启动SSMS连接数据库，在“数据库”节点上单击鼠标右键，选择“还原数据库”选项，如图10-27所示。

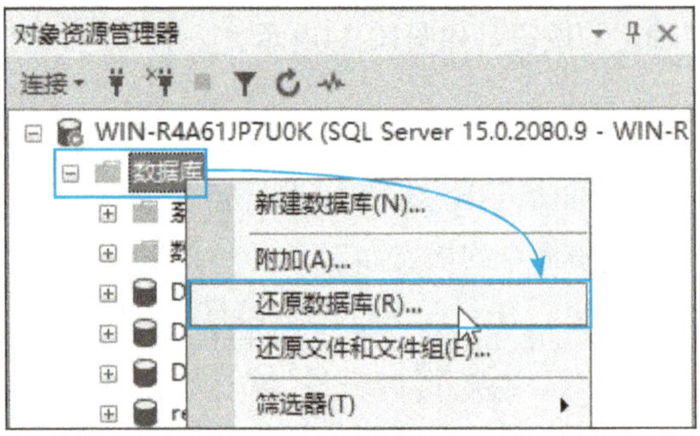

图 10-27 选择“还原数据库”选项

步骤02 选中“设备”单选按钮，找到并选择数据库备份文件以及选择需要还原的数据库，完成后单击“确定”按钮，如图10-28所示。

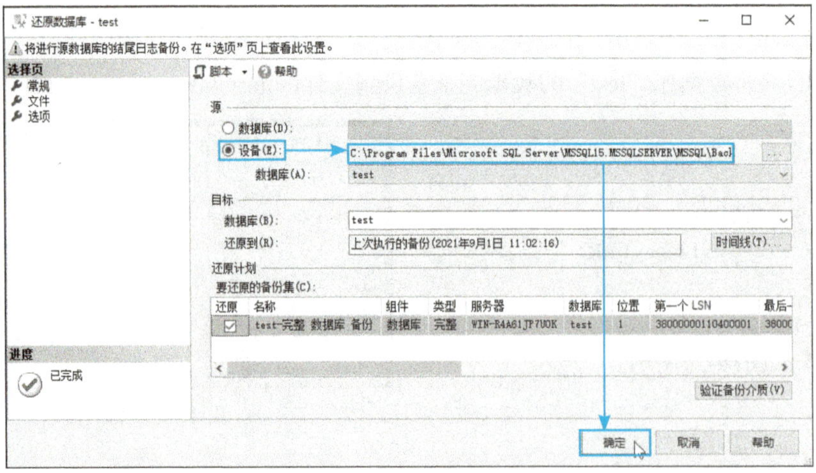

图 10-28 设置还原数据库参数

步骤03 还原完成后会弹出成功提示，单击“确定”按钮，如图10-29所示。

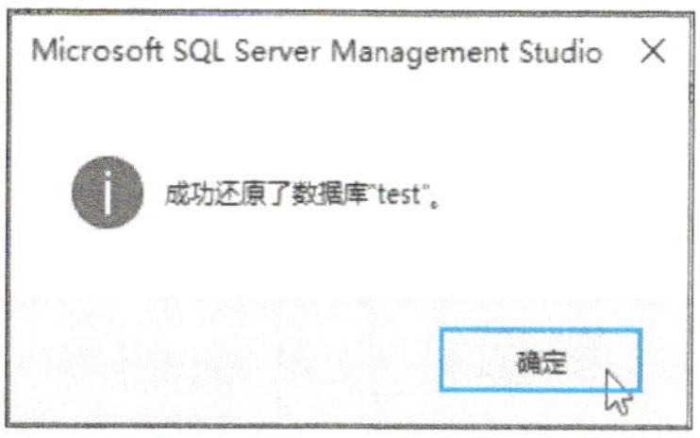

图 10-29 还原成功提示框

10.3 数据库状态与分离/附加操作

在SQL Server中，数据库通常有以下3种状态。

1. 脱机

可以在SSMS中看到该数据库，但该数据库名称旁边有“脱机”的字样，说明该数据库现在虽然存在于数据库引擎实例中，但是不可以执行任何有效的数据操作，如新增、修改、删除等，这种状态就是脱机状态。

2. 联机

该状态为数据库正常状态，也就是常看到的数据库状态，此时的数据库处于可操作状态，可以对数据库进行任何权限内的操作。

3. 可疑

和“脱机”状态一样，可以在SSMS中看到该数据库，但该数据库名称旁边有“可疑”的字样，这说明至少主文件组可疑或可能文件已损坏。

可以使用图形界面方式查看、修改数据库的状态，也可以使用SQL命令方式查看和修改某个数据库的状态。使用图形界面方式比较简单，即在SSMS中打开某个数据库，在该数据库上单击鼠标右键，在右键菜单选择“任务”选项，展开二级菜单，再选择“脱机”或“联机”选项即可。下面以SQL命令方式介绍查看数据库状态、脱机数据库和联机数据库。

10.3.1 查看数据库状态

可以利用sys.databases表查看数据库的状态，在该表的state_desc列中标记了数据库的状态描述。语法格式如下。

```
SELECT name,state_desc FROM sys.databases
```

【示例10.4】查看“test”数据库的状态，输入代码如下。

```
SELECT name,state_desc FROM sys.databases WHERE name='test'
GO
```

执行结果如图10-30所示。

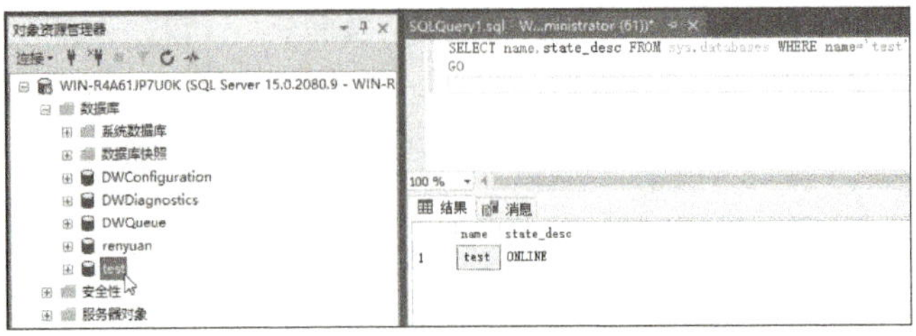

图 10-30　执行结果

■10.3.2　脱机数据库

使用ALTER DATABASE命令设置脱机数据库，语法格式如下。

```
ALTER DATABASE 数据库名称 SET OFFLINE
```

【示例10.5】使用ALTER DATABASE命令脱机数据库“test”。

```
ALTER DATABASE test SET OFFLINE
GO
```

执行结果如图10-31所示。

可以再使用【示例10.4】的方法查询数据库状态，这时可以看到“test”库的当前状态已经是脱机状态“OFFLINE”。

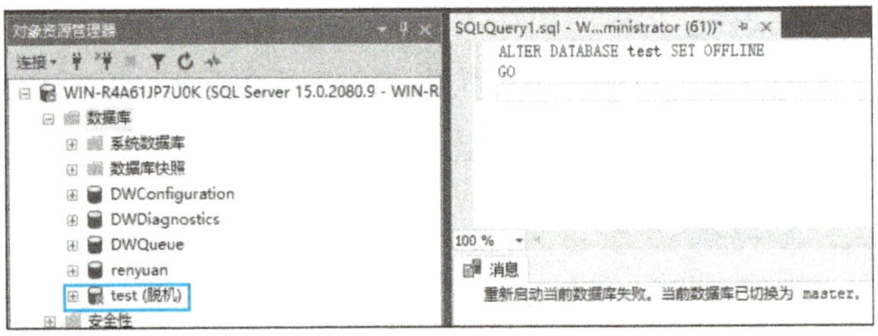

图 10-31　执行结果

■10.3.3　联机数据库

使用ALTER DATABASE命令也可以设置联机数据库，语法格式如下。

```
ALTER DATABASE 数据库名称 SET ONLINE
```

【示例10.6】使用ALTER DATABASE命令联机数据库“test”。

```
ALTER DATABASE test SET ONLINE
GO
```

执行结果如图10-32所示。

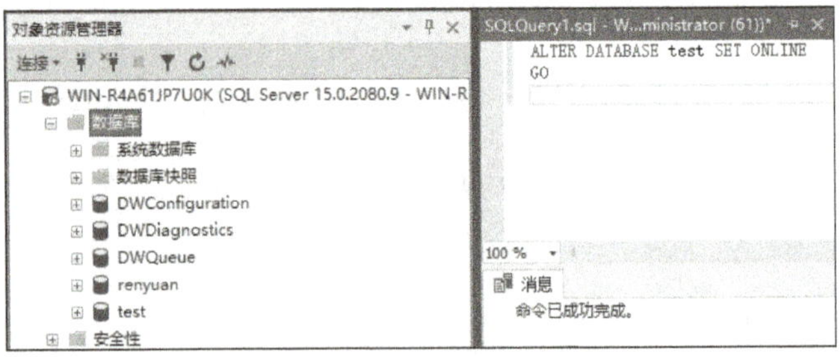

图 10-32　执行结果

10.3.4 分离数据库

分离数据库是指将数据库从SQL Server实例中删除，但使数据库在其数据文件和事务日志文件中保持不变。分离数据库之后，就可以使用这些文件将数据库附加到任何SQL Server实例中，包括分离该数据库的服务器。

如果存在下列任何情况，则不能分离数据库。

- 已复制并发布数据库。如果进行复制，则数据库必须是未发布的。必须通过运行sp_replicationdboption禁用发布后，才能分离数据库。
- 数据库中存在数据库快照。首先必须删除所有数据库快照，然后才能分离数据库。
- 该数据库正在某个数据库镜像会话中进行镜像。除非终止该会话，否则无法分离该数据库。
- 数据库处于可疑状态。无法分离可疑数据库，必须将数据库设为紧急模式，才能对其进行分离。
- 数据库为系统数据库。

注意事项：创建DML不能分离或附加数据库快照

分离数据库时生成的错误会阻止完全关闭数据库和重新生成事务日志。收到错误消息后，请执行下列更正操作。

- 重新附加与数据库关联的所有文件，而不仅仅是主文件。
- 解决导致生成错误消息的问题。
- 再次分离数据库。

分离数据库的语法格式如下。

```
EXEC sp_detach_db 数据库名称 , 'true';
```

【示例10.7】使用sp_detach_db分离数据库“test”。

```
EXEC sp_detach_db 'test', 'true';
GO
```

执行结果如图10-33所示。

在对象资源管理器中的“数据库”节点上刷新后，发现已经没有数据库“test”了。数据库“test”已经分离到文件夹C:\Program Files\Microsoft SQL Server\MSSQL15.MSSQLSERVER\MSSQL\DATA下。

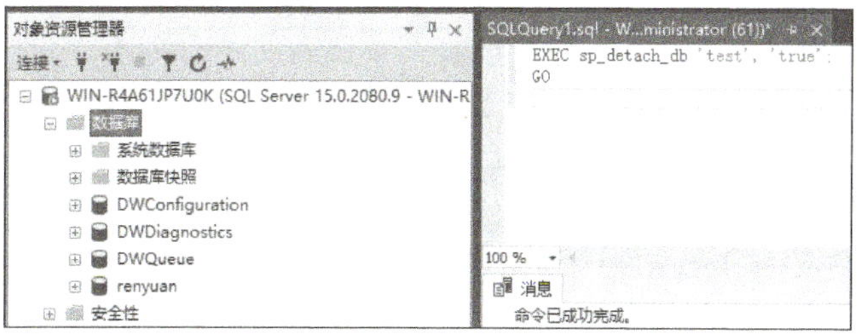

图 10-33 执行结果

注意事项：存储位置

保持默认安装SQL Server 2019的话，路径应该和本例一样，其他版本的SQL用户或者安装在其他位置的用户，可以在安装目录中查找。

■10.3.5　附加数据库

附加数据库的先决条件如下。

- 必须首先分离数据库。尝试附加未分离的数据库将返回错误，有关详细信息请参阅分离数据库。
- 附加数据库时，所有数据文件（MDF文件和 LDF文件）都必须可用。如果任何数据文件的路径不同于首次创建数据库或上次附加数据库时的路径，则必须指定文件的当前路径。
- 在附加数据库时，如果MDF和LDF文件位于不同目录并且其中一条路径包含\\?\GlobalRoot，该操作将失败。

可以使用带FOR ATTACH子句的CREATE DATABASE语句附加数据库。

【示例10.8】使用带FOR ATTACH子句的CREATE DATABASE语句附加数据库“test”。

```
CREATE DATABASE test ON
   (FILENAME = 'C:\Program Files\Microsoft SQL Server\MSSQL15.MSSQLSERVER\
MSSQL\DATA\test.mdf'),
   (FILENAME = 'C:\Program Files\Microsoft SQL Server\MSSQL15.MSSQLSERVER\
MSSQL\DATA\test_log.ldf')
 FOR ATTACH;
 GO
```

执行结果如图10-34所示。

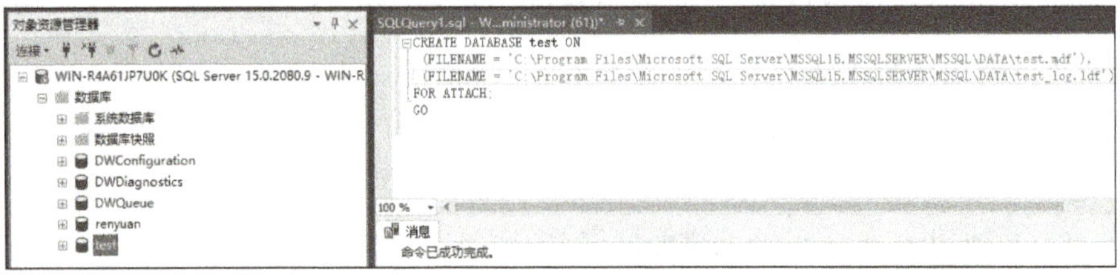

图 10-34　执行结果

在对象资源管理器中的“数据库”节点上刷新后，发现已经附加上了数据库“test”。

知识点拨

使用附加升级数据库

在使用附加方法升级数据库后，该数据库将立即变为可用，然后自动进行升级。如果数据库具有全文检索，升级过程将导入、重置或重新生成它们，具体取决于全文升级选项服务器属性的设置。如果将升级选项设置为“导入”或“重新生成”，在升级过程中将无法使用全文检索。导入可能需要数小时，而重新生成所需的时间最多时可能十倍于此，具体取决于要编制索引的数据量。另请注意，当升级选项设置为“导入”时，如果全文目录不可用，将重新生成关联的全文检索。

课后作业

一、选择题

1. 在SQL Server中，附加数据库的先决条件是首先要（　　）。

   A. 脱机数据库

   B. 分离数据库

   C. 联机数据库

   D. 恢复数据库

2. 在SQL Server中，数据库的状态有（　　）。

   A. 联机

   B. 脱机

   C. 可疑

   D. 分离

3. SQL Server提供的备份方式有（　　）。

   A. 完整备份

   B. 差异备份

   C. 事务日志备份

   D. 文件和文件组备份

二、简答题

1. SQL Server中附加数据库的条件是什么？
2. 备份数据库有几种方式？
3. 恢复数据库有几种模式？

学习体会

项目11 数据库的安全机制

内容概要

本项目首先介绍SQL Server的安全性模型，然后介绍登录名、数据库用户、角色、架构和权限的基本概念，再通过一些实例介绍如何创建登录名和数据库用户，以及如何分配角色和权限，从而实现针对服务器、数据库以及数据库对象的细粒度控制。

知识要点

安全性简介。

安全验证方式。

登录用户管理。

数据库用户管理。

服务器角色管理。

数据库角色管理。

权限管理。

扫码解锁

- 配套资源
- 入门精讲
- 高阶开发
- 理论体系

11.1 SQL Server 安全性简介

SQL Server整个安全体系结构从顺序上可以分为认证和授权两部分，其安全机制可以分为以下5个层级，如图11-1所示。

- 客户机安全机制。
- 网络传输安全机制。
- 服务器安全机制。
- 数据库安全机制。
- 数据对象安全机制。

这些层级由高到低，所有的层级之间相互联系，用户只有通过了高一层级的安全验证，才能继续访问数据库中低一层级的内容。

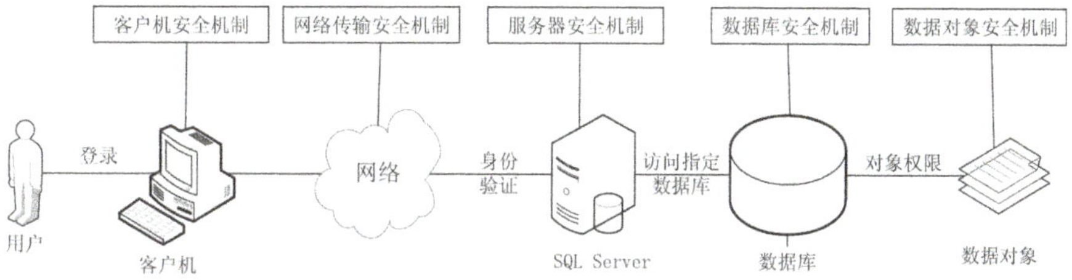

图 11-1 SQL Server 的安全机制

1. 客户机安全机制

用户用客户机通过网络访问SQL Server服务器时，首先要获得客户机操作系统的使用权限，故客户机操作系统的安全性能直接影响SQL Server的安全性。保护操作系统的安全性是操作系统管理员或网络管理员的任务。

2. 网络传输安全机制

由于客户机和SQL Server服务器间是通过网络交换数据，为了防止数据泄露和被篡改，要对关键数据进行加密。即使攻击者通过了防火墙和服务器上的操作系统到达了数据库，还要对数据进行破解。

3. 服务器安全机制

SQL Server提供了SQL Server登录和集成Windows登录两种登录方式。管理和设计合理的登录方式是SQL Server数据库管理员的重要任务，也是SQL Server安全体系中重要的组成部分。SQL Server服务器中预设了很多固定服务器的角色，用来为用户分配使用权限。

4. 数据库安全机制

在建立用户的登录账号时，需要选择默认的数据库，并分给用户权限，以后每次用户登录服务器后，会自动转到默认数据库上。可以使用固定数据库角色，为用户分配权限；也可以在数据库上建立新的角色，然后为该用户授予多个权限。

5. 数据对象安全机制

对象安全性检查是数据库管理系统的最后一个安全等级。设置用户对数据库的操作权限称为授权，SQL Server中未授权的用户将无法访问或存取数据库数据。SQL Server通过权限管理指明哪些用户被批准使用哪些数据库对象和T-SQL语句。

客户机安全机制和网络传输安全机制不属于本书的范畴，在此不再赘述。本项目主要围绕认证和授权进行介绍。认证是指确定登录SQL Server的用户登录账号和密码是否正确，以此来验证其是否具有连接SQL Server的权限。但是，通过认证阶段并不代表能够访问SQL Server中的数据，用户只有在获取访问数据库的权限之后，才能够对服务器上的数据库进行权限许可下的各种操作。

11.2 安全验证方式

安全验证方式属于服务器安全机制，用来控制是否具有SQL Server系统的访问权限。SQL Server只有在首先验证了指定的登录ID及密码有效后，才能完成连接，这种登录验证称为身份验证。

■11.2.1 身份验证简介

SQL Server提供了两种方式的身份验证，即Windows身份验证和SQL Server身份验证。由这两种身份验证方式派生出两种身份验证模式，即Windows身份验证模式和混合模式。

1. Windows身份验证

Windows身份验证使用Windows操作系统的内置安全机制，也就是使用Windows的用户或组账号来控制用户对SQL Server的访问。

在这种模式下，用户只需通过Windows的验证，就可以连接到SQL Server，而SQL Server本身不再需要管理一套登录数据。Windows身份验证具备了Windows安全特性的许多优点，包括加密口令、口令期限、域范围的用户账号及基于Windows的用户管理等，从而实现了SQL Server与Windows登录安全的紧密集成。

2. 混合身份验证

在混合验证模式下，Windows验证和SQL Server验证这两种验证模式都是可用的。对于SQL Server验证模式，用户在连接SQL Server时必须提供登录名和登录密码。

系统使用哪种模式可以在安装过程中或使用SQL Server的企业管理器来指定。SQL Server的默认身份验证模式是Windows身份验证模式，这也是建议使用的一种模式。

Windows验证模式与SQL Server验证模式相比有许多优点，Windows身份验证比SQL Server身份验证更加安全。使用Windows身份验证的登录账户更易于管理，用户只需登录Windows之后就可以使用SQL Server，并且只需要登录一次。

■11.2.2 验证模式的修改

在安装SQL Server时，可以选择SQL Server的身份验证类型。安装完成之后，可以修改验证模式。修改步骤如下。

步骤 01 启动SSMS并连接数据库，在对象资源管理器的服务器上单击鼠标右键，选择“属性”选项，如图11-2所示。

步骤 02 在弹出的“服务器属性”对话框中，选择“安全性”选项，在右侧可以更改验证方式，如图11-3所示。

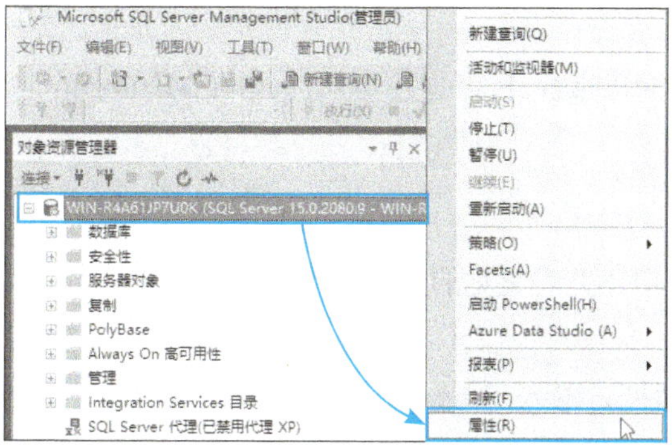

图 11-2　选择“属性”选项

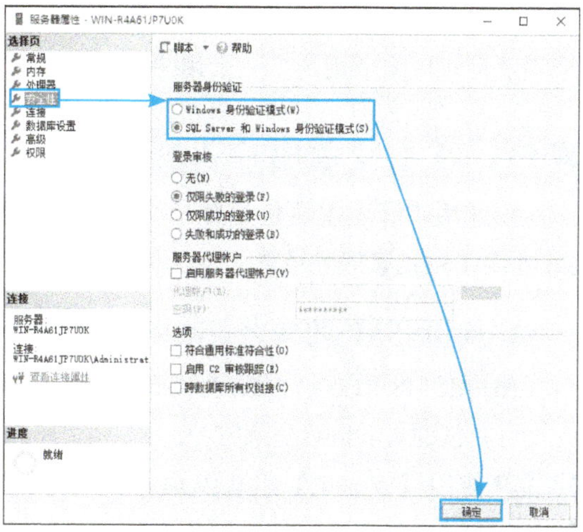

图 11-3　更改验证方式

11.3 用户管理

SQL Server的用户分为登录用户和数据库用户，在对象资源管理器中，登录用户对应的是“登录名”，如图11-4所示；而数据库用户对应的是“用户”，如图11-5所示。

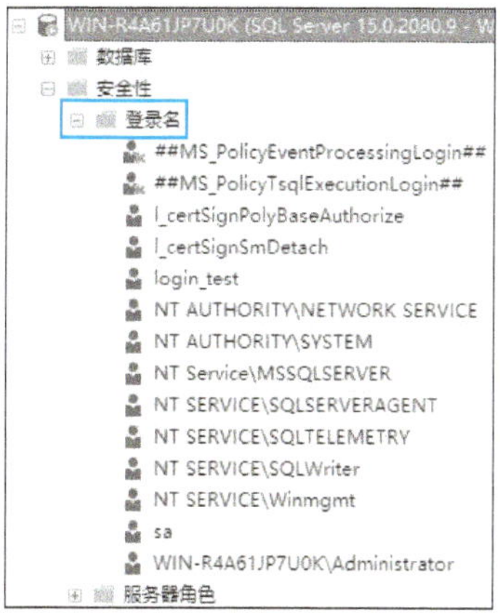

图 11-4　查看登录用户

图 11-5　查看数据库用户

- **登录名**：服务器方的一个实体，使用一个登录名只能进入服务器，但是不能让用户访问服务器中的数据库资源。
- **用户**：一个或多个登录对象在数据库中的映射，可以对用户对象进行授权，以便为登录对象提供对数据库的访问权限。

用登录名登录SQL Server后，在访问各个数据库时，SQL Server会自动查询此数据库中是否存在与此登录名关联的用户名。若存在就使用此用户的权限访问此数据库，若不存在就是用guest用户访问此数据库。SQL Server有一个默认登录账号（System Administrator，SA），它拥有SQL Server系统的全部权限，可以执行所有的操作。此外，Windows系统的管理员Administrator也拥有SQL Server系统的全部权限，对应账号为“‘计算机名’/Administrator”。这两个登录名经常用到，登录后都映射到数据库用户dbo（Database Owner，数据库所有者）。

一个登录名可被授权访问多个数据库，但一个登录名在每个数据库中只能映射一次。即一个登录可对应多个用户，一个用户也可以被多个登录名使用。

11.3.1 登录用户管理

登录用户管理主要包括登录名的新建、更改和删除，可以使用SQL Server Management Studio和T-SQL管理登录名，下面将分别介绍。

1. 使用SSMS管理登录账户

使用SSMS可以进行登录账号的管理，包括了以下几种常见的操作。

（1）创建Windows登录账户。

步骤01 使用【Win+R】组合键启动“运行”对话框，输入“lusrmgr.msc”，单击“确定”按钮，如图11-6所示。

步骤02 在“本地用户和组”对话框中，在“用户”节点上单击鼠标右键，选择“新用户”选项，如图11-7所示。

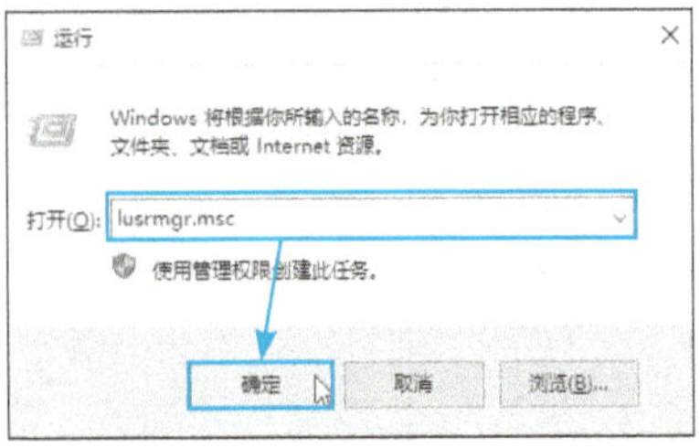

图 11-6 “运行”对话框

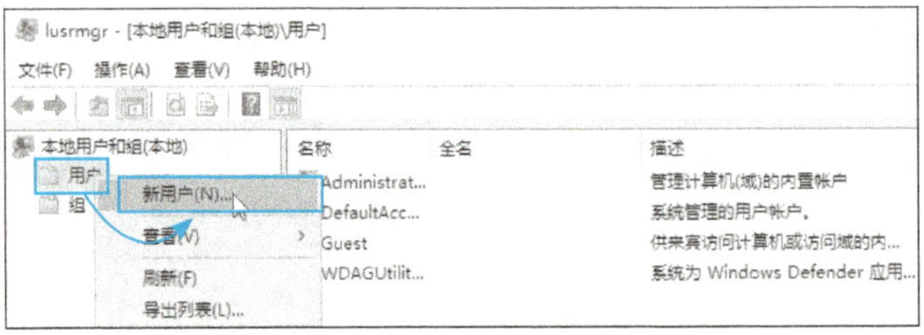

图 11-7 选择“新用户”选项

步骤03 输入用户名并设置密码，取消勾选“用户下次登录时须更改密码”复选框，勾选“密码永不过期”复选框，单击“创建”按钮，如图11-8所示。

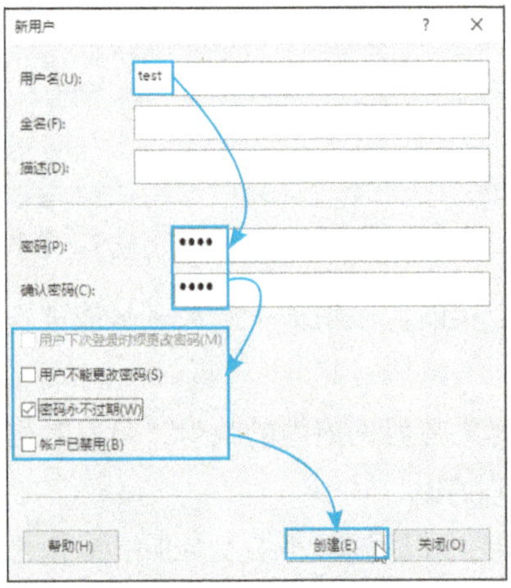

图 11-8 创建新用户

步骤04 返回到SSMS界面中，在“安全性”上单击鼠标右键，从“新建”级联菜单中选择“登录名”选项，如图11-9所示。

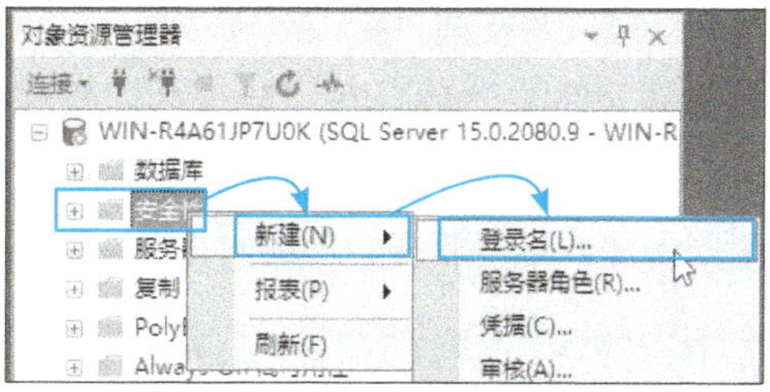

图 11-9　选择“登录名”选项

步骤05 单击“搜索”按钮，找到刚才创建的用户“test”，完成后单击“确定”按钮，如图11-10所示。

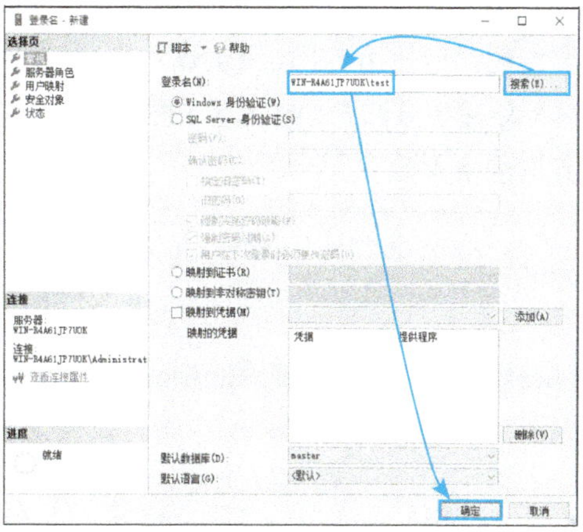

图 11-10　查找并选择登录名

知识点拨

关于用户名格式

用户尽量不要手动输入用户名，通过搜索按钮，可以搜索出当前计算机中存在的用户名。用户名的完整格式是“计算机名\用户名”，类似图中的格式。

知识点拨

其他选项卡的作用

切换到“服务器角色”选项卡，可以指定账户所属服务器角色，在“用户映射”中可以查看或修改SQL登录账户到数据库用户的映射。选择此登录账户可以访问的数据库，对具体的数据库，指定要映射到登录名的数据库用户（默认情况下，数据库用户名与登录名相同）。指定用户的默认架构，首次创建用户时，其默认架构是dbo。

（2）创建SQL Server登录账户。

一个SQL Server登录账户名是一个新的登录账户，该账户和Windows操作系统的登录账户没有关系。

再次进入到图11-10所示界面中，选中“SQL Server身份验证”单选按钮，输入登录名、密码及确认密码，以及默认数据库，单击“确定”按钮即可，如图11-11所示。

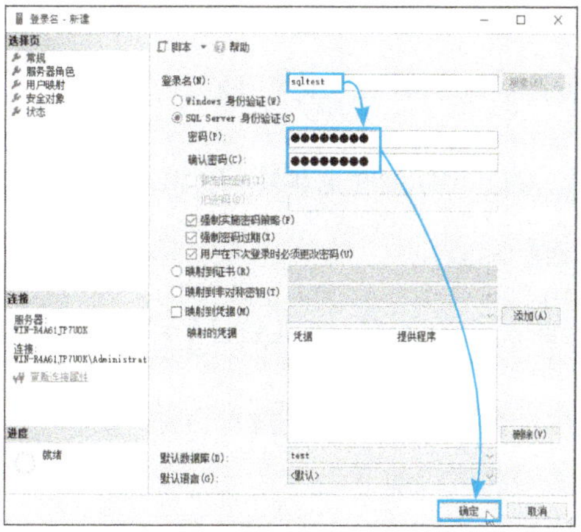

图 11-11　创建 SQL Server 登录账户

（3）登录账户管理。

创建登录账户之后，在“登录名”节点里面即可看到新创建的登录名，在该登录名上单击鼠标右键，可以对登录账户进行管理，如图11-12所示。

图 11-12　登录账户管理操作

2. 使用T-SQL管理登录账户

在T-SQL中，管理登录账户的SQL语句有：CREATE LOGIN、DROP LOGIN、ALTER LOGIN。下面简要说明如何使用T-SQL来创建和维护登录账户。

（1）新建登录账户CREATE LOGIN。

其语法格式如下。

```
CREATE LOGIN login_name
 { WITH <option_list1> | FROM <sources> }
```

【示例11.1】创建带密码的testlogin1登录名，MUST_CHANGE是指需要首次连接服务器时更改此密码。

```
USE master
GO
CREATE LOGIN testlogin1
WITH PASSWORD = 'ABCdef!@'  MUST_CHANGE
```

【示例11.2】从Windows域账户创建testlogin2登录名，并指定默认数据库为“test”。

```
USE master
GO
CREATE LOGIN [WIN-R4A61JP7U0K\testlogin2]
FROM Windows
WITH DEFAULT_DATABASE =test
```

（2）删除登录账户DROP LOGIN。

其语法格式如下。

```
DROP LOGIN login_name
```

【示例11.3】删除登录账户testlogin2。

```
USE master
GO
DROP LOGIN testlogin2
```

（3）更改登录账户ALTER LOGIN。

其语法格式如下。

```
ALTER LOGIN login_name
    {
    <status_option>
  | WITH <set_option> [ , … ]
    }
<status_option> ::= ENABLE | DISABLE
```

【示例11.4】启用禁用的登录。

```
USE master
GO
ALTER LOGIN testlogin1 ENABLE;
```

【示例11.5】将testlogin1 登录密码更改为p@ssw0rd。

```
USE master
GO
ALTER LOGIN testlogin1
WITH PASSWORD = 'p@ssw0rd'
```

【示例11.6】将testlogin1 登录名改为testlogin3。

```
USE master
GO
ALTER LOGIN testlogin1
WITH NAME = testlogin3
```

11.3.2　数据库用户管理

数据库用户管理主要包括用户的新建、更改和删除，可以使用SSMS和T-SQL来管理数据库用户，下面将分别介绍。

1. 使用SSMS管理登录账户

首先介绍使用SSMS来管理登录账户的步骤。

步骤01 从数据库中找到并展开“test”数据库，在“安全性”中的“用户”节点上单击鼠标右键，选择“新建用户”选项，如图11-13所示。

步骤02 输入新的用户名，单击“登录名”后的...按钮，查找到登录名，完成后单击“确定”按钮，如图11-14所示。

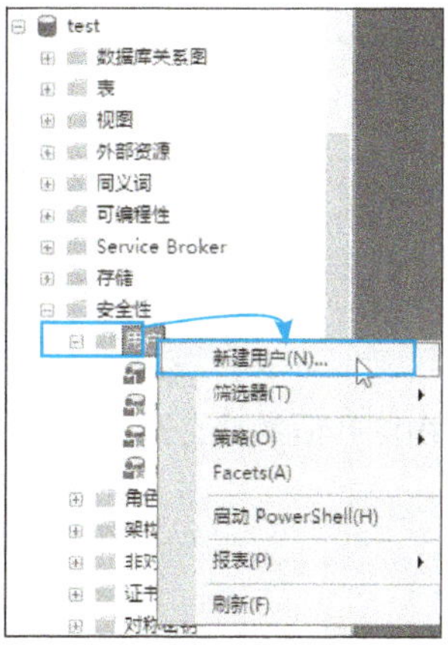

图 11-13　选择“新建用户”选项

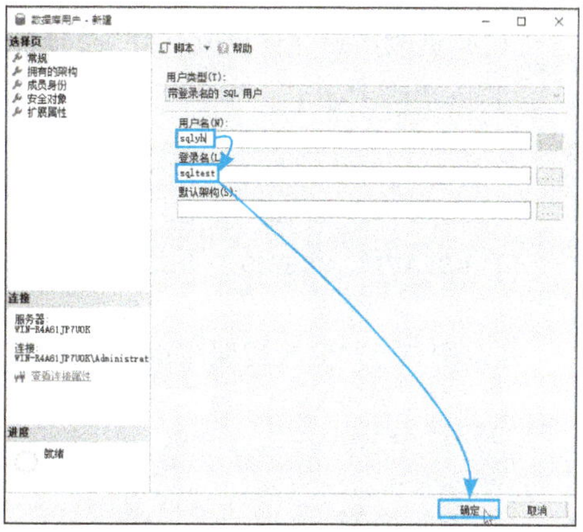

图 11-14　查找登录名

2. 使用T-SQL管理数据库用户

在T-SQL中，管理用户的SQL语句有CREATE USER、DROP USER、ALTER USER。下面简要说明如何使用T-SQL来创建和维护用户。

（1）创建用户CREATE USER。

```
CREATE USER user_name
    [
        { FOR | FROM } LOGIN login_name
    ]
    [ WITH DEFAULT_SCHEMA = schema_name ]
[ ; ]
```

各参数简要说明如下。

- **user_name**：指定在数据库中用于识别该用户的名称。
- **LOGIN login_name**：指定要创建数据库用户的SQL Server登录名。login_name必须是服务器中有效的登录名。如果已忽略 FOR LOGIN，则新的数据库用户将被映射到同名的SQL Server 登录名。
- 如果未定义 DEFAULT_SCHEMA，则数据库用户将使用dbo作为默认架构。

【示例11.7】在数据库“test”中创建数据库用户testyh，登录名为[WIN-R4A61JP7U0K\test]。

```
USE test
GO
CREATE USER testyh
FOR LOGIN [WIN-R4A61JP7U0K\test]
```

【示例11.8】创建具有默认架构db_user的对应数据库用户testyh1。

```
USE test
GO
CREATE USER testyh1
FOR LOGIN SQL2019
WITH DEFAULT_SCHEMA = db_user
```

（2）更改用户名或更改其登录的默认架构ALTER USER。

其语法格式如下。

```
ALTER USER user_name  WITH <set_item> [ , … n ]
<set_item> ::=  NAME = new_user_name
| DEFAULT_SCHEMA = schema_name
```

【示例11.9】更改数据库用户的名称，由testyh1改为testyh2。

```
USE test
GO
ALTER USER testyh1
WITH NAME = testyh2
```

【示例11.10】更改用户的默认架构。

```
USE test
GO
ALTER USER testyh2
WITH DEFAULT_SCHEMA = dbo
```

（3）删除用户DROP USER。

其语法格式如下。

```
DROP USER user_name
```

【示例11.11】删除用户testyh2。

```
USE test
GO
DROP USER testyh2
```

11.4 角色管理

角色是为管理相同权限的用户而设置的用户组，也就是说，同一角色下的用户权限都是相同的。

在SQL Server数据库中，把相同权限的一组用户设置为某一角色后，当对该角色进行权限设置时，这些用户就自动继承修改后的权限。这样，只要对角色进行权限管理，就可以实现对属于该角色的所有用户的权限管理，极大地减少了工作量。

这样就只需给角色指定权限，然后将登录名或用户指定为某个角色。不用给每个登录名或用户指定权限，给实际工作带来了很大的便利。

在SQL Server中角色分为以下类型。

1. 服务器角色

包括固有服务器角色和用户自定义服务器角色。

2. 数据库角色

包括固有数据库角色、用户自定义数据库角色和应用程序角色。

11.4.1　服务器角色管理

服务器角色存在于服务器级别，仅用于执行管理任务，主要用于给登录名授权。

1. 固有服务器角色

SQL Server提供了9种固定服务器角色，无法更改授予固定服务器角色的权限。每一个角色拥有一定级别的数据库管理职能，如图11-15所示，其中各角色的功能如下。

- **bulkadmin**：大容量插入管理员，可以运行 BULK INSERT 语句。
- **dbcreator**：创建管理员，可以创建、更改、删除和还原任何数据库。
- **diskadmin**：磁盘管理员，管理存储数据库的磁盘文件。

图 11-15　服务器角色

- **processadmin**：进程管理员，可以管理SQL Server实例中运行的进程。
- **public**：公共管理员。所有登录用户都属于public服务器角色。登录用户不能移除public角色，但可以授予或收回public角色的权限。
- **securityadmin**：安全管理员，管理登录名及其属性。此角色拥有GRANT、DENY和REVOKE服务器级和数据库级权限，还可以重置SQL Server登录名的密码。
- **serveradmin**：服务器管理员，可以更改服务器范围的配置选项和关闭服务器。
- **setupadmin**：设置管理员，可以添加和删除链接服务器，也可以执行某些系统存储过程。
- **sysadmin**：系统管理员，可以在服务器中执行任何活动。这个角色包含了所有的其他角色，一旦用户是sysadmin的成员，他们不需要任何其他的角色。sysadmin的成员可以做任何事情，所以很有必要限制成员用户，只给那些需要且可以信任的用户访问。

（1）使用SSMS为服务器角色添加登录账户。

为服务器角色dbcreator添加登录账户[WIN-R4A61JP7U0K\test]，操作步骤如下。

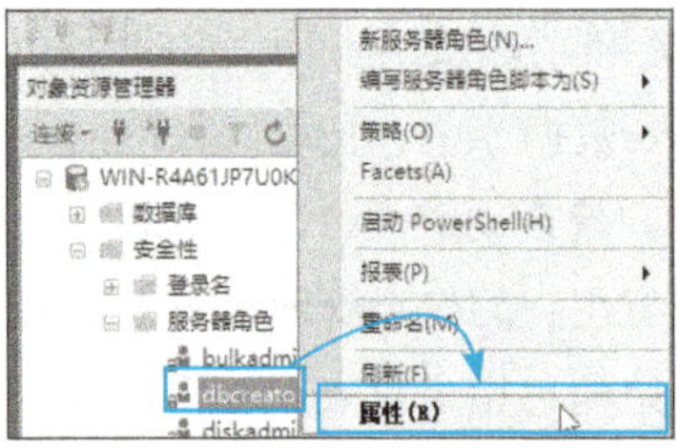

图 11-16　选择“属性”选项

步骤 01 在“dbcreator”上单击鼠标右键，选择“属性”选项，如图11-16所示。

步骤 02 在对话框中单击“添加”按钮，如图11-17所示。

步骤 03 在“选择服务器登录名或角色”对话框中，单击“浏览”按钮，如图11-18所示。

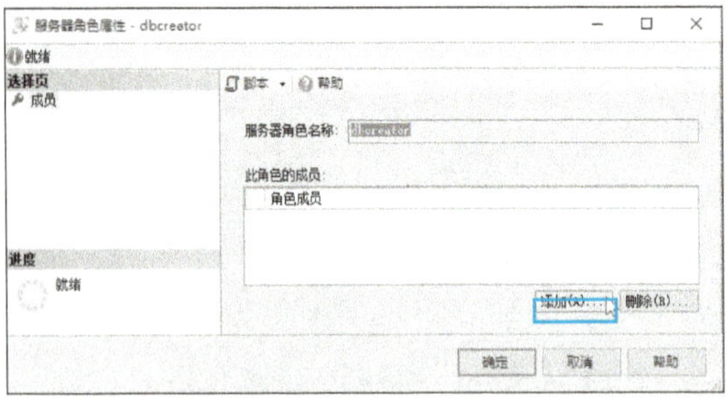

图 11-17　单击“添加”按钮

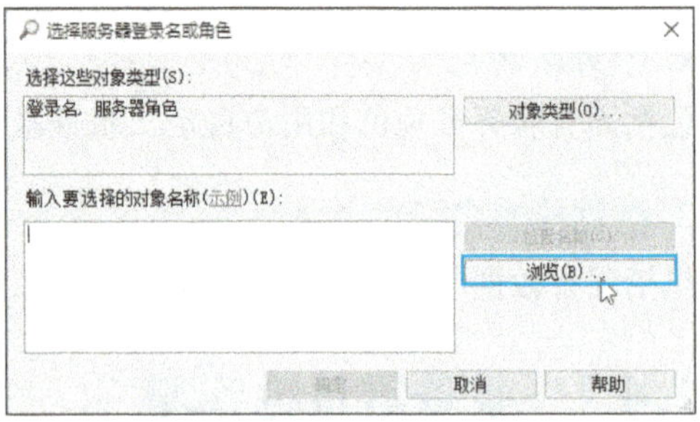

图 11-18　浏览服务器登录名或角色

步骤 04 选择需要添加的对象，单击“确定”按钮，完成添加，如图11-19所示。

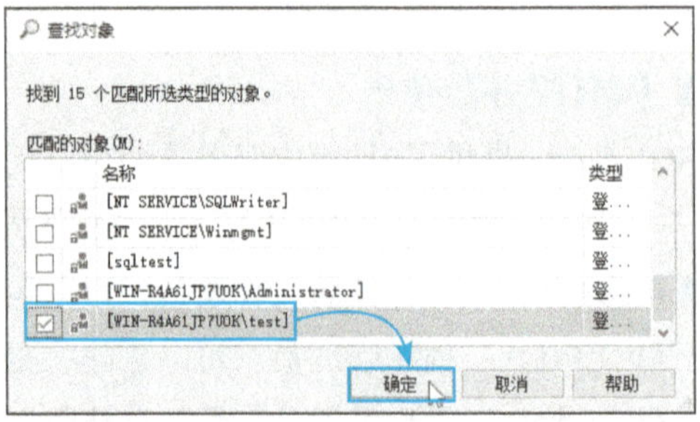

图 11-19　选择需要添加的对象

知识点拨

其他添加的方法

也可以先选中登录名[WIN-R4A61JP7U0K\test]，在其上单击鼠标右键，选择“属性”选项，打开“登录属性”对话框，选择“服务器角色”选项，选择角色“dbcreator”，单击“确定”按钮即可，如图11-20所示。

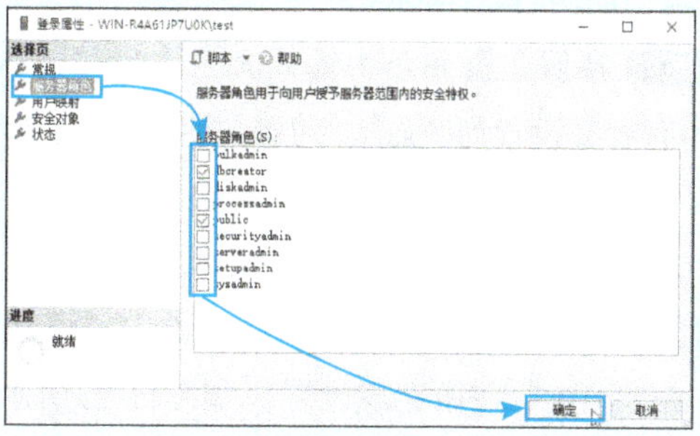

图 11-20　其他添加方法

（2）使用T-SQL语句为服务器角色添加登录账户。

在SQL Server中管理服务器角色的存储过程主要有两个，sp_addsrvrolemember和sp_dropsrvrolemember。

sp_addsrvrolemember可以添加登录账户到服务器角色内，使其成为该角色的成员。

其语法格式如下。

```
sp_addsrvrolemember [@loginame =] 'login' , [@rolename =] 'role'
```

sp_dropsrvrolemember用于将登录账号从某一服务器角色中删除，当该成员从服务器角色中被删除后，便不再具有该服务器角色所设置的权限。

其语法格式如下。

```
sp_dropsrvrolemember [@loginame =] 'login' , [@rolename =] 'role'
```

【示例11.12】将登录账户sql加入 sysadmin 角色中。

```
USE master
GO
EXEC sp_addsrvrolemember 'sqltest', 'sysadmin';
```

2. 用户自定义服务器角色

当打算为某些登录账户设置相同的权限，但是这些权限不等同于预定义的服务器角色所具有的权限时，就可以定义新的服务器角色来满足这一要求。

（1）使用SSMS创建用户自定义服务器角色。

创建一个名为zdyjs的服务器角色，授予“创建任意数据库”和“管理大容量操作”权限，并添加角色成员[WIN-R4A61JP7U0K\test]，执行步骤如下。

步骤01 展开“安全性”节点，在“服务器角色”上单击鼠标右键，选择“新服务器角色”选项，如图11-21所示。

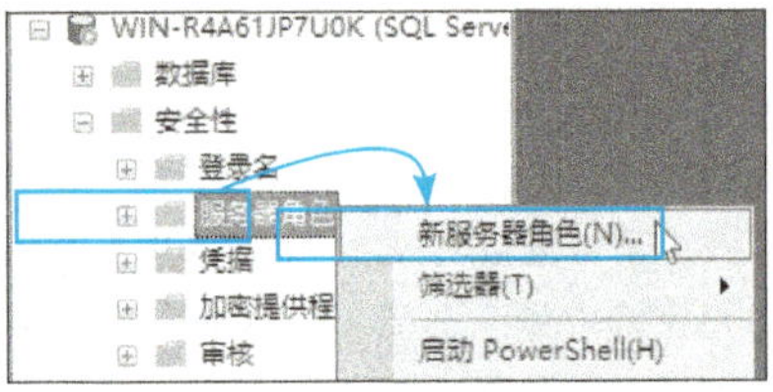

图 11-21 选择“新服务器角色”选项

步骤02 在服务器角色中输入角色名称“zdyjs”，“所有者”设置为“sa”，勾选“服务器”复选框，在“显式”列表中，勾选“创建任意数据库”和“管理大容量操作”复选框，如图11-22所示。

步骤03 切换到“成员”选项中，单击“添加”按钮添加登录名[WIN-R4A61JP7U0K\test]，最后单击“确定”按钮完成设置，如图11-23所示。

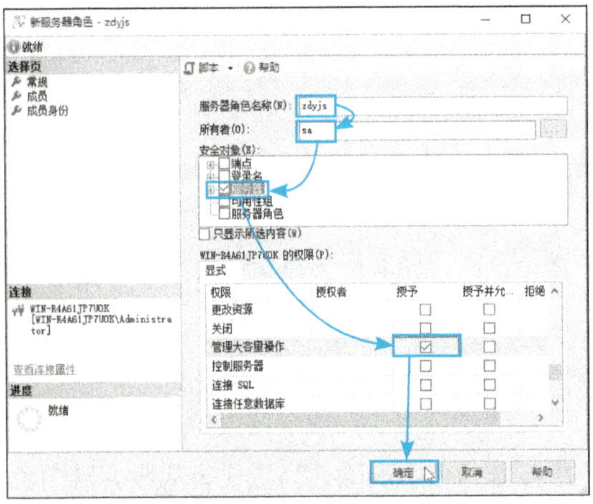

图 11-22 设置新服务器角色相关参数

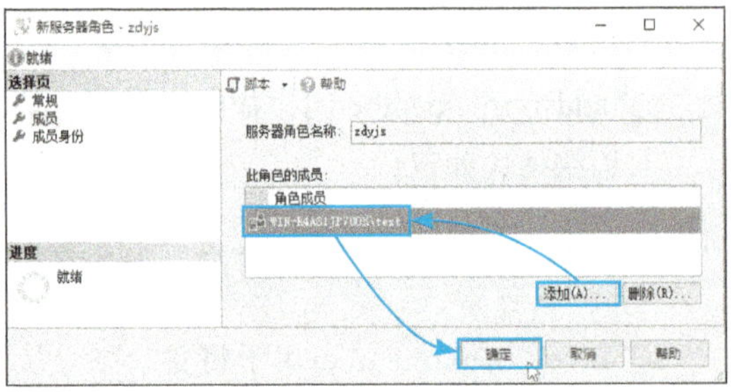

图 11-23 添加角色成员

（2）使用T-SQL语句创建用户自定义服务器角色。

管理服务器角色的语句有：CREATE SERVER ROLE、DROP SERVER ROLE、ALTER SERVER ROLE。CREATE SERVER ROLE用于新建数据库角色，其语法格式如下。

```
CREATE SERVER ROLE role_name [ AUTHORIZATION server_principal ]
```

其中AUTHORIZATION server_principal表示将拥有新角色的登录名。如果未指定用户，则执行CREATE SERVER ROLE的登录名将拥有该角色。

【示例11.13】创建一个名为zdyjs1的服务器角色，授予“创建任意数据库”和“管理大容量操作”权限，并添加角色成员sqltest。

```
USE master
GO
CREATE SERVER ROLE zdyjs1
GO
ALTER SERVER ROLE zdyjs1 ADD MEMBER sqltest
GO
GRANT ADMINISTER BULK OPERATIONS TO zdyjs1
GO
GRANT CREATE ANY DATABASE TO zdyjs1
GO
```

11.4.2 数据库角色管理

为便于管理数据库中的权限，SQL Server 提供了若干“角色”，这些角色是用于对其他主体进行分组的安全主体。数据库级角色的权限作用域为数据库。SQL Server中有两种类型的数据库级角色：数据库中预定义的“固有数据库角色”和用户自定义创建的“灵活数据库角色”。

1. 固有数据库角色

固有数据库角色是指这些角色的所有数据库权限已被SQL Server预定义，不能对其权限进行任何修改，并且存在于每个数据库中。固有数据库角色主要包括以下几种。

- **db_accessadmin**：可以为Windows登录账户、Windows 组和SQL Server登录账户添加或删除访问权限。
- **db_backupoperator**：可以备份数据库。
- **db_datareader**：可以读取所有用户表中的所有数据。
- **db_datawriter**：可以在所有用户表中添加、删除或更改数据。
- **db_ddladmin**：可以在数据库中运行任何数据定义语言（DDL）命令。
- **db_denydatareader**：不能读取数据库内用户表中的任何数据。
- **db_denydatawriter**：不能添加、修改或删除数据库内用户表中的任何数据。
- **db_owner**：可以执行数据库的所有配置和维护活动。
- **db_securityadmin**：可以修改角色成员身份和管理权限。
- **public**：当添加一个数据库用户时，它自动成为该角色成员，该角色不能删除，指定给该角色的权限自动给予所有数据库用户。

db_owner和db_securityadmin数据库角色的成员可以管理固有数据库角色成员身份，但是，只有db_owner数据库的成员可以向db_owner固有数据库角色中添加成员。

（1）使用SSMS为数据库添加成员。

为数据库角色db_ddladmin添加用户sqlyh，操作步骤如下。

步骤01 展开数据库“test”，从“安全性”中展开“数据库角色”节点，在“db_ddladmin”上单击鼠标右键，选择“属性”选项，如图11-24所示。

步骤02 在“数据库角色属性”界面中，单击“添加”按钮，按照前面介绍的方法查找并选择添加的对象sqlyh，完成后单击“确定”按钮，如图11-25所示。

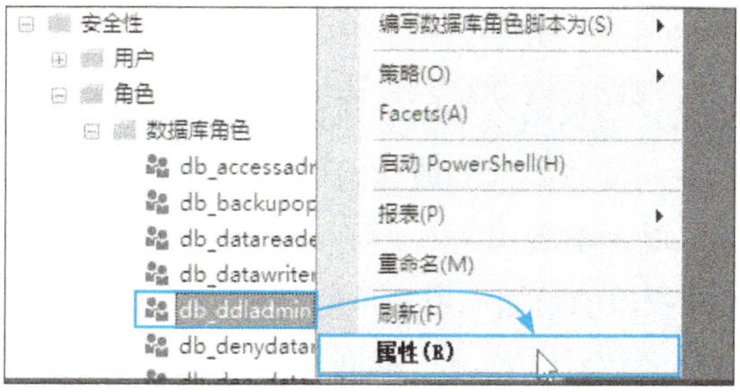

图 11-24 选择“属性”选项

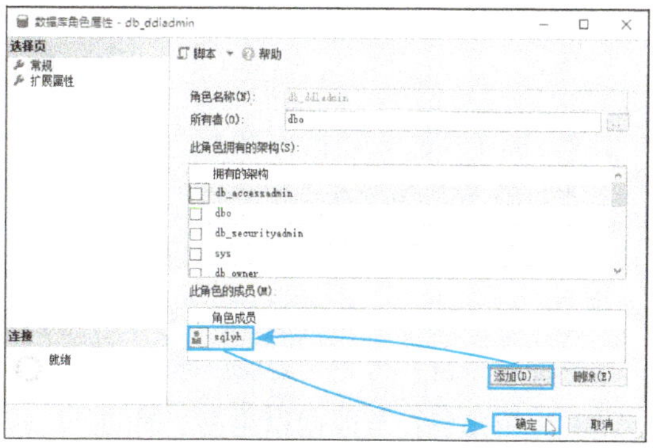

图 11-25 添加角色成员

知识点拨

其他添加方法

也可以先选中数据库用户sqlyh，单击鼠标右键，选择“属性”菜单，打开“数据库用户”对话框，选择“选择页”区域的“成员身份”，选中角色成员“db_ddladmin”，单击“确定”按钮即可，如图11-26所示。

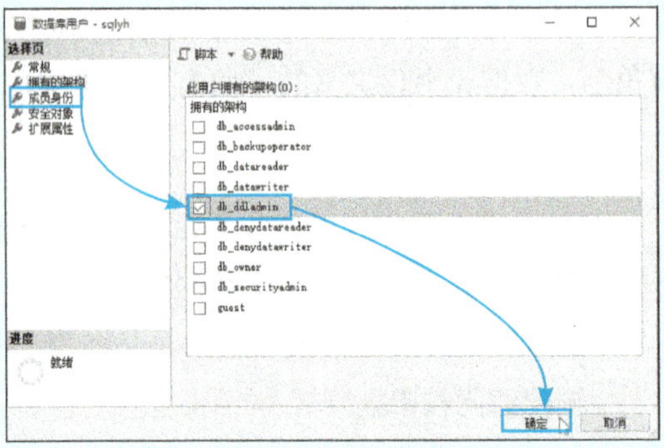

图 11-26　其他添加方法

（2）使用T-SQL语句为数据库角色添加成员。

在SQL Server中，管理数据库角色的存储过程主要有两个，sp_addrolemember和 sp_droprolemember。

sp_addrolemember用于将数据库用户添加到数据库角色内，使其成为该角色的成员。其语法格式如下。

```
sp_addrolemember [ @rolename = ] 'role',
        [ @membername = ] 'security_account'
```

sp_droprolemember用于删除某一数据库角色中的用户，当该用户从数据库角色中被删除后，便不再具有该数据库角色所设置的权限。其语法格式如下。

```
sp_droprolemember [ @rolename = ] 'role',
        [ @membername = ] 'security_account'
```

【示例11.14】将数据库用户sqlyh添加到“test”数据库的db_ddladmin数据库角色中。

```
USE test
GO
sp_addrolemember 'db_ddladmin', 'sqlyh'
GO
```

2. 用户自定义数据库角色

当打算为某些数据库用户设置相同的权限，但是这些权限不等同于预定义的数据库角色所具有的权限时，就可以定义新的数据库角色来满足这一要求，从而使这些用户能够在数据库中实现某一特定功能。用户自定义数据库角色包含以下两种类型。

- **标准角色：**为完成某项任务而指定的具有某些权限的数据库用户角色。
- **应用角色：**与数据库角色不同的是，应用程序角色默认情况下不包含任何成员，而且是非活动的。首先将权限赋予应用角色，然后将逻辑加入到某一特定的应用程序中，从而激活应用角色而实现对应用程序存取数据的可控性。

（1）使用SSMS创建用户自定义数据库角色。

下面介绍具体的操作步骤。

步骤01 展开数据库“test”，从“安全性”中找到“角色”，在“角色”节点上单击鼠标右键，选择“新建”级联菜单中的“新建数据库角色”选项，如图11-27所示。

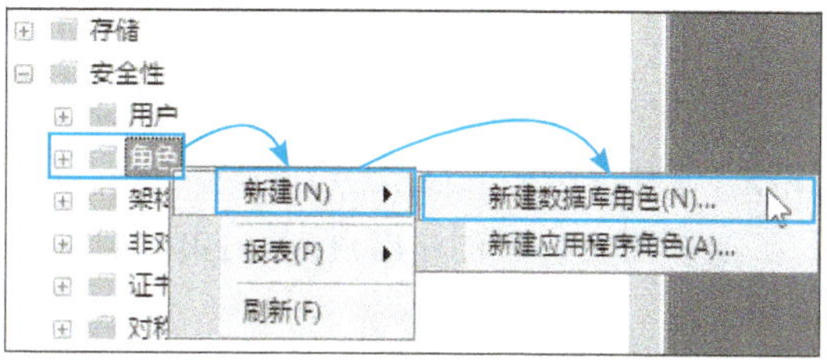

图 11-27　选择“新建数据库角色”选项

步骤02 在“数据库角色-新建”对话框中，输入创建的角色名称、所有者，指定角色的架构名称，单击“添加”按钮，找到并选择用户，完成后单击“确定”按钮，如图11-28所示。

步骤03 切换到“安全对象”选项，设置好数据库角色名称，单击“搜索”按钮，在弹出的对话框中选定要添加的对象，再单击“确定”按钮，如图11-29所示。

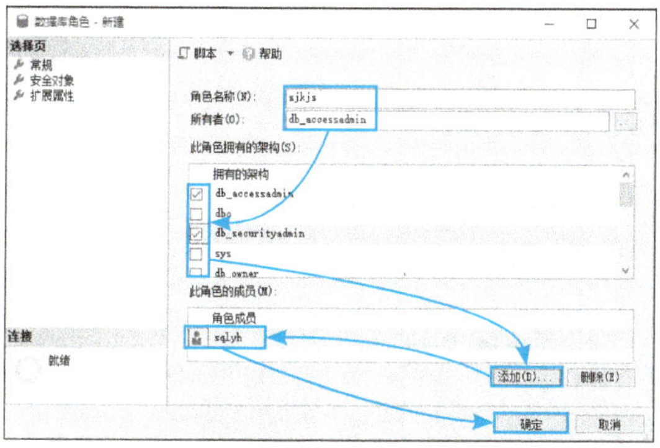

图 11-28　设置数据库角色的各项参数

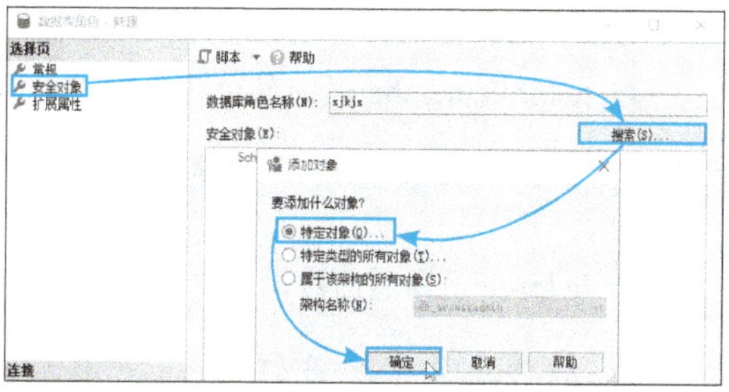

图 11-29　搜索并添加安全对象

步骤04 在“选择对象类型”对话框中选中对象类型（勾选“表”选项），单击“确定”按钮，如图11-30所示。

步骤05 选择需要的表后，返回到主界面中，设置权限后，单击“确定”按钮，如图11-31所示。

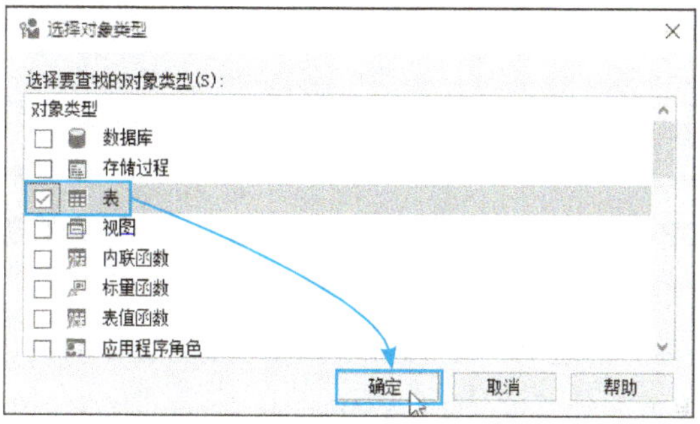

图 11-30　选择对象类型

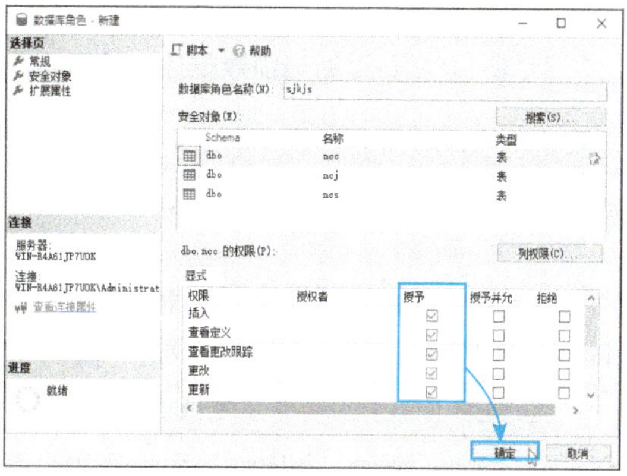

图 11-31　设置权限

（2）使用T-SQL语句创建用户自定义数据库角色。

管理数据库角色的语句有：CREATE ROLE、DROP ROLE、ALTER ROLE。

CREATE ROLE用于新建数据库角色，其语法格式如下。

```
CREATE ROLE role_name [ AUTHORIZATION owner_name ]
```

其中AUTHORIZATION owner_name表示将拥有新角色的数据库用户或角色。如果未指定用户，则执行CREATE ROLE的用户将拥有该角色。

【示例11.15】创建用户sjkyh1隶属的数据库角色zdyjs1。

```
USE test
GO
CREATE ROLE zdyjs1 AUTHORIZATION sjkyh1
```

【示例11.16】创建固有数据库角色db_securityadmin隶属的数据库角色zdyjs1。

```
USE test
GO
CREATE ROLE zdyjs1 AUTHORIZATION db_securityadmin
```

查看角色信息的存储过程有sp_helprolemember、sp_helprole。

sp_helprolemember返回某个角色的成员信息。其语法格式如下。

```
sp_helprolemember [ [ @rolename = ] 'role' ]
```

sp_helprole返回当前数据库中有关角色的信息。其语法格式如下。

```
sp_helprole [ [ @rolename = ] 'role' ]
```

【示例11.17】显示db_ddladmin角色的成员。

```
USE test
GO
EXEC sp_helprolemember 'db_ddladmin'
```

【示例11.18】返回当前数据库中的所有角色。

```
USE test
GO
EXEC sp_helprole
```

DROP ROLE的功能是删除角色。语法为：DROP ROLE role-name，其中role-name是要删除的角色名称，角色名称是一个标识符，不区分大小写。

ALTER ROLE的功能是更改数据库角色的名称。语法为：ALTER ROLE role_name WITH NAME = new_name，其中role_name为要更改的角色名称，WITH NAME = new_name指定角色的新名称，此名称在数据库中不能是已存在的名称。

11.5 权限管理

权限管理指将安全对象的权限授予、取消或禁止主体使用。SQL Server通过验证是否已获得适当的权限来控制对安全对象执行的操作。

11.5.1 权限管理简介

权限是连接主体和安全对象的纽带。SQL Server中的权限分为权利与限制，分别对应GRANT语句和DENY语句。GRANT表示允许主体对于安全对象做某些操作，DENY表示不允许主体对某些安全对象做某些操作。还有一个REVOKE语句，用于收回先前对主体GRANT或DENY的权限。

1. 主体

“主体”是指可以请求 SQL Server 资源的实体。主体可以是个体、组或者进程。主体可以按照作用范围分为三类，如表11-1所示。

表 11-1 主体的级别与内容

主体	内容
Windows级别的主体	Windows域登录名、Windows 本地登录名
SQL Server级别的主体	SQL Server登录名、服务器角色
数据库级别的主体	数据库用户、数据库角色、应用程序角色

2. 安全对象

安全对象，是指SQL Server数据库引擎授权系统控制对其进行访问的资源。每个SQL Server安全对象都有可以授予主体的关联权限，如表11-2所示。

表 11-2 安全对象及其常用权限

安全对象	常用权限
服务器	端点、登录账户、数据库
数据库	用户、角色、应用程序角色、程序集、消息类型、路由、服务、远程服务绑定、全文目录、证书、非对称密钥、对称密钥、约定、架构
架构	类型、XML 架构集合、对象
对象	聚合、约束、函数、过程、队列、统计信息、同义词、表、视图

3. 架构

架构是形成单个命名空间的数据库实体的集合。命名空间是一个集合，其中每个元素的名称都是唯一的。在SQL Server中，架构独立于创建它们的数据库用户而存在，可以在不更改架构名称的情况下转让架构的所有权。

完全限定的对象名称包含四部分：server.database.schema.object。

SQL Server还引入了“默认架构”的概念，用于解析未使用其完全限定名称的引用对象的名称。在SQL Server中，每个用户都有一个默认架构，用于指定服务器在解析对象的名称时将要搜索的第1个架构。可以使用CREATE USER和ALTER USER的DEFAULT_SCHEMA选项设置和更改默认架构。如果未定义默认架构，则数据库用户将把dbo作为其默认架构。

【示例11.19】下面代码创建了用户John，默认框架为Sales，并设置其拥有数据库角色db_ddladmin。

```
USE test
CREATE USER John FOR LOGIN John
WITH DEFAULT_SCHEMA = Sales;
EXEC sp_addrolemember 'db_ddladmin', 'John';
```

这样John所做的任何操作默认发生在Sales架构中，他所创建的对象默认属于Sales架构，所引用的对象默认在Sales架构中。当他执行以下语句时：

```
CREATE PROCEDURE usp_GetCustomers
AS
SELECT * FROM Customer
```

该存储过程创建在Sales架构中，其他用户引用它时需要写为Sales.usp_GetCustomers。

4. 权限

在SQL Server中，主要安全对象的常用权限如表11-3所示。

表 11-3 主要安全对象及其常用权限

安全对象	权限
数据库	BACKUP DATABASE、BACKUP LOG、CREATE DATABASE、CREATE DEFAULT、CREATE FUNCTION、CREATE PROCEDURE、CREATE RULE、CREATE TABLE和CREATE VIEW
标量函数	EXECUTE和REFERENCES
表值函数、表、视图	DELETE、INSERT、REFERENCES、SELECT和UPDATE
存储过程	DELETE、EXECUTE、INSERT、SELECT和UPDATE

■11.5.2 使用SSMS管理权限

SQL Server可从对象或主体两个方面管理对象权限，下面介绍通过对象设置权限的方法。

步骤01 在表“ygxxb”上单击右键，选择“属性”选项，如图11-32所示。

步骤02 切换到“权限”选项卡，单击“搜索”按钮，如图11-33所示。

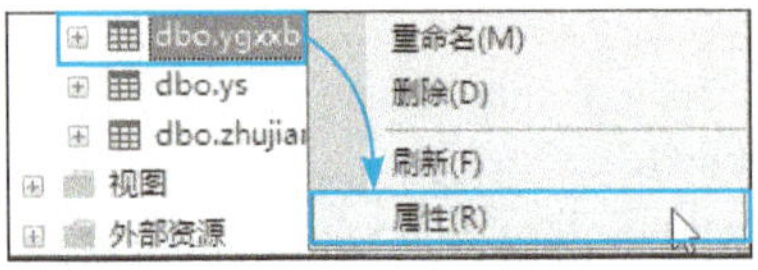

图 11-32 选择“属性”选项

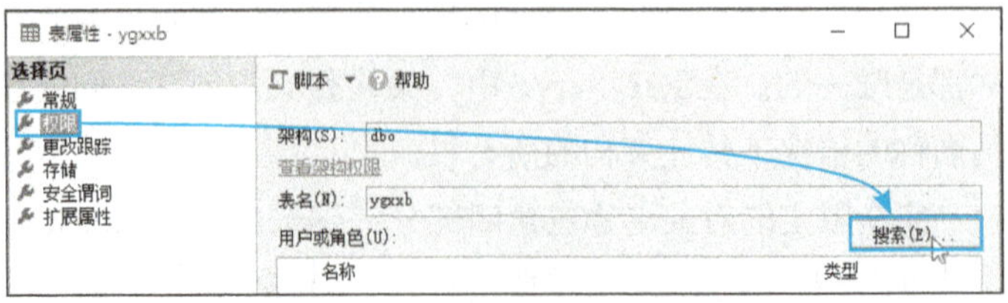

图 11-33 搜索用户或角色

步骤03 单击“浏览”按钮，如图11-34所示。

步骤04 找到并勾选用户，如图11-35所示，单击“确定”按钮后返回到“表属性”界面中。

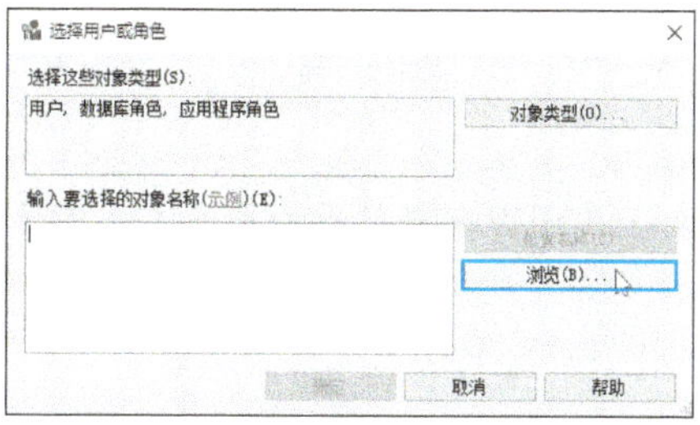

图 11-34　单击“浏览”按钮

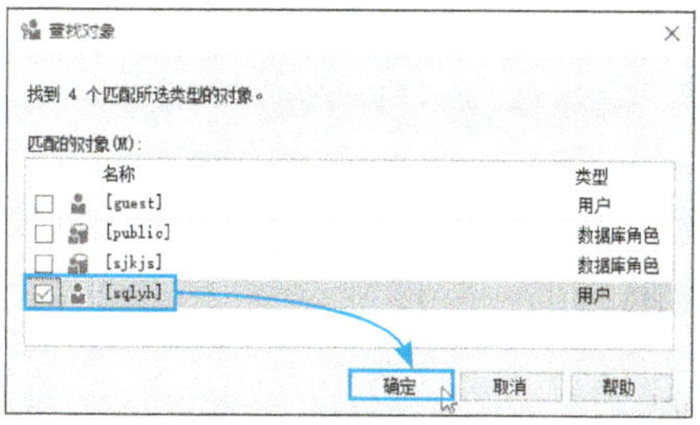

图 11-35　勾选用户

步骤05 设置该用户的所有权限，包括每个权限的授予、授予并允许、拒绝3种权限。设置完毕后，单击“确定”按钮，完成更改，如图11-36所示。

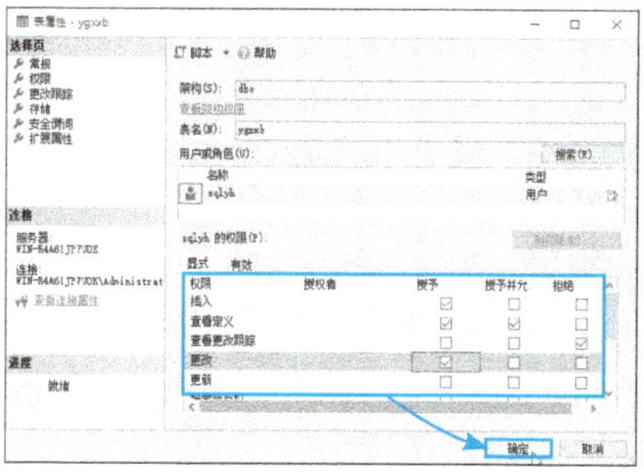

图 11-36　设置用户权限

11.5.3　使用T-SQL管理权限

在SQL Server中，可以使用GRANT、REVOKE和DENY3种命令管理权限。

1. GRANT

GRANT用来把权限授予某一用户，以允许该用户执行针对该对象的操作，如UPDATE、SELECT、DELETE、EXECUTE或允许其运行某些语句（如CREATE TABLE、CRETAE DATABASE）。

其简化语法格式如下。

```
GRANT { ALL [ PRIVILEGES ] }
        | permission [ ( column [ , …n ] ) ] [ , …n ]
            [ ON [ class :: ] securable ]
TO principal [ , …n ]
    [ WITH GRANT OPTION ] [ AS principal ]
```

各参数简要说明如下。

- **PRIVILEGES**：权限的名称。
- **column**：指定表中将授予其权限的列的名称，需要使用括号“()”。
- **securable**：指定将授予其权限的安全对象。
- **TO principal**：主体的名称。可授予安全对象权限的主体随安全对象而异。
- **AS principal**：指定一个主体，可将该权限授予别人。

【示例11.20】授予用户sqlyh对数据库的CREATE TABLE 权限。

```
USE test
GO
GRANT CREATE TABLE TO  sqlyh
```

【示例11.21】授予用户sqlyh对数据库的CREATE VIEW权限以及为其他主体授予CREATE VIEW的权限。

```
USE test
GO
GRANT CREATE VIEW TO sqlyh
WITH GRANT OPTION
```

【示例11.22】授予用户sqlyh对表“test”的SELECT权限。

```
USE test
GO
GRANT SELECT ON test TO sqlyh
```

2. REVOKE

取消用户对某一对象或语句的权限，这些权限是经过GRANT语句授予的。其语法格式和GRANT一致。

【示例11.23】从用户sqlyh以及由sqlyh授予CREATE VIEW权限的所有主体中撤销对数据库的CREATE VIEW权限。

```
USE test
GO
REVOKE CREATE VIEW FROM sqlyh CASCADE
```

【示例11.24】撤销用户sqlyh对表“test”的SELECT权限。

```
USE test
GO
REVOKE SELECT ON test FROM sqlyh
```

3. DENY

DENY用于禁止用户对某一对象或语句的权限，明确禁止其对某一用户对象执行某些操作。其语法格式和GRANT一致。

【示例11.25】拒绝用户sqlyh对数据库中表“test”的SELECT权限。

```
USE test
GO
DENY SELECT ON test TO sqlyh
```

课后作业

一、选择题

1. 在T-SQL中，管理登录账户的SQL语句有（　　）。

A. CREATE LOGIN

B. DROP LOGIN

C. DROP USER

D. ALTER USER

2. 在SQL Server中，属于服务器角色的是（　　）。

A. 固有服务器角色

B. 用户自定义服务器角色

C. 固有数据库角色

D. 应用程序角色

3. 在下列选项中属于SQL Server固定服务器角色的是（　　）。

A. diskadmin

B. serveradmin

C. db_accessadmin

D. public

二、简答题

1. SQL Server中固有数据库角色有哪些？

2. SQL Server中管理权限的命令主要有哪几个？

3. 简述用SSMS创建用户自定义数据库角色的步骤。

学习体会

项目 12 企业进销存管理系统综合案例

内容概要

进销存管理系统往往是企业运营管理不可缺少的部分，它不仅可以帮助企业提高整个企业的工作效率，在某种意义上讲，还可以为企业的决策者提供决策支持信息，增强企业的核心竞争力。

本项目将介绍某企业进销存管理系统，该系统综合运用了本书各项目所讲的知识和技术，包括数据库、数据表、SQL语句、视图、存储过程、触发器、数据备份与恢复等。

12.1 系统分析

要设计一个符合要求的系统，前期的需求分析是非常重要的。需求分析在系统开发过程中有着非常重要的地位，它的好坏直接关系到系统开发成本、系统开发周期及系统质量。它是系统设计的第一步，是整个系统开发成功的基础。详细周全的需求分析，既可以减少系统开发中的错误，又可以降低修复错误的费用，从而可以大大减少系统开发成本，缩短系统开发周期。需求分析的任务是对目标系统提出完整、准确、清晰、具体的要求。

12.1.1 需求描述

企业进销存管理系统的主要目的是实现企业进销存的信息化管理，主要的业务就是商品的采购、销售和入库，另外还需要提供统计查询功能，其中包括商品查询、供应商查询、客户查询、销售查询和入库查询等。项目实施后，能够降低采购成本、合理控制库存、减少资金占用，并提升企业市场竞争力；能够为企业节省大量人力资源，减少管理费用，从而间接为企业节约成本，提高企业效益。

进销存管理系统包括基础信息管理、进货管理、销售管理、库存管理和系统管理五大功能模块。

1. 基础信息管理模块

该模块用于管理进销存管理系统中的用户、客户、商品和供应商信息，其功能主要是对这些基础信息进行添加、修改和删除。

2. 进货管理模块

该模块是进销存管理系统中不可缺少的重要组成部分，它主要负责记录进货单及退货信息，相应的进货商品会添加到库存管理中。

3. 销售管理模块

该模块是进销存管理系统中最重要的组成部分，它主要负责记录出货信息，相应的出货商品会从库存中减去。

4. 库存管理模块

该模块包括库存盘点和库存查询两个功能，主要用于统计汇总各类商品数量。

5. 系统管理模块

该模块主要包括数据库的备份和数据恢复两个功能。

12.1.2 用例图

下面将对本系统的各用例图进行介绍。

1. 进销存系统用例图，如图12-1所示

下面以用户登录的用例描述。

用例名称：用户登录。

功能：验证用户的身份。

简要说明：本用例的功能主要是用于确保用户在提供正确的验证信息之后，可以进一步使用本系统。

事件流：

（1）用户请求使用本系统。

（2）系统显示用户登录信息输入界面。

（3）用户输入登录名、密码并确认操作。

（4）系统验证用户登录信息。如果登录信息验证没有通过，系统显示提示信息，可以重新登录；如果验证通过，系统显示系统操作主界面。

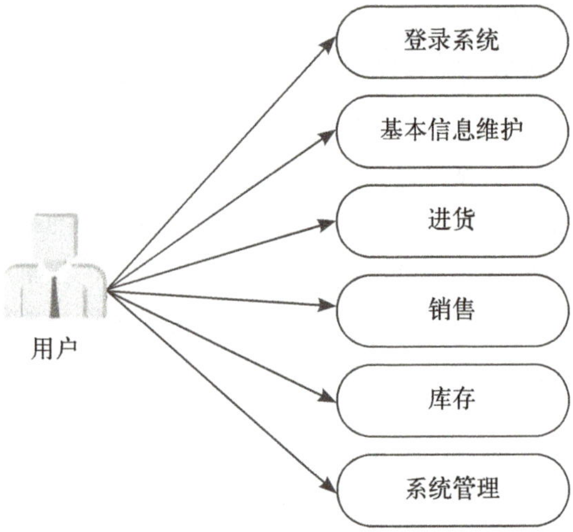

图 12-1　进销存系统用例图

特殊需求：无。

前置条件：请求使用本系统。

后置条件：用户登录成功，可以使用系统提供的功能。

附加说明：无。

2. 基本信息维护用例图，如图12-2所示

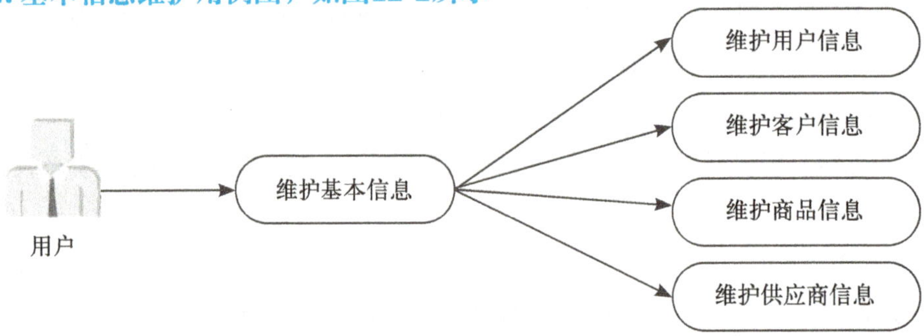

图 12-2　基本信息维护用例图

下面以维护供应商信息的用例描述。

用例名称：维护供应商数据。

功能：用于维护公司的供应商资料。

简要说明：本用例的功能主要是增加、删除、修改、查询公司供应商的信息。

事件流：

（1）用户请求维护供应商资料。

（2）系统显示供应商资料。

（3）根据用户的操作执行以下相应操作。

- 用户修改已经存在的供应商信息，系统执行修改供应商信息。
- 用户选择增加供应商信息操作，系统执行增加供应商信息。
- 用户选择删除供应商信息操作，系统执行删除供应商信息。

- 用户选择查询符合指定条件的供应商信息，系统执行查询供应商信息。

(4) 用户要求保存操作结果。

(5) 系统保存用户操作结果。

(6) 用户要求结束供应商信息的维护。

(7) 系统结束供应商信息的显示。

特殊需求：

(1) 输入供应商全称不能超过60个英文字符或30个汉字。

(2) 中文简称必须指定，输入不能超过10个中文字符。

(3) 输入负责人姓名不能超过30个英文字符或15个汉字。

前置条件：

(1) 进入本系统的主界面。

(2) 拥有维护供应商信息资料的权限。

后置条件：

系统保存修改过的供应商信息资料。

附加说明：

(1) 操作的供应商资料应包括：供应商全称、供应商简称、联系人姓名、电话、传真、移动电话、供应商地址。

(2) 供应商的交易记录应属于供应商资料的部分内容，其中包括交易标志、交易单号、交易日期、总交易金额等。

3. 进货用例图，如图12-3所示

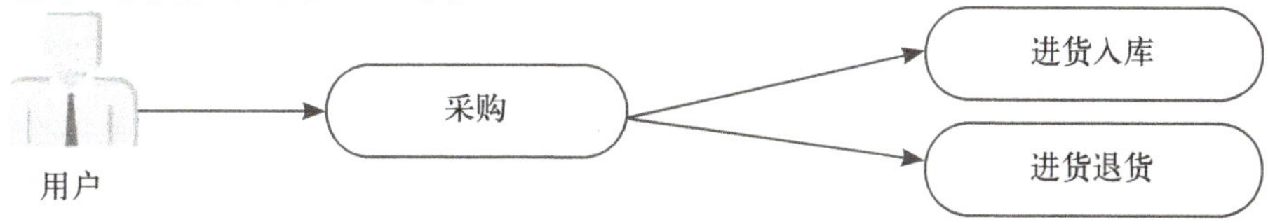

图 12-3 进货用例图

下面是进货入库的用例描述。

用例名称：进货入库。

功能：用于维护公司进货入库信息。

简要说明：本用例的功能主要是增加、删除、修改、查询公司采购入库的信息。

事件流：

(1) 用户请求维护公司采购入库单据资料。

(2) 系统显示公司采购入库单据信息。

(3) 根据用户的操作执行以下相应操作。

- 用户修改已经存在的采购入库单据，系统执行修改采购入库单据。
- 用户选择增加采购入库单据操作，系统执行增加采购入库单据。
- 用户选择删除采购入库单据操作，系统执行删除采购入库单据。
- 用户选择查询符合指定条件的采购入库单据，系统执行查询采购入库单据。

（4）用户要求保存操作结果。

（5）保存用户操作结果。

（6）用户要求结束公司采购入库单据信息的维护。

（7）结束公司采购入库单据信息的显示。

特殊需求：

（1）采购单单号必须指定，输入不能超过8位字符。

（2）供应商编号可以不指定。如果指定，那么该供应商信息必须在系统基本资料——供应商资料中存在。

（3）必须指定商品数量，商品数量只能输入数字和小数点。

前置条件：

（1）进入本系统的主界面。

（2）拥有维护采购入库单据资料的权限。

后置条件：

系统保存修改过的采购入库单据信息。

附加说明：

被操作的采购入库单内容包括：供应商编号、供应商名称、采购单单号、采购日期、总金额以及商品明细，其中商品明细包括商品编号、商品数量、单价及金额。

4. 销售用例图，如图12-4所示

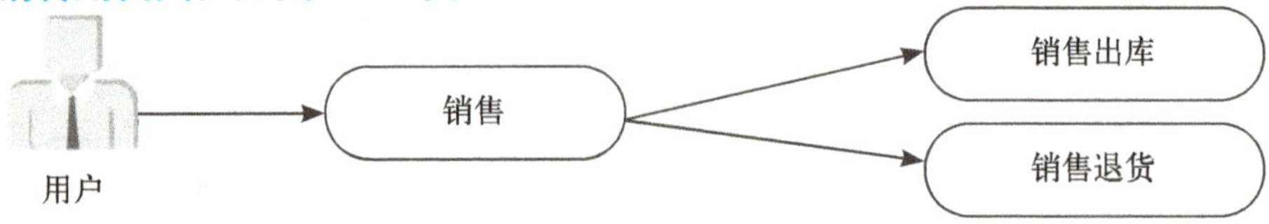

图 12-4 销售用例图

下面是销售出库的用例描述。

用例名称：销售出库。

功能：用于维护公司销售出库信息。

简要说明：本用例的功能主要是增加、删除、修改、查询公司销售出库单据的信息。

事件流：

（1）用户请求维护公司销售出库单据资料。

（2）系统显示公司销售出库单据资料。

（3）根据用户的操作执行以下相应操作。

- 用户修改已经存在的销售出库单据，系统执行修改销售出库单据。
- 用户选择增加销售出库单据操作，系统执行增加销售出库单据。
- 用户选择删除销售出库单据操作，系统执行删除销售出库单据。
- 用户选择查询符合指定条件的销售出库单据，系统执行查询销售出库单据。

（4）用户要求保存操作结果。

（5）保存用户操作结果。

（6）用户要求结束公司销售出库单据资料的维护。

（7）结束公司销售出库单据资料的显示。

特殊需求：

（1）销售单单号必须指定，输入不能超过8位字符。

（2）客户编号可不指定。如果指定，那么该客户信息必须在系统基本资料——供应商资料中存在。

（3）必须指定商品数量，商品数量只能输入数字和小数点。

前置条件：

（1）进入本系统的主界面。

（2）拥有维护销售出库单据资料的权限。

后置条件：

系统保存修改过的销售出库单据信息。

附加说明：

被操作的销售出库单据内容包括：客户编号、客户名称、单号、销售日期、送货地址、业务员编号、总金额及销售明细，每条销售明细数据包括商品编号、商品数量、单价及金额。

5. 库存用例图，如图12-5所示

下面是库存盘点的用例描述。

用例名称：库存盘点。

功能：用于核对每种商品的库存信息。

简要说明：本用例的功能主要是查询并核对商品的库存信息。

事件流：

（1）用户请求查询公司的商品库存信息。

（2）系统显示指定查询条件界面。

（3）用户指定查询条件并确认操作。

（4）系统显示符合查询条件的商品的库存信息。

（5）用户要求结束库存商品的查询。

（6）系统结束商品库存信息显示界面。

特殊需求：无。

前置条件：

（1）进入本系统的主界面。

（2）拥有查询商品库存的权限。

后置条件：

用户获得想要的商品库存信息。

附加说明：

查询到的数据库资料应包括如下内容：库存编号、当前数量、商品名称、安全存量、最后进货日期、最后送货日期、建议购买价、建议销售价。

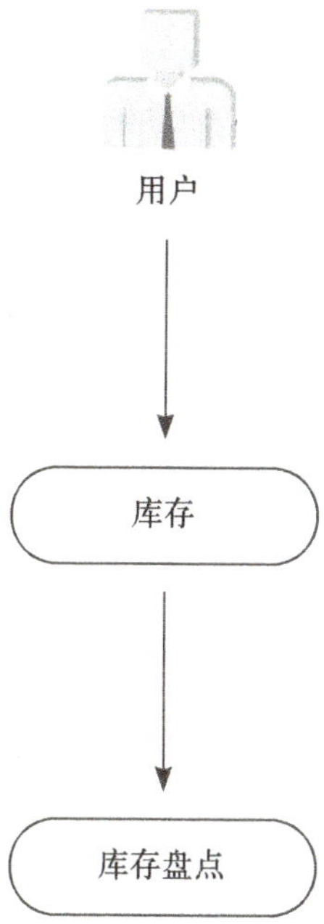

图 12-5　库存用例图

12.2 系统设计

系统设计其实就是系统建立的过程。根据前期所做的需求分析的结果，对整个系统进行设计，如系统框架、数据库设计等。

12.2.1 系统目标

本系统是针对中小型企业的进销存管理系统，通过对企业的业务流程进行调查与分析，本系统应具备以下目标。

（1）界面设计简洁、友好、美观、大方。

（2）操作简单、快捷方便。

（3）数据存储安全、可靠。

（4）信息分类清晰、准确。

（5）强大的查询功能，保证数据查询的灵活性。

（6）提供灵活、方便的权限设置功能，使整个系统的管理分工明确。

（7）对用户输入的数据，系统进行严格的数据检验，尽可能排除人为错误。

12.2.2 系统功能结构

利用层次图来表示系统中各模块之间的关系。层次方框图是用树形结构的一系列多层次的矩形框描绘数据的层次结构。树形结构的顶层是一个单独的矩形框，它代表完整的数据结构，下面的各层矩形框代表各个数据的子集，最底层的各个矩形框代表组成这个数据的实际数据元素。随着结构的精细化，层次方框图对数据结构也描绘得越来越详细。从对顶层信息的分类开始，沿着图中每条路径反复细化，直到确定了数据结构的全部细节为止。

进销存管理系统包括进货管理、销售管理、库存管理、系统管理、基础信息管理五大功能模块。系统功能结构图如图12-6所示。

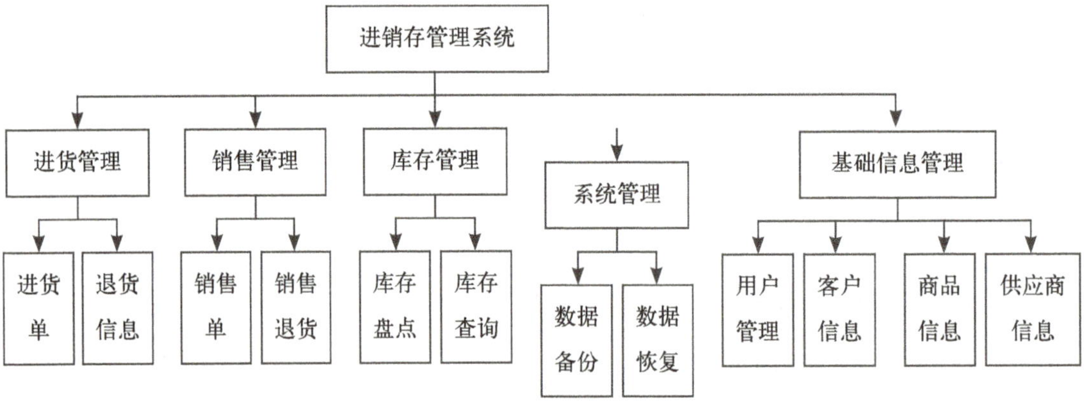

图 12-6 系统功能结构图

12.3 数据库与数据表设计

数据库设计是建立数据库及其应用系统的技术，是信息系统开发和建设中的核心技术。数据库结构设计的好坏将直接影响应用系统的效率以及实现效果，在数据库系统开始设计的时候应该尽量考虑全面。数据库如果设计不当，系统运行过程中会产生大量的冗余数据，从而造成数据库的极度膨胀，影响系统的运行效率，甚至造成系统的崩溃。数据库设计要充分了解用户各方面的需求，包括现有的需求以及将来可能添加的需求。

12.3.1　数据库系统的概念设计

在数据库系统的概念设计阶段，将从用户需求的观点描述数据库的全局逻辑结构，产生独立于计算机硬件和DBMS（数据库管理系统）的概念模式。用户信息表中的信息实体主要包括用户姓名、用户账号、用户密码和用户权限，其E-R图如图12-7所示。

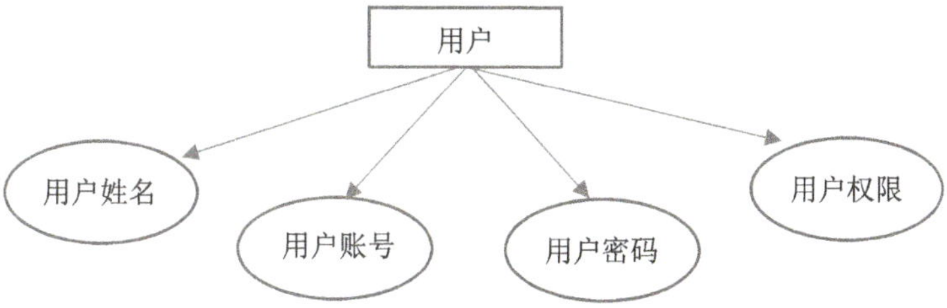

图 12-7　用户 E-R 图

商品信息表中的信息实体主要包括商品编号、商品名称、商品简称、单位、规格、进货价、销售价、批准文号和备注，其E-R图如图12-8所示。

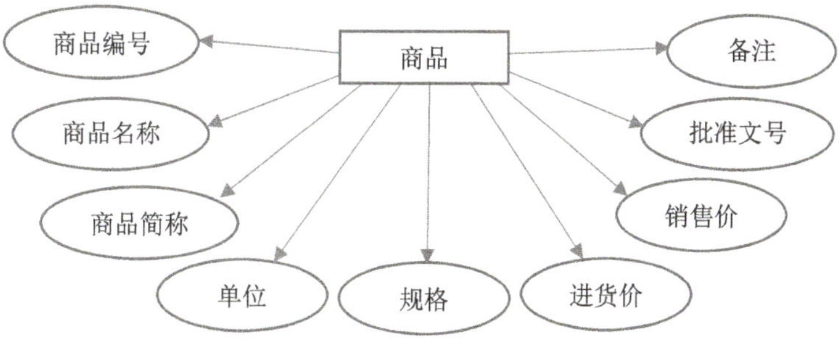

图 12-8　商品 E-R 图

客户信息表中的信息实体主要包括客户编号、客户名称、客户简称、营业证编号、电话、传真、联系人、联系人电话、电子邮箱、开户银行和银行账号，其E-R图如图12-9所示。

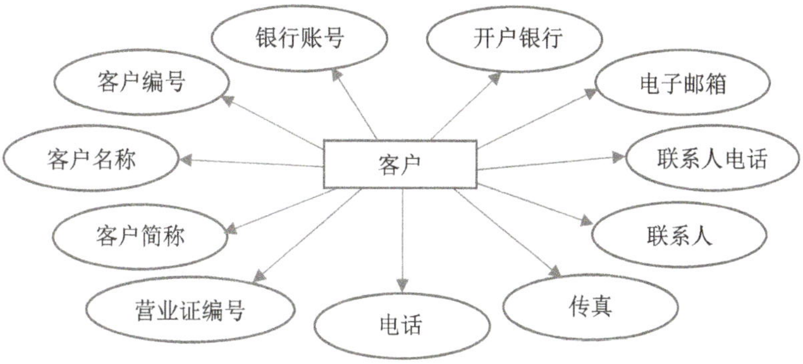

图 12-9　客户 E-R 图

供应商信息表中的信息实体主要包括供应商编号、供应商名称、供应商简称、营业证编号、电话、传真、联系人、联系人电话、电子邮箱、开户银行和银行账号，其E-R图如图12-10所示。

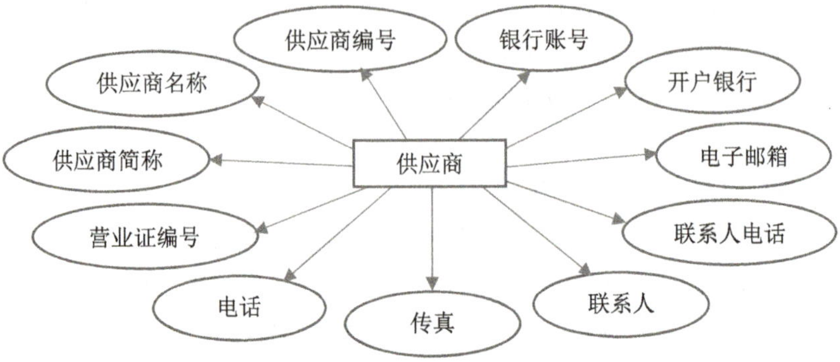

图 12-10 供应商 E-R 图

进货主单中的信息实体主要包括入库编号、供应商名称、结算方式、入库时间、经手人、合计金额、验收结论和操作员，其E-R图如图12-11所示。

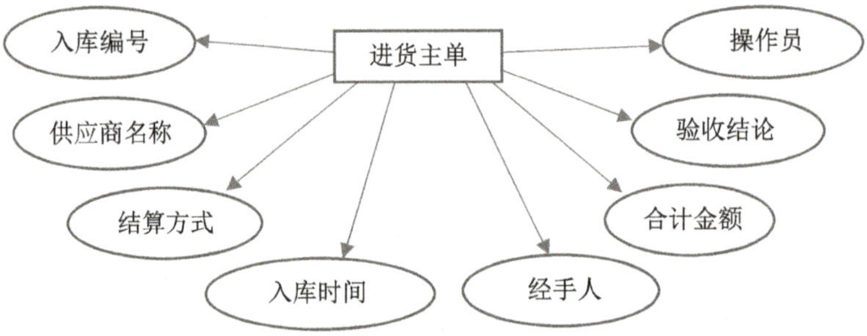

图 12-11 进货主单 E-R 图

进货明细表中的信息实体主要包括明细流水号、入库编号、商品编号、单价和数量，其E-R图如图12-12所示。

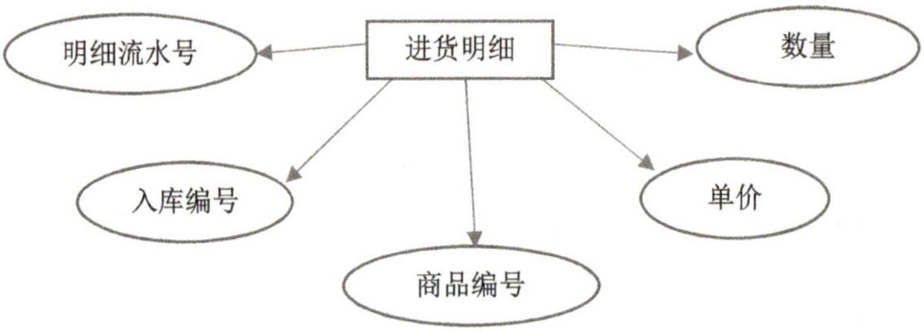

图 12-12 进货明细 E-R 图

销售主单中的信息实体主要包括销售单编号、客户名称、结算方式、销售时间、经手人、合计金额、验收结论和操作员，其E-R图如图12-13所示。

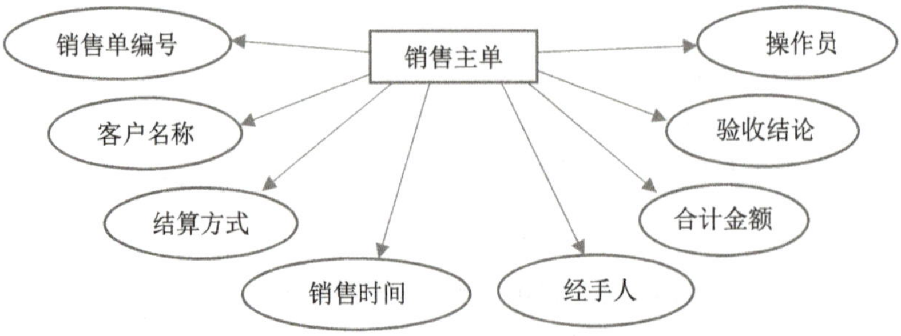

图 12-13 销售主单 E-R 图

销售明细表中的信息实体主要包括流水号、销售单编号、商品编号、单价和数量，其E-R图，如图12-14所示。

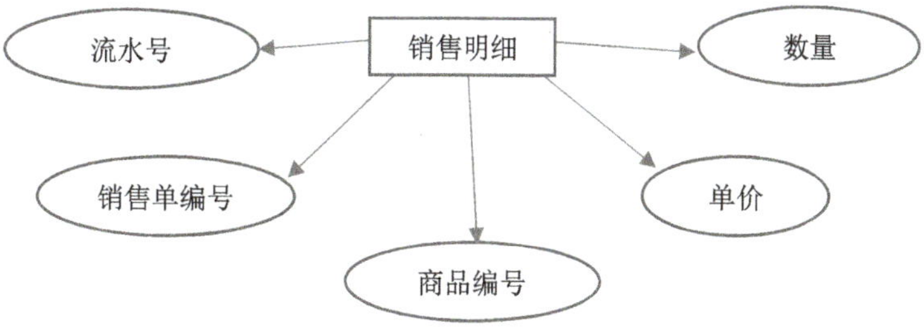

图 12-14 销售明细 E-R 图

12.3.2 数据库系统的物理设计

数据库系统的物理设计包括选择存储结构、确定存取方法、选择存取路径、确定数据的存放位置，主要解决选择文件存储结构和确定文件存取方法的问题。在数据库中访问数据的路径主要表现为如何建立索引。如果要直接定位到所要查找的记录，应采用索引方法（索引表）存取数据，而顺序表只能从起点开始向后一个一个地访问记录。数据库的物理实现取决于特定的DBMS，在规划存储结构时主要应考虑存取时间和存储空间，这两者通常是互相矛盾的，要根据实际情况决定。

各信息的数据表将根据用户信息、客户信息、销售订单信息、出库单信息、销售发票信息、库存信息、销售员信息、产品信息进行设计，下面介绍系统数据库的主要数据表。

本系统设计了客户信息表（tb_khinfo）、供应商信息表（tb_gysinfo）、商品信息表（tb_spinfo）、商品入库表（tb_ruku_main）、商品入库明细表（tb_ruku_detail）、商品销售表（tb_sell_main）、商品销售明细表（tb_sell_detail）、商品库存盘点表（view_pandian）、用户信息表（tb_userlist）等多个数据表。下面给出其中几个最关键的数据表结构，如表12-1到表12-10所示。

表 12-1 客户信息表结构

字段名	数据类型	可否为空	长度	描述
id	字符型	NOT NULL	50	客户编号，主键
name	字符型	NOT NULL	50	客户名称
jc	字符型		20	客户简称
bianma	字符型		50	营业证编号
tel	字符型		50	电话
fax	字符型		50	传真
lian	字符型		50	联系人
ltel	字符型		50	联系人电话
email	字符型		50	电子邮箱
yinhang	字符型		50	开户银行
hao	字符型		50	银行账号

表 12-2 供应商信息表结构

字段名	数据类型	可否为空	长度	描述
id	字符型	NOT NULL	50	供应商编号，主键
name	字符型	NOT NULL	50	供应商名称
jc	字符型		20	供应商简称
bianma	字符型		50	营业证编号
tel	字符型		50	电话
fax	字符型		50	传真
lian	字符型		50	联系人
ltel	字符型		50	联系人电话
email	字符型		50	电子邮箱
yinhang	字符型		50	开户银行
hao	字符型		50	银行账号

表 12-3 商品信息表结构

字段名	数据类型	可否为空	长度	描述
id	字符型	NOT NULL	50	商品编号，主键
spname	字符型	NOT NULL	50	商品名称
jc	字符型		20	商品简称
dw	字符型		20	单位
gg	字符型		20	规格
jhj	数字型		8,2	进货价
xsj	数字型		8,2	销售价
pzwh	字符型		50	批准文号
memo	字符型		100	备注

表 12-4 商品入库表结构

字段名	数据类型	可否为空	长度	描述
rkid	字符型	NOT NULL	30	入库编号，主键
je	数字型	NOT NULL	10,2	合计金额
ysjl	字符型		100	验收结论

续表

字段名	数据类型	可否为空	长度	描述
gysid	字符型	NOT NULL	50	供应商编号
rkdate	日期型	NOT NULL	50	入库时间
czy	字符型	NOT NULL	50	操作员
jsr	字符型	NOTNULL	30	经手人
jsfs	字符型	NOT NULL	10	结算方式

说明：由于同一个入库单往往包含多个商品信息，为了减少数据冗余度，把入库信息拆开分别存入两个数据表。其中所有商品共有的信息存入商品入库表，单个商品信息存入商品入库明细表中。

表 12-5　商品入库明细表结构

字段名	数据类型	可否为空	长度	描述
id	数字型	NOT NULL	4	明细流水号，主键
rkid	字符型	NOT NULL	30	入库编号，主键
spid	字符型		50	商品编号
dj	数字型		8,2	单价
sl	数字型		4	数量

表 12-6　商品销售表结构

字段名	数据类型	可否为空	长度	描述
sellid	字符型	NOT NULL	30	销售单编号，主键
je	数字型	NOT NULL	10,2	合计金额
ysjl	字符型		100	验收结论
khid	字符型	NOT NULL	50	客户编号
xsdate	日期型	NOT NULL	50	销售时间
czy	字符型	NOT NULL	50	操作员
jsr	字符型	NOTNULL	30	经手人
jsfs	字符型	NOT NULL	10	结算方式

说明：由于同一个销售单往往包含多个商品信息，为了减少数据冗余度，把销售单信息拆开分别存入两个数据表。其中所有商品共有的信息存入商品销售表，单个商品信息存入商品销售明细表中。

表 12-7　商品销售明细表结构

字段名	数据类型	可否为空	长度	描述
id	数字型	NOT NULL	4	流水号，主键
sellid	字符型	NOT NULL	30	销售单编号，主键
spid	字符型		50	商品编号
dj	数字型		8,2	单价
sl	数字型		4	数量

表 12-8　商品库存表结构

字段名	数据类型	可否为空	长度	描述
spid	字符型	NOT NULL	30	商品编号，主键
sl	整型			库存数量
dj	数字型		8,2	单价
xjj	数字型		10,2	新进价

表 12-9　商品库存盘点表结构

字段名	数据类型	可否为空	长度	描述
spid	字符型	NOT NULL	30	商品编号，主键
yysl	整型			应有数量
sysl	整型			实有数量
pddate	日期型			盘点日期
czy	字符型		20	操作员
jsr	字符型		20	经手人

表 12-10　用户信息表结构

字段名	数据类型	可否为空	长度	描述
name	字符型	NOT NULL	50	用户账号，主键
username	字符型	NOT NULL	50	用户姓名
pass	字符型		30	用户密码
quan	字符型		12	用户权限

12.4 创建项目

打开Visual Studio，依次打开“文件”→“新建”→“项目”菜单，打开“新建项目”对话框。选择“Visual C#”模板，然后选择“Windows窗体应用程序”，输入应用程序名称“Jxc”，并选择存储位置后，单击“确定”按钮，即可完成项目的创建，如图12-15所示。

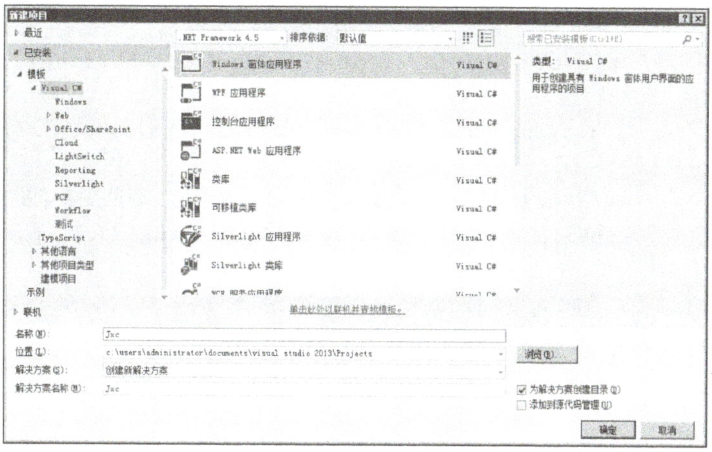

图 12-15　创建项目操作

12.5 系统文件夹组织结构

每个项目都会有相应的文件夹组织结构，如果项目中窗体数量很多，可以将所有的窗体及资源放在不同的文件夹中。如果项目中窗体不是很多，可以将图片、公共类或者程序资源文件放在相应的文件夹中，而窗体文件直接放在项目的根目录下。企业进销存管理系统就是按照后者的文件夹组织结构排列的，如图12-16所示。

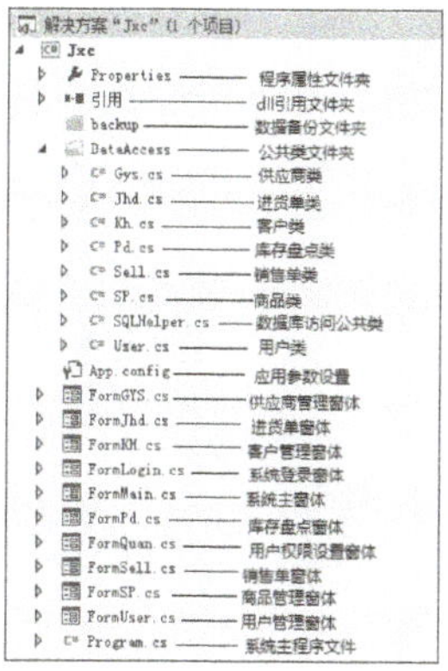

图 12-16　系统文件夹组织结构

12.6 公共类设计

开发项目时，通过编写公共类可以减少重复代码的编写，有利于代码的重用和维护。本系统创建了8个公共类，下面介绍几个主要的公共类。

12.6.1　SQLHelper类

SQLHelper类主要实现与数据库的连接，并提供了执行SQL语句的方法，而SQL语句的执行主要分为以下三类。

（1）执行INSERT、DELETE和UPDATE语句，返回受影响的行数。

（2）执行SELECT语句，返回单值。

（3）执行SELECT语句，返回记录集。

SQLHelper类的关键代码如下。

```
class SQLHelper
{
   private static string GetConnectionString()
   {
    return "Data Source=.;Initial Catalog=db_jxc;Integrated Security=True";
   }
   //执行insert、delete和update语句，返回受影响的行数
   public static int ExecNonSQL(string ASql, params SqlParameter[]AParams)
   {
    using (SqlConnection Conn = new SqlConnection(GetConnectionString()))
    {
            try
            {
                    Conn.Open();
                    using (SqlCommand Cmd = Conn.CreateCommand())
                    {
                            Cmd.CommandText = ASql;
                            if (AParams != null)
                            {
                                    foreach (SqlParameter param in AParams)
                                    {
                                            Cmd.Parameters.Add(param);
                                    }
                            }
                            return Cmd.ExecuteNonQuery();
                    }
            }
            catch (Exception ex)
            {
                    HandleException(ex);
            }
    }
    return -1;
   }
   //执行select语句，返回单值
   public static string ExecOneSQL(string ASql, params SqlParameter[] AParams)
   {
    using (SqlConnection Conn = new SqlConnection(GetConnectionString()))
    {
            try
            {
                    //Open异常捕获
                    Conn.Open();
                    using (SqlCommand Cmd = Conn.CreateCommand())
                    {
                            Cmd.CommandText = ASql;
```

```
                    if (AParams != null)
                    {
                        foreach (SqlParameter param in AParams)
                        {
                            Cmd.Parameters.Add(param);
                        }
                    }
                    return Cmd.ExecuteScalar().ToString();
                }
            }
            catch (Exception ex)
            {
                HandleException(ex);
            }
        }
        return "-1";
    }
    //执行select语句，返回记录集
    public static DataSet ExecSQLByDataSet(string ASql, params
SqlParameter[] AParams)
    {
        using (SqlConnection Conn = new SqlConnection(GetConnectionString()))
        {
            try
            {
                Conn.Open();
                using (SqlCommand Cmd = Conn.CreateCommand())
                {
                    Cmd.CommandText = ASql;
                    if (AParams != null)
                    {
                        foreach (SqlParameter param in AParams)
                        {
                            Cmd.Parameters.Add(param);
                        }
                    }

                    SqlDataAdapter Adapter = new SqlDataAdapter(Cmd);
                    DataSet Result = new DataSet();
                    Adapter.Fill(Result,"table");
                    return Result;
                }
            }
            catch (Exception ex)
            {
                HandleException(ex);
            }
        }
```

```
        return null;
    }
}
```

12.6.2 User类

User类主要用于对用户表进行增删改查功能，并提供用户的登录验证。关键代码如下。

```
class User
{
    //登录验证
    public bool userLogin(string username, string password)
    {
     string cmd="select count(*) from tb_userlist where username='"+username+
          "' and pass='" + password + "'";
     int ret = int.Parse(SQLHelper.ExecOneSQL(cmd, null));
     if (0 < ret)
     {
          return true;
     }
     return false;
    }
    //根据用户名，获取用户权限
    public static String getUserQuan(string username)
    {
     string cmd="select quan from tb_userlist where username='"+username+"'";
     return SQLHelper.ExecOneSQL(cmd, null);
    }
    //获取所有用户数据
    public DataSet getAllUsers()
    {
     string cmd = "select * from tb_userlist";
     DataSet ds = SQLHelper.ExecSQLByDataSet(cmd, null);
     return ds;
    }
    //根据用户名进行数据库查询
    public DataSet getUsersByName(string username)
    {
     string cmd ="select * from tb_userlist where username like '%"+username+"%'";
     DataSet ds = SQLHelper.ExecSQLByDataSet(cmd, null);
     return ds;
    }
    //删除指定用户
    public bool deleteUser(string userid)
    {
     string cmd = "delete from tb_userlist where id=@id";
     SqlParameter[] paras = new SqlParameter[]{new SqlParameter("id",userid)};
```

```
        int ret = SQLHelper.ExecNonSQL(cmd, paras);
        if (ret > 0) return true;
        return false;
    }
    //添加新用户
    public bool addUser(string userid,string name,string pass,string state)
    {
        string cmd = "insert into tb_userlist values(@id,@name,@pass,@state)";
        SqlParameter[] paras = new SqlParameter[] {
                new SqlParameter("id", userid),
                new SqlParameter("name", name),
                new SqlParameter("pass", pass),
                new SqlParameter("state", state)
        };
        int ret = SQLHelper.ExecNonSQL(cmd, paras);
        if (ret > 0) return true;
        return false;
    }
    //更新用户信息
    public bool updateUser(string userid, string name, string pass, string state)
    {
        string cmd = "update tb_userlist set username=@name,pass=@pass,
quan=@state where id=@id";
        SqlParameter[] paras = new SqlParameter[] {
                new SqlParameter("id", userid),
                new SqlParameter("name", name),
                new SqlParameter("pass", pass),
                new SqlParameter("state", state)
        };
        int ret = SQLHelper.ExecNonSQL(cmd, paras);
        if (ret > 0) return true;
        return false;
    }
}
```

12.6.3　Jhd类

Jhd类主要提供了进货单号的生成和进货单的保存两个方法，关键代码如下。

```
class Jhd
{
    //生成新的入库单号，"RK"+当前日期(如 20170420)+三位数字的单号
    public string getRuKuId()
    {
        string rkid = "RK";
        string strdate = DateTime.Now.ToString("yyyyMMdd");
```

```
    rkid += strdate;

    string cmd = "select max(rkid) from tb_ruku_main where rkid like '"+
            rkid+"%'";
    string ret = SQLHelper.ExecOneSQL(cmd, null);
    if (ret == "")// 如果不存在，即为第一单
    {
            rkid += "001";
    }
    else    // 否则，最大单号加 1
    {
            int num = int.Parse(ret.Substring(10));
            num++;
            rkid+=num.ToString().PadLeft(3, '0');
    }
    return rkid;
}
// 获取进货单明细的记录集，用来填充 DataGridView
public DataSet getAllDetail(string rkid)
{
    string cmd = "select * from View_ruku where rkid='"+rkid+"'";
    DataSet ds = SQLHelper.ExecSQLByDataSet(cmd, null);
    return ds;
}
// 添加新的进货单
public bool addJhd(string id,string je,string ysjl,string gysid,string rkdate,
    string czy,string jsr,string jsfs,DataTable table)
{
    string cmd = "insert into tb_ruku_main values(@id,@je,@ysjl,@gysid," +
            "@rkdate,@czy,@jsr,@jsfs)";
    SqlParameter[] paras = new SqlParameter[] {
            new SqlParameter("id", id),
            new SqlParameter("je", je),
            new SqlParameter("ysjl", ysjl),
            new SqlParameter("gysid", gysid),
            new SqlParameter("rkdate", rkdate),
            new SqlParameter("czy", czy),
            new SqlParameter("jsr", jsr),
            new SqlParameter("jsfs", jsfs)
    };
    int ret = SQLHelper.ExecNonSQL(cmd, paras);
    if (ret > 0)
    {// 保存进货单明细数据
            for (int i = 0; i < table.Rows.Count; i++)
            {
                    DataRow r = table.Rows[i];
                    cmd = "insert into tb_ruku_detail values(@id,@rkid,@spid,@dj,@sl)";
```

```
                SqlParameter[] paras1 = new SqlParameter[] {
                        new SqlParameter("id", r[0].ToString()),
                        new SqlParameter("rkid", r[1].ToString()),
                        new SqlParameter("spid", r[2].ToString()),
                        new SqlParameter("dj", r[6].ToString()),
                        new SqlParameter("sl", r[7].ToString())
                };
                SQLHelper.ExecNonSQL(cmd, paras1);
            }
            return true;
        }
        return false;
    }
}
```

12.7 系统登录模块设计

运行进销存管理系统，首先打开的是登录窗口，如图12-17所示。

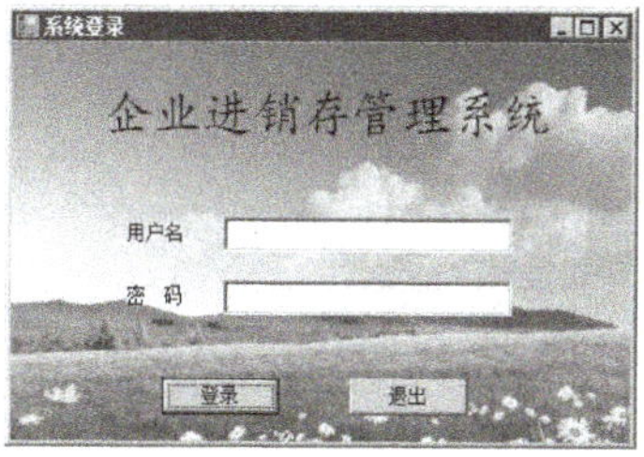

图 12-17 系统登录窗口

12.7.1 设计登录窗体

新建一个Windows窗体，命名为“FormLogin.cs”，主要用于实现系统的登录功能。该窗体用到的主要控件如表12-11所示。

表 12-11 登录窗体的主要控件

控件类型	控件 ID	主要属性	值	用途
TextBox	tb_username	无		输入用户名
	tb_pwd	PasswordChar	*	输入密码
Button	btnLogin	Text	登录	登录
	btnExit	Text	退出	退出

12.7.2 “密码”文本框的回车事件

用户在输入密码后，直接按Enter键，执行“登录”按钮的单击事件。关键代码如下。

```
private void tb_pwd_KeyDown(object sender, KeyEventArgs e)
{
    if (e.KeyCode == Keys.Enter)
    {
        //在TextBox按Enter键就执行button1的单击事件
        btnLogin_Click(btnLogin, null);
    }
}
```

12.7.3 “登录”按钮的事件处理

当输入用户名和密码后，单击“登录”按钮，将会查询数据库，验证用户名和密码是否正确，登录窗口的事件处理代码如下。

```
private void btnLogin_Click(object sender, EventArgs e)
{
   User user = new User();
   if (tb_username.Text == "")
   {
    MessageBox.Show("用户名不能为空！");
    return;
   }
   if (tb_pwd.Text == "")
   {
    MessageBox.Show("密码不能为空！");
    return;
   }
   if (user.userLogin(tb_username.Text.Trim(), tb_pwd.Text.Trim()))
   {
    strUserName = tb_username.Text.Trim();
    FormMain main = new FormMain();
    main.Show();
    this.Hide();
   }
   else
   {
    MessageBox.Show("登录失败，用户名或者密码错误！");
   }
}
```

12.8 系统主窗体设计

主窗体界面也是该系统的欢迎界面。应用程序的主窗体必须设计层次清晰的系统菜单，系统菜单将包含系统中所有功能的菜单项。主窗体的界面如图12-18所示。

图 12-18　主窗体界面

12.8.1　设计菜单栏

新建一个Windows窗体，命名为“FormMain.cs”，主要用于打开系统的其他功能窗体。在窗体中添加一个“MenuStrip”控件，用于设置上方的主菜单，主菜单及子菜单的设置如表12-12所示。

表 12-12　主菜单与子菜单设置

菜单名称	子菜单	主要属性	值	用途
基本信息	用户管理	Text	用户管理	打开“用户管理”窗体
	商品管理	Text	商品管理	打开“商品管理”窗体
	供应商管理	Text	供应商管理	打开“供应商管理”窗体
	客户管理	Text	客户管理	打开“客户管理”窗体
进货管理	进货单	Text	进货单	打开“进货单”窗体
	进货退货单	Text	进货退货单	打开“进货退货单”窗体
销售管理	销售单	Text	销售单	打开“销售单”窗体
	销售退货单	Text	销售退货单	打开“销售退货单”窗体
库存管理	库存盘点	Text	库存盘点	打开“库存盘点”窗体
	库存查询	Text	库存查询	打开“库存查询”窗体
系统管理	数据备份	Text	数据备份	备份数据库
	数据还原	Text	数据还原	还原数据库

12.8.2　子菜单事件处理

（1）打开窗体的代码基本相同，下面以子菜单“用户管理”来说明。双击子菜单“用户管理”，打开代码窗口，关键代码如下。

```
private void 用户管理ToolStripMenuItem_Click(object sender, EventArgs e)
{
   FormUser frmUser = new FormUser();
   frmUser.Show();
}
```

（2）子菜单“数据备份”用于备份数据库，关键代码如下。

```
private void 数据备份ToolStripMenuItem_Click(object sender, EventArgs e)
{
   try
   {
    string strBacl = "backup database db_jxc to disk='" + Application.StartupPath +
          "\\backup\\JxcBackup.bak'";
    int ret = SQLHelper.ExecNonSQL(strBacl, null);
    if (ret != 0)
```

```
        {
            MessageBox.Show("数据备份成功！ ", "提示", MessageBoxButtons.OK,
MessageBoxIcon.Information);

        }
        else
        {
            MessageBox.Show("数据备份失败！ ", "提示", MessageBoxButtons.OK,
MessageBoxIcon.Information);
        }
      }
      catch (Exception ee)
      {
        MessageBox.Show(ee.Message.ToString());
      }
   }
```

(3) 子菜单“数据还原”用于还原数据库，为避免还原失败，需杀掉所有连接 db_jxc 数据库的进程。关键代码如下。

```
   private void 数据还原ToolStripMenuItem_Click(object sender, EventArgs e)
   {
      string DateStr = "Data Source=.;Database=master;Integrated
Security=True";
      SqlConnection conn = new SqlConnection(DateStr);
      conn.Open();
      //为避免还原失败，杀掉所有连接 db_jxc 数据库的进程--------
      string strSQL = "select spid from master..sysprocesses where dbid=db_
id( 'db_jxc') ";
      SqlDataAdapter Da = new SqlDataAdapter(strSQL, conn);
      DataTable spidTable = new DataTable();
      Da.Fill(spidTable);
      SqlCommand Cmd = new SqlCommand();
      Cmd.CommandType = CommandType.Text;
      Cmd.Connection = conn;
      for (int iRow = 0; iRow <= spidTable.Rows.Count - 1; iRow++)
      {
        Cmd.CommandText = "kill " + spidTable.Rows[iRow][0].ToString();
        Cmd.ExecuteNonQuery();
      }
      conn.Close();
      conn.Dispose();
      //---------------------------------------------------------------------

      string strBacl = "backup log db_jxc to disk='" + Application.StartupPath +
            "\\backup\\JxcBackup.trn' restore database db_jxc from
disk='" + Application.StartupPath +"\\backup\\JxcBackup.bak'";
```

```
    int ret = SQLHelper.ExecNonSQL(strBacl, null);
    MessageBox.Show("数据还原成功！", "提示", MessageBoxButtons.OK,
MessageBoxIcon.Information);
    MessageBox.Show("为了避免数据丢失，在数据库还原后将关闭整个系统。");
    Application.Exit();
  }
```

12.8.3 权限管理

在“用户”表中包含了“权限”列，用来控制每个子菜单是否可用，可以使用“1”表示可用，“0”表示不可用。系统中共设12个子菜单，只需在“权限”列设置长度为12的字符串即可。在主窗体的Load方法中，根据登录的用户，读取权限字符串，然后依次设置每个子菜单是否可用。关键代码如下。

```
private void FormMain_Load(object sender, EventArgs e)
{
  string username = FormLogin.strUserName;
  if (username == "admin") return;
  string strQuan = User.getUserQuan(username);
  for (int i = 0; i < strQuan.Length; i++)
  {
    string ss = strQuan.Substring(i, 1);
    if (ss == "0")
    {
        switch (i)
        {
            case 0:
                用户管理ToolStripMenuItem.Enabled = false;
                break;
            case 1:
                商品管理ToolStripMenuItem.Enabled = false;
                break;
            case 2:
                供应商管理ToolStripMenuItem.Enabled = false;
                break;
            case 3:
                客户管理ToolStripMenuItem.Enabled = false;
                break;
            case 4:
                进货单ToolStripMenuItem.Enabled = false;
                break;
            case 5:
                进货退货单ToolStripMenuItem.Enabled = false;
                break;
```

```
                case 6:
                    销售单ToolStripMenuItem.Enabled = false;
                    break;
                case 7:
                    销售退货单ToolStripMenuItem.Enabled = false;
                    break;
                case 8:
                    库存盘点ToolStripMenuItem.Enabled = false;
                    break;
                case 9:
                    库存查询ToolStripMenuItem.Enabled = false;
                    break;
                case 10:
                    数据备份ToolStripMenuItem.Enabled = false;
                    break;
                case 11:
                    数据还原ToolStripMenuItem.Enabled = false;
                    break;
            }
        }
    }
}
```

12.9 进货单模块设计

进货单模块主要负责记录企业的商品进货信息，可以单击“新单”按钮，在商品表中添加进货的商品信息。进货单的程序界面如图12-19所示。

图 12-19　进货单程序界面

■12.9.1　设计进货单窗体

新建一个Windows窗体，命名为“FormJhd.cs”，主要用于实现商品的入库功能。该窗体用到的主要控件如表12-13所示。

表 12-13　进货单窗体的主要控件

控件类型	控件 ID	主要属性	值	用途
TextBox	tb_Id	无		显示进货单编号
	tb_gys	无		显示供应商名称
	tb_rkdate	无		显示当前日期
	tb_jsfs	无		输入结算方式
	tb_jsr	无		输入经手人
	tb_czy	无		显示当前登录用户
	tb_je	无		显示进货商品的总金额
	tb_ysjl	无		输入验收结论
DataGridView	dataGridView1	无		进货商品信息
Button	btnNew	Text	新单	添加进货单
	btnSave	Text	保存	保存

■12.9.2　添加进货商品

（1）在窗体加载时，自动生成新的进货单编号，并初始化dataGridView1。关键代码如下。

```
private void FormJhd_Load(object sender, EventArgs e)
{
   DataSet ds = jhd.getAllDetail("");
   table = ds.Tables[0];
   dataGridView1.DataSource = table;
   dataGridView1.Columns[0].HeaderText = "编号";
   dataGridView1.Columns[1].HeaderText = "进货单编号";
   dataGridView1.Columns[2].HeaderText = "商品编号";
   dataGridView1.Columns[3].HeaderText = "商品名称";
   dataGridView1.Columns[4].HeaderText = "单位";
   dataGridView1.Columns[5].HeaderText = "规格";
   dataGridView1.Columns[6].HeaderText = "单价";
   dataGridView1.Columns[7].HeaderText = "数量";
   tb_Id.Text=jhd.getRuKuId();
   tb_rkdate.Text = DateTime.Now.ToString("yyyy-MM-dd");
   tb_czy.Text = FormLogin.strUserName;
}
```

（2）当用户单击“供应商”右侧的编辑框时，将弹出“供应商管理”对话框，如图12-20所示，用于选择或者查询供应商。

关键代码如下。

```
private void tb_Gys_Click(object sender, EventArgs e)
{
    FormGYS gys = new FormGYS();
    gys.ShowDialog();
    tb_Gys.Text = FormGYS.gysname;
    gysid = FormGYS.gysid;
}
```

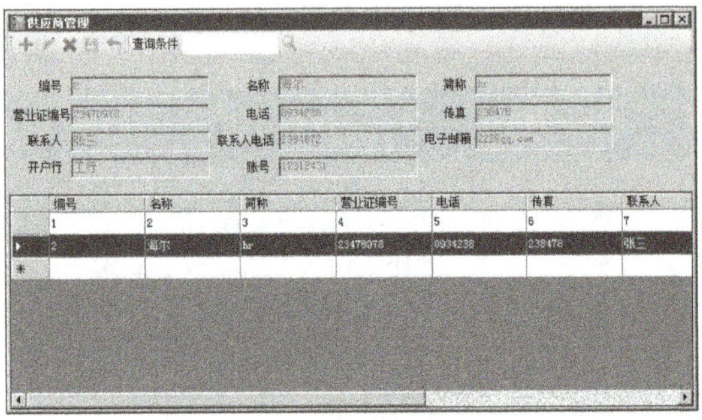

图 12-20 “供应商管理”对话框

（3）当dataGridView1的行获取焦点时，自动填写编号和进货单编号，关键代码如下。

```
private void dataGridView1_RowEnter(object sender, DataGridViewCellEventArgs e)
{
    if(e.RowIndex<0) return;
    if (Convert.ToString(dataGridView1.Rows[e.RowIndex].Cells[0].Value) == "")
    {
      dataGridView1.Rows[e.RowIndex].Cells[0].Value = e.RowIndex + 1;
      dataGridView1.Rows[e.RowIndex].Cells[1].Value = tb_Id.Text;
    }
}
```

双击“商品编号”单元格，打开“商品管理”对话框，如图12-21所示。让用户选择或者查询商品，然后自动填写商品的相关信息。

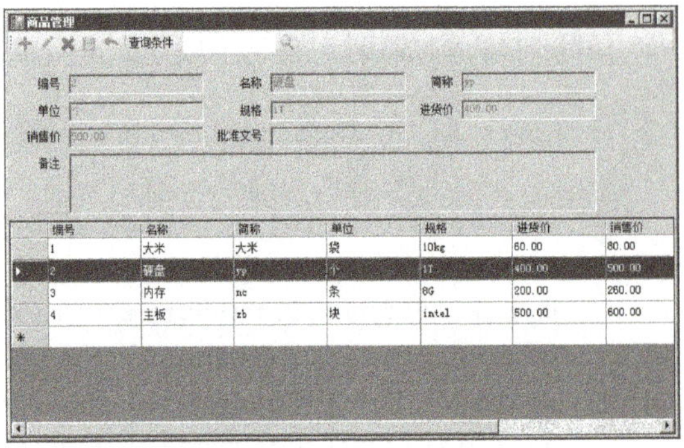

图 12-21 “商品管理”对话框

关键代码如下。

```
private void dataGridView1_CellDoubleClick(object sender, DataGridViewCellEventArgs e)
{
    if (e.RowIndex < 0) return;
    if (e.ColumnIndex == 2)
    {
      FormSP sp = new FormSP();
      sp.ShowDialog();
      dataGridView1.Rows[e.RowIndex].Cells[2].Value = FormSP.spid;
      dataGridView1.Rows[e.RowIndex].Cells[3].Value = FormSP.name;
      dataGridView1.Rows[e.RowIndex].Cells[4].Value = FormSP.dw;
      dataGridView1.Rows[e.RowIndex].Cells[5].Value = FormSP.gg;
      dataGridView1.Rows[e.RowIndex].Cells[6].Selected = true;
```

```
        this.dataGridView1.BeginEdit(true);
    }
}
```

当用户输入或修改商品的进货价和数量后，需要计算进货单的总金额，关键代码如下。

```
private void dataGridView1_CellValueChanged(object sender, DataGridViewCellEventArgs e)
{
    if (e.RowIndex < 0) return;
    if (e.ColumnIndex == 6 || e.ColumnIndex == 7)
    {
      count = 0;
      for (int i = 0; i < dataGridView1.Rows.Count; i++)
      {
              if (dataGridView1.Rows[i].Cells[6].Value == null ||
                      dataGridView1.Rows[i].Cells[7].Value == null) continue;
              string str1 = dataGridView1.Rows[i].Cells[6].Value.ToString();
              if (str1 == "") continue;
              decimal dj = decimal.Parse(str1);
              string str = dataGridView1.Rows[i].Cells[7].Value.ToString();
              if (str == "") continue;
              decimal sl = decimal.Parse(str);
              count = count + dj * sl;
      }
      tb_je.Text = count+"";
    }
}
```

（4）进货单填写完毕后，单击“保存”按钮完成进货单的保存。关键代码如下。

```
private void btnSave_Click(object sender, EventArgs e)
{
    bool ret =jhd.addJhd(tb_Id.Text, tb_je.Text, tb_ysjl.Text,gysid, tb_rkdate.Text, tb_czy.Text,
      tb_jsr.Text, tb_jsfs.Text, table);
    if (ret)
    {
      if(DialogResult.OK==MessageBox.Show("保存成功！是否继续添加？", "提示",
    MessageBoxButtons.OKCancel))
      {
              table.Rows.Clear();
              tb_Id.Text = jhd.getRuKuId();
              tb_rkdate.Text = DateTime.Now.ToString("yyyy-MM-dd");
              tb_czy.Text = FormLogin.strUserName;
              czy = FormLogin.strUserName;
              tb_je.Text = "0";
      }
    }
}
```

12.9.3 商品入库

在上一节中，只是将进货单数据保存到进货单和进货单明细表中，还没有修改库存表，可以使用SQL Server的触发器完成这个功能。思路如下。

（1）如果库存表中不存在这个商品，则直接插入数据。

（2）否则，需要修改库存商品数量。但是这里面可能会存在一个问题：假如两次采购的同一商品价格不同，那么一个通用的做法就是计算商品的均价。

均价=（库存数量*现价+采购价格*采购数量）/（库存数量+采购数量）

这样更新库存商品数量、单价和新进价即可。

```
create trigger after_ruku_insert
on tb_ruku_detail
after insert
as
  if (select count(*) from tb_kucun, inserted where tb_kucun.spid = inserted.spid)=0
   begin
       insert into tb_kucun
   select spid,sl,dj,dj from inserted
   end
  else
  begin
   declare @ydj numeric(8,2)      -- 原单价
   declare @ysl int               -- 库存数量
   declare @xdj numeric(8,2)      -- 新单价
   declare @xsl int               -- 入库数量
   declare @spid varchar(50)      -- 商品编号
   declare @dj numeric(8,2)
         -- 计算新单价=(@ydj*@ysl+@xdj*@xsl)/(@ysl+@xsl)
   select @spid=spid,@xdj=dj,@xsl=sl
   from inserted
   select @ydj=dj,@ysl=sl
   from tb_kucun
   where spid=@spid
   set @dj=(@ydj*@ysl+@xdj*@xsl)/(@ysl+@xsl)
   update tb_kucun
   set sl=sl+@xsl,dj=@dj,xjj=@xdj
   where spid=@spid
  end
```

12.10 销售单模块设计

销售单模块主要负责记录企业的商品销售信息，可以单击“新单”按钮，在商品表中添加销售的商品信息。销售单的程序界面如图12-22所示。

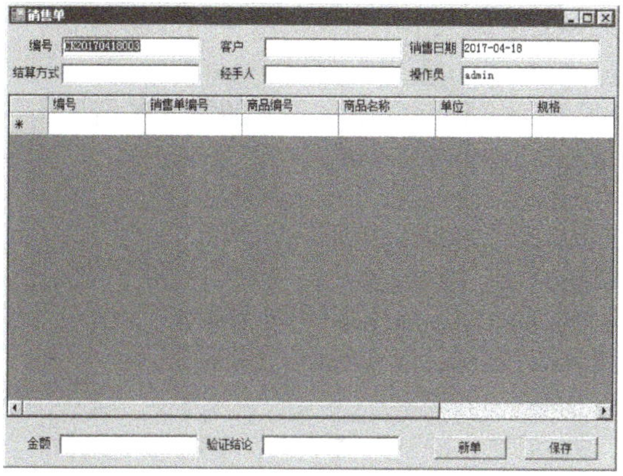

图 12-22　销售单程序界面

■12.10.1　设计销售单窗体

新建一个Windows窗体，命名为“FormSell.cs”，主要用于实现商品的销售出库功能。该窗体用到的主要控件如表12-14所示。

表 12-14　销售单窗体的主要控件

控件类型	控件 ID	主要属性	值	用途
TextBox	tb_Id	无		显示销售单编号
	tb_kh	无		显示客户名称
	tb_xsdate	无		显示当前日期
	tb_jsfs	无		输入结算方式
	tb_jsr	无		输入经手人
	tb_czy	无		显示当前登录用户
	tb_je	无		显示销售商品的总金额
	tb_ysjl	无		输入验收结论
DataGridView	dataGridView1	无		销售商品信息
Button	btnNew	Text	新单	添加销售单
	btnSave	Text	保存	保存

■12.10.2　添加销售商品

（1）在窗体加载时，自动生成新的销售出库单编号，并初始化dataGridView1。关键代码如下。

```
private void FormSell_Load(object sender, EventArgs e)
{
   DataSet ds = sell.getAllDetail("");
   table = ds.Tables[0];
```

```
    dataGridView1.DataSource = table;
    dataGridView1.Columns[0].HeaderText = "编号";
    dataGridView1.Columns[1].HeaderText = "销售单编号";
    dataGridView1.Columns[2].HeaderText = "商品编号";
    dataGridView1.Columns[3].HeaderText = "商品名称";
    dataGridView1.Columns[4].HeaderText = "单位";
    dataGridView1.Columns[5].HeaderText = "规格";
    dataGridView1.Columns[6].HeaderText = "单价";
    dataGridView1.Columns[7].HeaderText = "数量";
    tb_Id.Text=sell.getSellId();
    tb_xsdate.Text = DateTime.Now.ToString("yyyy-MM-dd");
    tb_czy.Text = FormLogin.strUserName;
}
```

（2）当用户单击“客户”右侧的编辑框时，将弹出“客户管理”对话框，如图12-23所示，用于选择或者查询客户。

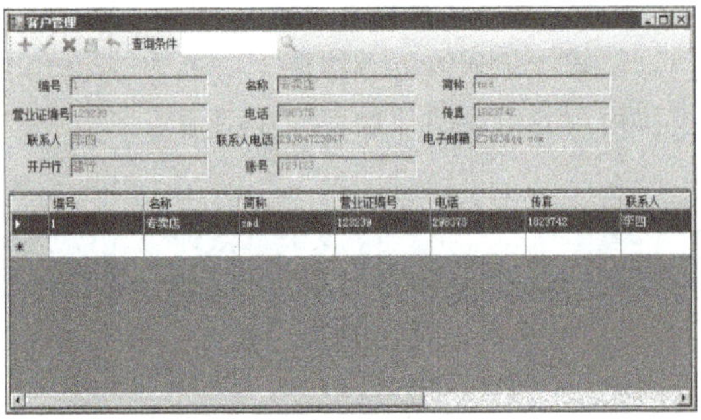

图 12-23 “客户管理”对话框

关键代码如下。

```
private void tb_kh_Click(object sender, EventArgs e)
{
    FormKH kh = new FormKH ();
    kh.ShowDialog();
    tb_kh.Text = FormKH.khname;
    khid = FormKH.gysid;
}
```

（3）当dataGridView1的行获取焦点时，自动填写编号和销售单编号，关键代码如下。

```
private void dataGridView1_RowEnter(object sender, DataGridViewCellEventArgs e)
{
    if(e.RowIndex<0) return;
    if (Convert.ToString(dataGridView1.Rows[e.RowIndex].Cells[0].Value) == "")
    {
      dataGridView1.Rows[e.RowIndex].Cells[0].Value = e.RowIndex + 1;
      dataGridView1.Rows[e.RowIndex].Cells[1].Value = tb_Id.Text;
    }
}
```

商品的选择和销售总金额的计算方法和进货单窗体中的代码相似，在此就不再列出。

(4) 销售单填写完毕后，单击“保存”按钮完成销售单的保存。关键代码如下。

```
private void btnSave_Click(object sender, EventArgs e)
{
    bool ret =sell.addSell(tb_Id.Text, tb_je.Text, tb_ysjl.Text,khid, tb_xsdate.
Text, tb_czy.Text,tb_jsr.Text, tb_jsfs.Text, table);
    if (ret)
    {
     if(DialogResult.OK==MessageBox.Show("保存成功！是否继续添加？","提示",
    MessageBoxButtons.OKCancel))
     {
            table.Rows.Clear();
            tb_Id.Text = sell.getSellId();
            tb_xsdate.Text = DateTime.Now.ToString("yyyy-MM-dd");
            tb_czy.Text = FormLogin.strUserName;
            tb_je.Text = "0";
     }
    }
}
```

12.10.3　商品出库

在上一节中，只是把销售单数据保存到销售单和销售单明细表中，还没有修改库存表，可以使用SQL Server的触发器实现这个功能。触发器的定义如下。

```
create trigger after_sell_insert
on tb_sell_detail
after insert
as
   begin
     declare @xsl int                           --出库数量
     declare @spid varchar(50)                  --商品编号
     select @spid=spid,@xsl=sl
     from inserted
     update tb_kucun
     set sl=sl-@xsl
     where spid=@spid
   end
```

12.11 库存盘点模块设计

库存盘点是指对商品实有库存数量及其金额进行全部或部分清点，掌握该期间内货品状况，并以此加强管理。库存盘点的程序界面如图12-24所示。

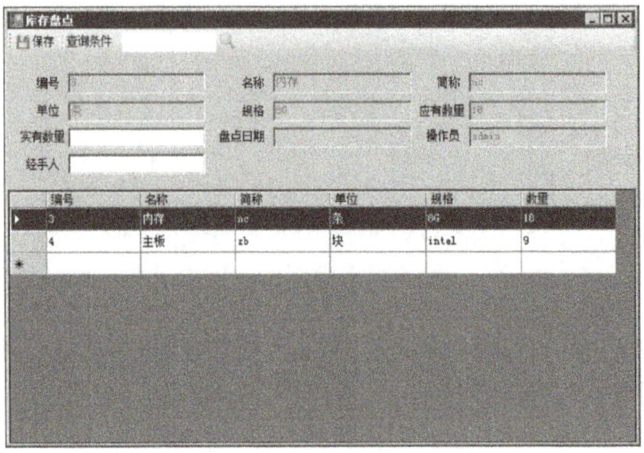

图 12-24　库存盘点程序界面

■12.11.1　设计库存盘点窗体

新建一个Windows窗体，命名为“FormPd.cs”，主要用于实现库存商品的盘点功能。该窗体用到的主要控件如表12-15所示。

表 12-15　库存盘点窗体的主要控件

控件类型	控件 ID	主要属性	值	用途
ToolStrip	toolStrip1			工具栏
ToolStripButton	tsb_save	Text	保存	保存
		DisplayStyle	ImageAndText	
ToolStripLabel	toolStripLabel1	Text	查询条件	提示
ToolStripTextBox	tst_name	无		输入查询条件
ToolStripButton	tsb_query	无		查询
TextBox	tb_Id	无		显示编号
	tb_name	无		显示名称
	tb_jc	无		显示简称
	tb_dw	无		单位
	tb_gg	无		规格
	tb_yysl	无		应有数量
	tb_sysl	无		输入实际数量
	tb_pddate	无		显示当前日期
	tb_czy	无		显示当前登录用户
	tb_jsr	无		输入经手人
DataGridView	dataGridView1	无		销售商品信息

■12.11.2　添加盘点数据

（1）在窗体加载时，初始化dataGridView1。关键代码如下。

```
private void FormPd_Load(object sender, EventArgs e)
{
    Pd pd = new Pd();
    DataSet ds = pd.getAllSp();
    table = ds.Tables[0];
    dataGridView1.DataSource = ds;
    dataGridView1.DataMember = "table";
    dataGridView1.Columns[0].HeaderText = "编号";
    dataGridView1.Columns[1].HeaderText = "名称";
    dataGridView1.Columns[2].HeaderText = "简称";
    dataGridView1.Columns[3].HeaderText = "单位";
    dataGridView1.Columns[4].HeaderText = "规格";
    dataGridView1.Columns[5].HeaderText = "数量";
    if(table.Rows.Count>0)
      rowDisplay(0);
    tbEnabled();
}
private void rowDisplay(int rowindex)
{
    DataRow row = table.Rows[rowindex];
    tb_id.Text = row[0].ToString();
    tb_name.Text = row[1].ToString();
    tb_jc.Text = row[2].ToString();
    tb_dw.Text = row[3].ToString();
    tb_gg.Text = row[4].ToString();
    tb_yysl.Text = row[5].ToString();
    tb_sysl.Text = "";
    tb_pddate.Text = "";
    tb_czy.Text = FormLogin.strUserName;
    tb_jsr.Text = "";
}
private void tbEnabled()
{
    tb_id.Enabled = false;
    tb_name.Enabled = false;
    tb_jc.Enabled = false;
    tb_dw.Enabled = false;
    tb_gg.Enabled = false;
    tb_yysl.Enabled = false;
    tb_sysl.Enabled = true;
    tb_pddate.Enabled = false;
    tb_jsr.Enabled = true;
    tb_czy.Enabled = false;
}
```

（2）如果库存商品太多，可以输入查询条件，进行查询。关键代码如下。

```
private void tsb_query_Click(object sender, EventArgs e)
{
   Pd pd = new Pd();
   DataSet ds = pd.getSpByName(tst_name.Text);
   table = ds.Tables[0];
   dataGridView1.DataSource = ds;
   dataGridView1.DataMember = "table";
   dataGridView1.Columns[0].HeaderText = "编号";
   dataGridView1.Columns[1].HeaderText = "名称";
   dataGridView1.Columns[2].HeaderText = "简称";
   dataGridView1.Columns[3].HeaderText = "单位";
   dataGridView1.Columns[4].HeaderText = "规格";
   dataGridView1.Columns[5].HeaderText = "数量";
   if (table.Rows.Count > 0)
     rowDisplay(0);
}
```

（3）输入商品实有数量和经手人后，单击“保存”按钮保存数据，关键代码如下。

```
private void tsb_save_Click(object sender, EventArgs e)
{
   Pd pd = new Pd();
   pd.addPandian(tb_id.Text, tb_yysl.Text,tb_sysl.Text,
     tb_pddate.Text,tb_czy.Text,tb_jsr.Text);
}
```

12.12 运行项目

程序编写完成后，如果没有出现错误，单击工具栏中的“启动”按钮，运行项目。

（1）系统运行时，首先打开的应该是登录窗口，如果打开的不是登录窗口，应打开“Program.cs”文件，修改代码如下。

```
static void Main()
{
   Application.EnableVisualStyles();
   Application.SetCompatibleTextRenderingDefault(false);
   Application.Run(new FormLogin());
}
```

（2）如果出现错误，可以通过添加“断点”，并将运行模式改为“Debug”，这样可以很方便地跟踪项目的执行，发现错误并改正。

（3）如果没有错误，将运行模式修改为“Release”，这样可以生成项目的发行版本。

附录 课后作业参考答案

第 1 章

一、选择题

1. A　2. B　3. C

第 2 章

一、选择题

1. D　2. C　3. B

第 3 章

一、选择题

1. C　2. A　3. B

第 4 章

一、选择题

1. A　2. B　3. C　4. B

第 5 章

一、选择题

1. B　2. B　3. ABD　4. C

第 6 章

一、选择题

1. A　2. D　3. B

第 7 章

一、选择题

1. ABCD　2. ABCD　3. ABD

第 8 章

一、选择题

1. B　2. B　3. C

第 9 章

一、选择题

1. B　2. AC　3. D

第 10 章

一、选择题

1. B　2. ABC　3. ABCD

第 11 章

一、选择题

1. AB　2. AB　3. AB

扫码解锁
- 配套资源
- 入门精讲
- 高阶开发
- 理论体系

参考文献

[1] [美]Abraham Silberschatz，Henry F. Korth，Sudarshan. 数据库系统概念（原书第7版）[M]. 杨冬青，等译. 北京：机械工业出版社，2021.

[2] [美]Ben Forta. SQL必知必会（第5版）[M]. 钟鸣，刘晓霞译. 北京：人民邮电出版社，2020.

[3] 屠建. SQL Server 2019数据库管理[M]. 北京：清华大学出版社，2020.

[4] 贾铁军,曹锐. 数据库原理及应用SQL Server 2019[M]. 北京：机械工业出版社，2020.

[5] 赵明渊. 数据库原理与应用（SQL Server）[M]. 北京：电子工业出版社，2019.

[6] 曹梅红. SQL Server从入门到精通[M]. 北京：中国水利水电出版社，2022.